"十四五"职业教育国家规划教材 高职高专土建专业"互联网+"创新规划教材

 浙江省普通高校"十三五"新形态教材
国家级职业教育专业教学资源库配套教材

全新修订

市政管道工程施工

主　编　雷彩虹
副主编　王志毅　王彩虹
参　编　褚　坚　董　辉
主　审　陈立器

U0246163

北京大学出版社
PEKING UNIVERSITY PRESS

内 容 简 介

　　本书是浙江省优势专业——市政工程技术专业项目化课程改革的成果之一，是以典型的市政工程项目为载体，根据高等职业教育市政管道工程施工课程标准，参照市政管理人员从业资格要求而编写的。 全书主要内容有给水管道开槽施工、供热管道施工、燃气管道施工、排水管道开槽施工、管道不开槽施工、排水泵站施工、市政水处理构筑物施工、城市地下管线综合管廊施工。 每个项目分解为若干任务，每个任务按"提出任务—分析任务—完成任务"的主线完成各知识点的学习，每个任务后附有详细的习题供读者练习，以便更好地掌握本课程内容。

　　本书既可作为高职高专院校市政工程、工程造价、建筑经济管理、道路桥梁、给排水等专业的教材，也可作为相关从业人员的学习、参考用书。

图书在版编目（CIP）数据

市政管道工程施工/雷彩虹主编 . —北京：北京大学出版社，2016.4
（高职高专土建专业"互联网+"创新规划教材）
ISBN 978-7-301-26629-8

Ⅰ. ①市…　Ⅱ. ①雷…　Ⅲ. ①市政工程—管道工程—工程施工—高等职业教育—教材
Ⅳ. ①TU990.3

中国版本图书馆 CIP 数据核字（2015）第 305603 号

书　　　　名	市政管道工程施工
	SHIZHENG GUANDAO GONGCHENG SHIGONG
著作责任者	雷彩虹　主编
责 任 编 辑	杨星璐
标 准 书 号	ISBN 978-7-301-26629-8
出 版 发 行	北京大学出版社
地　　　　址	北京市海淀区成府路 205 号　　100871
网　　　　址	http://www.pup.cn　　新浪微博：@北京大学出版社
电 子 信 箱	编辑部：pup6@pup.cn　　总编室：zpup@pup.cn
电　　　　话	邮购部 010-62752015　发行部 010-62750672　编辑部 010-62750667
印 刷 者	北京鑫海金澳胶印有限公司
经 销 者	新华书店
	787 毫米×1092 毫米　16 开本　22 印张　插页 1　513 千字
	2016 年 4 月第 1 版　2023 年 8 月修订　2023 年 8 月第 10 次印刷
定　　　　价	46.00 元

前　言

　　本书是浙江省高水平专业群——市政工程技术（智慧建造）"互联网＋"课程改革成果之一，是国家级职业教育市政工程技术专业教学资源库配套教材，根据高等职业教育市政管道工程施工课程标准，参照市政管理人员从业资格要求而编写。本书在修订过程中，融入党的二十大精神，突出职业素养的培养，适用于高等职业学校市政工程相关专业和市政施工一线工作人员使用。

　　本书与《市政工程施工图案例图集》配套使用。在内容的编排上，本书以典型的市政工程项目为载体，以实际工作任务为单元，以"提出任务——分析任务——完成任务"为主线，在完成工作任务的过程中进行理论知识的学习。本书体例新颖，案例丰富，内容详实，对于学生的学习兴趣、施工技术管理等能力培养都具有重要的意义。

　　本书按照最新设计规范、施工及质量验收规范等进行编写。所采用的规范有《室外给水设计规范》（GB 50013—2006）、《室外排水设计规范［2014 年版］》（GB 50014—2006）、《给水排水管道工程施工及验收规范》（GB 50268—2008）、《给水排水构筑物施工及验收规范》（GB 50141—2008）、《城镇燃气输配工程施工及验收规范（附条文说明）》（CJJ 33—2005）、《城镇供热管网工程施工及验收规范》（CJJ 28—2014）、《给水排水标准图集——室外给水排水管道及附属设施(二)(2005 年合订本)》（S5(二)）、《城市综合管廊工程技术规范》（GB 50838—2015）等。

　　为了使学生更加直观、形象地学习市政管道工程施工课程，也为了方便教师教学，我们以"互联网＋"教材的模式设计了本书，在书中相关的知识点旁边，以二维码的形式添加了作者多年来积累和整理的视频、动画、图片等案例资源，学生可以在课堂内外通过扫描二维码来阅读更多的学习资源，节约了读者的搜集、整理时间。同时，在习题最后，还通过二维码链接了习题答案，便于读者自测后对照。作者也会根据行业发展情况，不定期更新二维码所链接资源，以便教材内容与行业发展结合更为紧密。

　　本书由杭州科技职业技术学院的雷彩虹任主编，浙江理工大学的王志毅和王彩虹任副主编，杭州科技职业技术学院的褚坚和董辉参编，陈立器任主审。具体编写分工：项目1、4 和项目拓展由雷彩虹编写；项目 2 由王志毅编写；项目 3 由王彩虹编写；项目 5 由褚坚编写；项目 6、7 由董辉编写。

　　在本书的编写过程中，参考并引用了许多生产科研单位的技术文献资料，同时，还得到了学院领导和诸多企业专家的大力支持，在此一并对他们表示衷心的感谢，特别感谢东方公司为本书编写提供了宝贵的资料以及杭州萧宏建设集团的大力支持！

　　由于编者水平所限，书中错误和不足之处在所难免，恳请广大读者批评指正。

编　者

本书课程思政元素

　　本书课程思政元素从"格物、致知、诚意、正心、修身、齐家、治国、平天下"中国传统文化角度着眼，再结合社会主义核心价值观"富强、民主、文明、和谐、自由、平等、公正、法治、爱国、敬业、诚信、友善"设计出课程思政的主题，然后紧紧围绕"价值塑造、能力培养、知识传授"三位一体的课程建设目标，在课程内容中寻找相关的落脚点，通过案例、知识点等教学素材的设计运用，以润物细无声的方式将正确的价值追求有效地传递给读者，以期培养大学生的理想信念、价值取向、政治信仰、社会责任，全面提高大学生缘事析理、明辨是非的能力，把学生培养成为德才兼备、全面发展的人才。

　　每个思政元素的教学活动过程都包括内容导引、展开研讨、总结分析等环节。在课程思政教学过程，老师和学生共同参与其中，在课堂教学中教师可结合下表中的内容导引，针对相关的知识点或案例，引导学生进行思考或展开讨论。

分类	页码	内容导引 （案例或知识点）	展开研讨（思政内涵）	思政落脚点
治国	2	给水系统	你知道中国古代给水发展的历程吗？	民族精神 职业自豪感 文化自信
平天下	3	地球水资源	你知道地球上有多少可用的水资源吗？	环保意识 能源意识 可持续发展
治国·平天下	4	城市给水管网	早期自来水厂是从哪里兴起的？	科学精神 时代精神 产业报国
致知·正心	24	给水管道安装	1. 你知道 2018 年杭州管道破坏事故吗？ 2. 为什么会发生这样的事故？ 3. 如何避免同类事故的发生？	责任与使命 专业水准 职业精神 依法监督
致知	102	定向牵引法	为什么定向牵引法使用 PE 管等柔性管道，不使用刚性管道？	专业能力 专业知识
致知·平天下	124	城市排水系统	1. 你了解世界主要城市的排水系统吗？ 2. 我国排水系统最早可以追溯到什么时候？	科技发展 世界文化 环保意识
治国·修身	128	排水管道的接口	你知道为什么现在混凝土管道连接已基本采用橡胶圈接口吗？	行业发展 创新意识

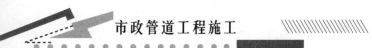

分类	页码	内容导引 （案例或知识点）	展开研讨（思政内涵）	思政落脚点
正心·平天下	149	伦敦下水道：切断霍乱源头	城市排水系统出问题，会导致什么样的严重后果？	社会责任 环保意识 以史为鉴
致知·修身·齐家	160	沟槽开挖	开挖中，你觉得各工种与技术员应该何时、何种方式进入沟槽？如何布置自己的作业面？	专业能力 专业水准 职业精神 安全意识
格物·修身	165	沟槽支护	在支护沟槽中进行施工质量检查与验收是一种什么样的体验？	科学精神 工匠精神 奉献精神
格物·治国	187	沟槽施工降排水方法的选择	1. 为什么只按土壤类别选择的降水方式无法满足施工要求？ 2. 实际应用中要考虑哪些因数？	科学精神 时代精神 产业报国
诚意·正心	243	管道的质量检查与验收	1. 为什么管道质量检验要有先后顺序？ 2. 闭水试验是否能不用检查井？	工匠精神 责任与使命 诚信
治国·修身	292	泵站施工	你知道泵站建造只需要几天就能完成吗？	专业能力 创新意识 现代化
格物·致知	332	城市地下管线综合管廊	1. 杭州综合管廊试点城市的背景、沿江大道管廊施工方法？ 2. 谈一谈感受。	科学发展 科学精神

CONTENTS • • • • • • • • •

目 录

项目 1

给水管道开槽施工

能力目标

1. 能读懂市政给水管道工程施工图纸，会对图纸中材料用量进行核算。
2. 能按照施工规范对常规给水管道工程关键工序进行施工操作。
3. 能根据施工图纸和施工实际条件编写一般给水管道工程施工技术交底。
4. 能根据市政工程质量验收方法及验收规范进行给水管道分项工程的质量检验。

项目导读

本项目从识读给水管道施工图纸开始，介绍给水管道系统组成、管道布置要求、给水管材种类、管网附件和附属构筑物布置及构造等；在熟悉施工图纸的基础上，按照给水管道开槽施工工艺流程进行给水管道施工技术交底，模拟管道安装；最后进行管道施工质量检查与验收。整个项目由浅入深地介绍给水管道施工技术，直接体验管道施工的真实过程。

学习过程：施工图纸识读→管道安装→质量检查与验收。

任务 1.1 给水管道施工图识读

1.1.1 任务描述

工作任务

识读给水管道施工图，见《市政工程施工图案例图集》[①]。

具体任务如下：

（1）查阅图纸是否齐全，以及采用哪一类标准图；

（2）明确工程内容，明确管材、接口及基础的类型，思考为什么这样采用，是否正确；

（3）明确给水管道的水流走向，明确施工图中给水管道的位置及与本管道相交、相近或平行的其他管道的位置及相互关系；

（4）结合设计规范判断各类阀门和消火栓等附属结构的设置是否正确；

（5）识读节点详图，核算工程量；

（6）检查施工图中管道的管径及高程有无错误，核算管道覆土厚度是否满足要求，核算管道交叉处各管道外壁最小净距是否满足要求。

工作手段

《室外给水设计规范》（GB 50013—2006）、国家建筑标准设计图集《市政给水管道工程及附属设施》（07MS101）等。

成果与检测

（1）每位学生根据组长分工完成部分识读任务，每个小组完成一份识图任务单。

（2）采用教师评价和学生互评的方式打分。

1.1.2 相关知识

1. 给水系统的分类

给水系统是指从水源取水，按照人们生活和工业生产等对水质的要求，在水厂中进行处理，然后把处理后的水供给用户的一系列构筑物。给水系统的供水对象一般有城市居住区、工业企业、公共建筑及消防和市政道路、绿地浇洒等，各供水对象对水量、水质和水压都有不同的要求。给水系统按其服务对象的不同可分为以下三种。

1）生活给水系统

生活给水系统是为人们生活提供饮用、烹调、洗涤、盥洗、淋浴等用水的给水系统。

---

① 《市政工程施工图案例图集》（ISBN：978-7-301-24824-9）为杭州科技职业技术学院市政工程技术专业"以实际工程项目为引领"的系统化教材建设配套图集，为市政工程技术专业项目化课程教学所贯穿的项目案例图纸。

生活给水系统除需满足用水设施对水量和水压的要求外,还应符合国家规定的相应的水质标准。

2)生产给水系统

生产给水系统是为产品制造、设备冷却、原料和成品洗涤等生产加工过程供水的给水系统。由于采用的工艺流程不同,生产同类产品的企业对水量、水质和水压的要求可能存在较大的差异。

3)消防给水系统

消防用水只是在发生火灾时使用,一般是从街道上设置的消火栓和室内消火栓取水,用以扑灭火灾。此外,在有些建筑物中还采用了特殊消防措施,如自动喷水设备等。消防给水设备一般可与城市生活饮用水共用一个给水系统,只有在一些对防火要求特别高的建筑物、仓库或工厂,才设立专用的消防给水系统。消防用水对水质无特殊要求。

给水系统还可按水源种类分为地表水(江河、湖泊、水库、海洋等)和地下水(浅层地下水、深层地下水、泉水等)给水系统,如图 1.1、图 1.2 所示。用地下水作为供水水源时,应有确定的水文地质资料,取水量必须小于允许开采量,严禁盲目开采。

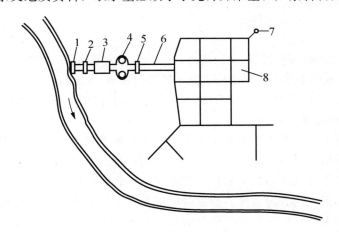

图 1.1   地表水给水系统示意图

1—取水构筑物;2——一级泵站;3—水处理构筑物;

4—清水池;5—二级泵站;6—输水管;7—水塔;8—管网

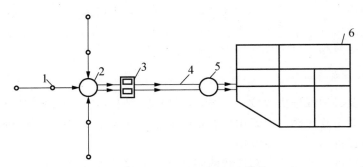

图 1.2   地下水给水系统示意图

1—管井;2—水池;3—泵站;4—输水管;5—水塔;6—管网

 拓展讨论

党的二十大报告指出，尊重自然、顺应自然、保护自然，是全面建设社会主义现代化国家的内在要求。必须牢固树立和践行绿水青山就是金山银山的理念，站在人与自然和谐共生的高度谋划发展。试讨论，在建设给水系统的过程中，对水源的使用应该如何践行绿水青山就是金山银山的理念？

2. 给水管道系统的组成

给水系统是由相互联系的一系列构筑物和输配水管网组成，主要由下列五个部分组成。

1）取水构筑物

取水构筑物的作用主要是从水源取水，修建时应与城市总体规划要求相适应，在保证供水安全情况下，应尽量靠近用水地点，以节省输水投资。

2）水处理构筑物

无论是地表水还是地下水，均含有各种杂质，必须经过处理使水质达到生活饮用或工业生产所需要的水质标准。水处理构筑物常集中布置在水厂范围内，用以对原水进行处理，使其达到用户对水质的不同要求。

3）泵站

泵站用以将所需水量提升到要求的高度，可分为一级泵站、二级泵站和增压泵站等。其中一级泵站直接从水源取水，并将水输送到水处理构筑物；二级泵站通常设在水厂内，将处理后的水通过管网向用户供水；增压泵站主要用于升高管网中的压力来满足用户的需要。

4）输水管渠和配水管网

给水管网是由大大小小的给水管道组成的，遍布整个城市的地下。根据给水管网在整个给水系统中的作用，可分为输水管渠和配水管网两部分。

输水管渠是从水源到水厂或从水厂到配水管网的管线；配水管网则是将输水管渠送来的水，分配给城市用户的管道系统。给水管网应保证一定的水压，当按照直接供水的建筑层数确定给水管网水压时，其用户接管处的最小服务水头，一层为10m，二层为12m，二层以上每增加一层增加4m。

5）调节构筑物

调节构筑物有高地水池、水塔、清水池等，用以贮存和调节水量。大城市因城市用水量大，水塔容积小了不起作用，容积大了造价又高，且水塔高度一旦确定，不利于今后管网的发展，因此通常不设水塔。中小城市或企业为了贮备水量和保证水压，常设置水塔，既可缩短水泵工作时间，又可保证恒定的水压。

3. 给水管网的布置

给水管网布置必须保证供水安全可靠，当局部管网发生事故时，断水范围应减到最小；管线应遍布整个给水区，保证用户有足够的水量和水压；同时力求以最短距离敷设管线，以降低管网造价和供水能量费用。

给水管网布置可分为树状网和环状网两种基本形式。树状网一般适用于小城市和小型工矿企业，这类管网从水厂泵站或水塔到用户的管线布置成树枝状。显然，树状网的供水可靠性较差，且水质容易变坏。而环状网中，管线连接成环状，当任一段管线损坏时，水还可从另外管线供应用户，断水的地区可以缩小，从而供水可靠性增加。环状网还可以大大减轻因水锤作用而产生的危害。

现有城市的给水管网,多数是将树状网和环状网结合起来的。在城市中心地区,布置成环状网,在郊区则以树状网形式向四周延伸。需要注意的是城镇生活饮用水管网不得与非生活饮用水管网连接。

4．给水管材

目前在给水工程中常用的管材主要有球墨铸铁管、钢管、聚氯乙烯管、钢筋混凝土管(包括预应力混凝土管、自应力混凝土管)、预应力钢筒混凝土管等。给水管材对内压、防腐要求较高,内壁防腐除满足防腐要求还要满足卫生要求。

1) 球墨铸铁管

球墨铸铁管是市政管道工程中常用的管材,主要用作埋地给水管道,其具有抗腐蚀性能好、锈蚀缓慢、价格较钢管便宜等优点。球墨铸铁管在20世纪40年代由美国发明,由于其性能的优越性,被全世界广泛采用。我国生产的球墨铸铁管有承插式和法兰式,如图1.3、图1.4所示。

图1.3 承插式球墨铸铁管　　　　图1.4 法兰式球墨铸铁管

球墨铸铁管多采用柔性承插连接,一般有滑入式(T形)、机械式(K形)等接口,如图1.5、图1.6所示。

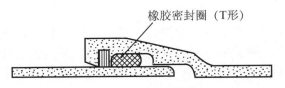

图1.5 滑入式(T形)接口

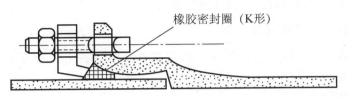

图1.6 机械式(K形)接口

2) 钢管

钢管通常用于压力管道上,如给水管道、热力管道及燃气管道等。钢管的优点有很多,如自重轻、强度高、抗应变性能比铸铁管和钢筋混凝土压力管好、接口操作方便、承受管内水压力较高、管内水流水力条件好等。但是,钢管的耐腐蚀性差,使用前需进行防腐处理。由于钢管多采用焊接连接，相应的接头管件较少，所以通常由施工企业在管道加工厂或施工现场加工制作，如图 1.7、图 1.8 所示。

图 1.7　钢管　　　　　　　　　　图 1.8　钢管焊接连接

钢管在室外给水管网中一般用于大口径(DN600mm 以上)给水管道，或者用于穿越铁路、河谷等地区。

3）塑料管

塑料管具有弹性好、耐腐蚀、重量轻、不漏水、管节长、接口施工方便等较多优点，我国在 20 世纪 60 年代初，就开始用塑料管代替金属管做给排水管道。

目前国内用作给水管道的塑料管有热塑性塑料管和热固性塑料管两种。

（1）热塑性塑料管。热塑性塑料管分为：硬聚氯乙烯管（UPVC 管）、聚乙烯管（PE 管）、聚丙烯管（PP 管）、ABS 工程塑料管、高密度聚乙烯管（HDPE 管）等。

热塑性塑料管通常采用的管径在 15～400mm 之间，作为给水管道其工作压力通常为 0.4～0.6MPa，有时也达到 1.0MPa。

（2）热固性塑料管。热固性塑料管主要是玻璃纤维增强树脂管（GRP 管），它是一种新型的优质管材，重量轻，在同等条件下约为钢管重量的 1/4，施工运输方便，耐腐蚀性强，维护费用低，寿命长，通常用于强腐蚀性土壤处。

4）钢塑管

钢塑管即钢塑复合管，产品以无缝钢管、焊接钢管为基管，内壁涂装高附着力、防腐、食品级卫生型的聚乙烯粉末涂料或环氧树脂涂料。采用前处理、预热、内涂装、流平、后处理工艺制成的给水管内涂塑复合钢管。管材承压性能非常好，因其内外层又是塑料材质，具有非常好的耐腐蚀性，所以用途非常广泛，石油、天然气输送，工矿用管，饮水管，排水管等各种领域均可以见到这种管的身影。

5. 给水管网附件及其附属构筑物

为保证管网的正常运行和维修管理工作的展开，在管道上需设置必要的阀门、排气阀、消火栓等附件。

1）阀门和阀门井

（1）阀门。阀门用来调节管道内的流量和水压，事故时用以隔断事故管段。常用的阀门有两种，即闸阀、蝶阀。为了便于拆装，市政管网上的阀门与管道的连接多采用法兰连接。

① 闸阀。闸阀靠阀门腔内闸板的升降来控制水流通断和调节流量大小，如图 1.9 所示。闸阀开启后的水头损失小，应用广泛，特别适用于大管径大流量的管道上。

② 蝶阀。蝶阀将闸板安装在中轴上，靠中轴的转动带动闸板转动来控制水流，如

图 1.10 所示。蝶阀的特点是结构简单，开启方便，体积小，重量轻，应用广泛。但是由于密封结构和材料的限制，蝶阀只能在中、低压管道上使用。

图 1.9　法兰式闸阀　　　　图 1.10　蜗轮传动式硬密封蝶阀

在选用阀门时其口径一般要和管道的直径相同，但是当管道直径较大时，为了使阀门的造价降低，可以安装口径小一级的阀门。大口径的阀门，手工启闭劳动强度大，费时长，通常采用电动阀门。

下面介绍一下阀门的型号与标志。

① 阀门型号。为便于阀门的选用，按照国家标准，每种阀门都有一个特定型号，用来说明其类别、驱动方式、连接方式、结构形式、密封面或衬里材料、公称压力及阀体材料（见表 1-1～表 1-5）。

阀门型号由 7 个单元组成，按图 1.11 的顺序编制。

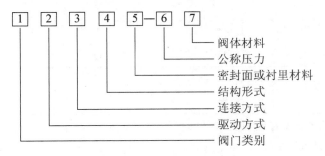

图 1.11　阀门型号的单元编制

表 1-1　阀门类别与类型代号

阀门类别	类型代号	阀门类别	类型代号
闸阀	Z	旋塞阀	X
截止阀	J	止回阀	H
节流阀	L	安全阀	A
球阀	Q	减压阀	Y
蝶阀	D	疏水阀	S
隔膜阀	G		

表 1-2　阀门驱动方式及连接方式

代号	驱动方式	连接方式	代号	驱动方式	连接方式
0	电磁动	—	5	锥齿轮	—
1	电磁-液动	内螺纹	6	气动	焊接
2	电-液动	外螺纹	7	液动	对夹
3	涡轮	—	8	气-液动	卡箍
4	直齿轮	法兰	9	电动	卡套

注：对于手动及自动阀门，在型号中不标注。

表 1-3　阀门结构形式

代号	结构形式	代号	结构形式
0	明杆楔式弹性闸板	4	明杆平行式刚性双闸板
1	明杆楔式刚性单闸板	5	暗杆楔式刚性单闸板
2	明杆楔式刚性双闸板	6	暗杆楔式刚性双闸板
3	明杆平行式刚性单闸板		

注：其他阀门的结构形式可参见有关材料。

表 1-4　阀门密封面或衬里材料代码

代号	密封面或衬里材料	代号	密封面或衬里材料
T	铜合金	D	渗氮钢
X	橡胶	Y	硬质合金
N	尼龙塑料	J	衬胶
F	氟塑料	Q	衬铅
B	锡基轴承合金	C	搪瓷
H	不锈钢	P	渗硼钢

注：有阀体直接加工出来的密封面，用 W 表示；当阀座和阀瓣的密封面材料不同时，用低硬质材料代号表示（隔膜阀除外）。

表 1-5　阀体材料代号

代号	阀体材料	代号	阀体材料
Z	灰铸铁	T	铜及铜合金
K	可锻铸铁	I	铬钼钢
Q	球墨铸铁	P	Cr18Ni9Ti/ZG1Cr18Ni9Ti
G	高硅铸铁	R	Cr18Ni12Mo2Ti/ZG1Cr18Ni12Mo2Ti
C	碳素钢	V	12Cr1Mo1V/ZG12Cr1Mo1V

注：对于公称压力 $PN < 16 kg/cm^2$ 的灰铸铁阀体和 $PN \geqslant 25 kg/cm^2$ 的碳素钢阀体，则省略本单元。

② 阀门标志。阀门的公称直径、压力、介质流动方向、制造厂家等在阀体上都要有

标志。对于阀体材料、密封面材料、衬里材料等需要依据阀体各部位上所涂的油漆颜色来识别。阀体材料识别涂色见表1-6的规定。

表1-6 阀体材料识别涂色

阀体的材料	涂漆的颜色	阀体的材料	涂漆的颜色
灰铸铁、可熔铸铁	黑色	耐酸钢或不锈钢	浅蓝色
球墨铸铁	银色	合金钢	中蓝色
碳素钢	灰色		

（2）阀门井。阀门一般安装在阀门井内，如图1.12所示。

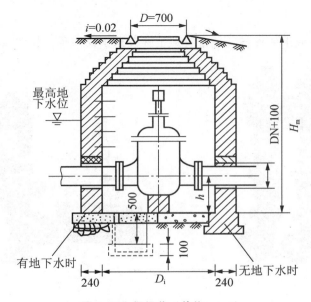

图1.12 阀门井（单位：mm）

阀门井的平面尺寸取决于管径及附件的种类和数量，但应满足阀门操作和安装拆卸各种附件所需的最小尺寸。阀门井一般用砖砌，也可用石砌或钢筋混凝土建造，其形式根据所安装的附件类型、大小和路面材料而定。当阀门井位于地下水位较高处时，井底及井壁不应透水，在水管穿越井壁处，要保持足够的水密性。阀门井还要有抗浮的水密性。

2）排气阀和泄水阀

排气阀的作用是自动排除管道中聚积的空气，如图1.13所示。在输水管道和配水管网隆起点和平直段的必要位置上应装设排气阀。排气阀装设在单独的井室内，有时也可和其他管网配件合用一个井室。

泄水阀又称排泥阀，如图1.14所示，其作用是排除管道中的沉积物及检修和放空管道内存水。在输水管道和配水管网低处和平直段的必要位置上应装设泄水阀。排放出的水可排入水体、沟管、排水检查井等。泄水阀井和排气阀井具体尺寸见国家建筑标准设计图集《市政给水管道工程及附属设施》（07MS101）。

图 1.13 复合式排气阀

图 1.14 手动式泄水阀

3）室外消火栓

消火栓是消防车取水的设备，通常有地上式及地下式两种，如图 1.15 所示。

（a）

（b）

图 1.15 消火栓

（a）地上式消火栓；（b）地下式消火栓

（1）地上式消火栓。地上式消火栓适用于冬期气温较高的地区，一般布置在交叉路口消防车可以驶近的地方，距街道边不应大于 2m，距建筑物外墙不小于 5m，并涂以红色标志。此栓的特点是目标明显，使用方便；但易损坏，有时妨碍交通。

（2）地下式消火栓。地下式消火栓适用于冬期气温较低的地区，一般安装在阀门井内。此栓的特点是不影响交通，不易损坏；但使用时不如地上式消火栓方便查找。

4）管道支墩

承插式接口的给水管道，在转弯处、三通管端处，会产生向外的推力，当推力较大时，易引起承插口接头松动、脱节造成破坏。因此，在承插式管道垂直或水平方向转弯等处应设置管道支墩。当管径小于 350mm 时或转角小于 5°～10°，且压力不大于 1.0MPa 时，其接头足以承受推力可不设管道支墩。

管道支墩应根据管径、转弯角度、试压标准、接口摩擦力等因素通过计算确定。管道支墩材料用砖、混凝土、浆砌块石等。给水管道支墩设置可以参见国家建筑标准设计图集《市政给水管道工程及附属设施》（07MS101），如图 1.16 所示为水平弯管混凝土支墩。

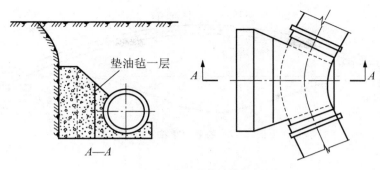

图 1.16　水平弯管混凝土支墩

5）管道穿越障碍物

市政给水管道在通过铁路、公路、河谷时，必须采取一定的措施保证管道能安全、可靠地通过。

（1）管道穿越铁路或公路时，其穿越地点、穿越方式和施工方法，要符合相应的技术规范的要求，并经过铁路或交通部门同意后才可实施。按照穿越的铁路或公路的重要性，通常可采取如下措施。

① 管道穿越临时铁路、一般公路或非主要路线且管道埋设较深时，可不设套管，但应优先选用铸铁管，并将铸铁管接头放在障碍物以外；也可选用钢管，但应采取防腐措施。

② 管道穿越较重要的铁路或交通繁忙的公路时，管道应放在钢管或钢筋混凝土套管内，套管直径根据施工方法而定。大开挖施工时，应比给水管道直径大 300mm，顶管施工时应比给水管道直径大 600mm。套管应有一定的坡度以便排水，路的两侧应设阀门井，内设阀门和支墩，并根据具体情况在低的一侧设泄水阀。给水管道的管顶或套管顶在铁路轨底或公路路面以下的深度不应小于 1.2m，以减轻路面荷载对管道的冲击。

（2）管道穿越河谷时，其穿越地点、穿越方式和施工方法，应符合相应的技术规范的要求，并经过河道管理部门的同意后才可实施。根据穿越河谷的具体情况，一般可采取如下措施。

① 当河谷较深、冲刷较严重、河道变迁较快时，一般可将管道架设在现有桥梁的人行道下面进行穿越，此种方法施工、维护、检修方便，也最为经济。如不能架设在现有桥梁下穿越，则应以桥管的形式通过。

桥管一般采用钢管，焊接连接，两端设置阀门井和伸缩接头，最高点设置排气阀，如图 1.17 所示。桥管的高度和跨度以不影响航运为宜，一般矢高和跨度比为 1:6～1:8，常用1:8。桥管维护管理方便，防腐性好，但易遭破坏，防冻性差，在寒冷地区必须采取有效的防冻措施。

② 当河谷较浅，冲刷较轻，河道航运繁忙，不适宜设置桥管或穿越铁路和重要公路时，须采用倒虹管，如图 1.18 所示。

倒虹管的穿越地点、穿越方式和施工方法，应符合相应的技术规范的要求，并经相关管理部门的同意后才可实施。倒虹管管顶距河床的深度一般不小于 0.5m，但在航道线范围内不应小于 1.0m；在铁路路轨底或公路路面下一般不小于 1.2m。倒虹管在敷设时一般同时敷设两条管线，一条工作另一条备用，两端设置阀门井，最低处设置泄水阀以备检修

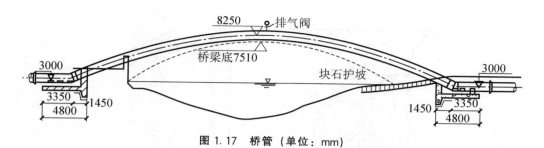

图 1.17　桥管（单位：mm）

地面标高/m	14.00	13.80		11.00	11.20	14.00	14.60
管底标高/m	11.00	11.00		8.20	8.20	11.50	11.50
距离/m		2.30	32.8		12.9	9.5	4.7

图 1.18　倒虹管

用。倒虹管一般采用钢管，焊接连接，并加强防腐措施，管径一般比其两端连接的管道的管径小一级，以增大水流速度，防止在低凹处淤积泥砂。

在穿越重要的河道、铁路和交通繁忙的公路时，可将倒虹管置于套管内，套管的管材和管径应根据施工方法确定。

倒虹管具有适应性强、不影响航运、保温性好、隐蔽安全等优点，但施工复杂、检修麻烦，须加强防腐措施。

6. 给水管道的覆土厚度

给水管道埋设在地面以下，其管顶以上要有一定厚度的覆土，以确保管道内的水在冬期不会因冰冻而结冰，且在正常使用时管道不会因各种地面荷载作用而损坏。给水管道的覆土厚度是指管顶到路面（地面）的垂直距离，如图 1.19 所示。

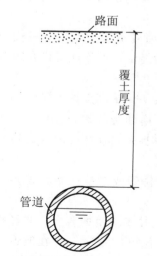

图 1.19　给水管道的覆土厚度

在非冰冻地区，给水管道覆土厚度的大小主要取决于外部荷载、管材强度、管道交叉情况，以及抗浮要求等因素。通常金属管道的最小覆土厚度在车行道下为 0.7m，在人行道下为 0.6m；非金属管道的覆土厚度为 1.0～1.2m。当地面荷载较小，管材强度足够，或者采取相应措施能确保管道不致因地面荷载作用而损坏时，覆土厚度的大小也可降低。

在冰冻地区，给水管道覆土厚度的大小，除了要考虑上述因素外还要考虑土壤的冰冻深度，这需要通过热力计算确定，覆土厚度必须大于土层的最大冰冻深度。当无实际资料时，管底在冰冻线以下的距离可按照以下几列经验数据确定：

DN≤300mm 时，取 DN＋200mm；

300mm＜DN≤600mm 时，取 0.75DN；

DN＞600mm 时，取 0.5DN。

7. 给水管道施工图识读

给水管道施工图的识读是保证工程施工质量的前提，一套完整的给水管道施工图包括目录、施工说明、给水管道平面图、给水管道纵断面图、工程数量表、管线综合图、节点详图及大样图等。

1）给水管道平面图

给水管道平面图主要体现的是管道在平面上的相对位置及管道敷设地带一定范围内的地形、地物和地貌情况，如图 1.20 所示（详见《市政工程施工图案例图集》第 156 页给水平面布置图），识读时应注意以下几方面的内容。

（1）图纸比例、说明和图例。

（2）管道施工地带道路的宽度、长度、中心线坐标、折点坐标及路面上的障碍物情况。

（3）管道的管径、长度、节点号、桩号、转弯处坐标、中心线的方位角、管道与道路中心线或永久性地物间的相对距离及管道穿越障碍物的坐标等。

（4）与本管道相交、相近或平行的其他管道的位置及相互关系。

（5）附属构筑物的平面位置。

（6）主要材料明细表。

2）给水管道纵断面图

给水管道纵断面图主要体现管道的埋设情况，如图 1.21 所示（详见《市政工程施工图案例图集》第 159 页给水管道纵断面图），识读时应注意以下几方面的内容。

（1）图纸横向比例、纵向比例、说明和图例。

（2）管道沿线的原地面标高和设计地面标高。

（3）管道的管中心标高和埋设深度。

（4）管道的敷设坡度、水平距离和桩号。

（5）管径、管材和基础。

（6）附属构筑物的位置、其他管线的位置及交叉处的管道标高。

（7）施工地段名称。

图中应标注地面线、道路、铁路、排水沟、河谷、建筑物、构筑物的编号及与给水管道相关的各种地下管道、地沟、电缆沟等的相对距离和各自的标高。

3）节点详图

在给水管网中，管线相交点称为节点。在节点处通常设有弯头、三通、四通、渐缩管、阀门、消火栓等管道配件和附件。常用的管道配件见表 1-7。

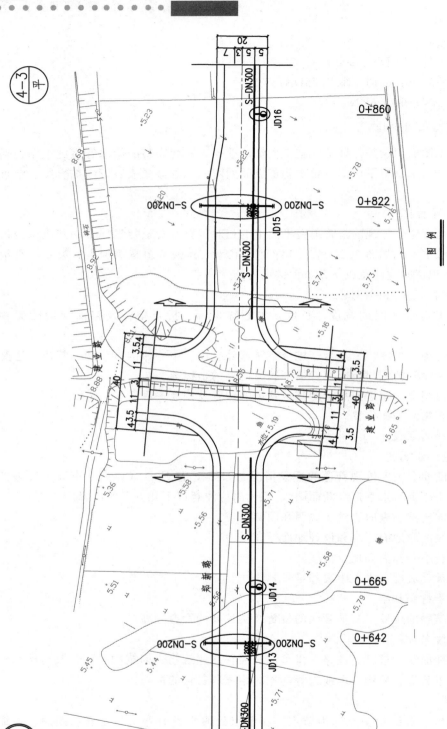

图1.20　给水管道平面图（比例：1:1000）

说明: 1. 本图采用85国家高程，杭州坐标系。
　　　 2. 本图尺寸除管径以毫米计外，其余均以米计。

图例

	给水管
	消火栓
S-DN300	给水管-管径（毫米）

⊠ 闸阀及闸阀井
◐ 排泥阀
◑ 排气阀

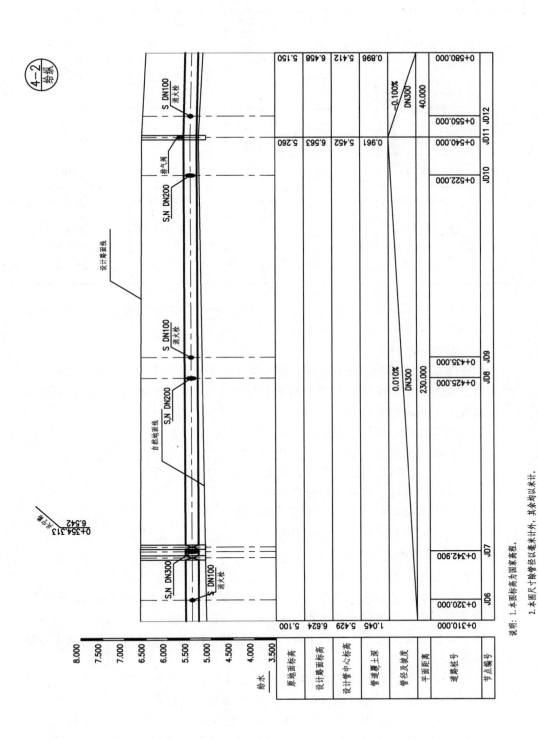

给纵 4—2

设计路面线

设计路面线

S DN100 消火栓

排气阀

S,N DN200

S DN100 消火栓

S,N DN200

自然地面线

S,N DN300

消火栓

0+354.313 6.542 米测高程

		0+310.000		0+320.000	0+342.900			0+425.000	0+435.000			0+522.000	0+540.000	0+550.000	0+580.000
8.000															
7.500															
7.000															
6.500															
6.000															
5.500															
5.000															
4.500															
4.000															
3.500															

给水				
原地面标高	5.100		5.150	5.260
设计路面标高	6.624		6.458	6.563
设计管中心标高	5.429		5.412	5.452
管道覆土深	1.045		0.896	0.961
管径及坡度		0.010% DN300		−0.100% DN300
平面距离		230.000		40.000
道路桩号	0+310.000	0+320.000	0+342.900	0+425.000	0+435.000	0+522.000	0+540.000	0+550.000	0+580.000
节点编号		JD6	JD7	JD8	JD9	JD10	JD11	JD12

说明：1. 本图标高为国家高程.
2. 本图尺寸除管径以毫米计外，其余均以米计.

图1.21 给水管道纵断面图（横向比例1：1000；纵向比例1：100）

表 1-7　常用管道配件一览表

编号	名称	图例	编号	名称	图例
1	承插短管		9	90°法兰弯管	
2	承盘短管		10	90°双承弯管	
3	插盘短管		11	90°承插弯管	
4	双承短管		12	45°承插弯管	
5	三承三通		13	承口法兰渐缩管	
6	双承三通		14	双承渐缩管	
7	双承单盘三通		15	双承套管	
8	四承四通		16	闷头	

【参考图文】

　　在施工图中需要绘制节点详图，如图 1.22 所示，图中用标准符号绘制节点的附件和配件，具体见材料及管配件一览表。

　　4）大样（标准）图

　　大样图是指阀门井、消火栓井、排气阀井、泄水井、支墩等的施工详图，一般多为标准图，由平面图和剖面图组成，如图 1.12 所示的阀门井。大样图识读时应注意以下几方面的内容。

　　（1）图纸比例、说明和图例。

　　（2）井的平面尺寸、竖向尺寸、井壁厚度。

　　（3）井的组砌材料、强度等级、基础做法、井盖材料及大小。

　　（4）管件的名称、规格、数量及连接方式。

　　（5）管道穿越井壁的位置及穿越处的构造。

　　（6）支墩的大小、形状及组砌材料。

　　5）给水管道施工图识读方法

　　给水管道施工图的识读步骤如下。

　　（1）看目录。了解图纸张数等信息。按照图纸目录检查各类图纸是否齐全，标准图是哪一类。把它们查全准备在手边以便可以随时查看。

　　（2）看给水施工说明。了解工程内容、管材、接口等的类型；了解施工方法和技术要求。

　　（3）看平面图、纵断面图和管线综合图。平面图、纵断面图和管线综合图是施工图的核心部分，要仔细深入识读。从中明确给水管道的水流走向，明确施工图中给水管道的位置及与本管道相交、相近或平行的其他管道的位置及相互关系，结合规范检查各类阀门井和消火栓等附属结构的设置情况，核对工程量，检查施工图中管道高程有无错误，各图之间有无矛盾，是否有漏项。

　　（4）看节点详图。在节点详图中主要核对各种管件材料用量。

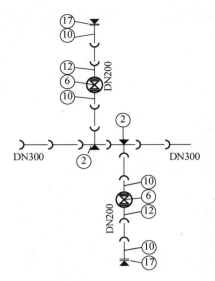

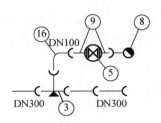

材料及管配件一览表

编号	名称	规格/mm	材料	单位	数量	备注	编号	名称	规格/mm	材料	单位	数量	备注
①	双承三通	DN300×300	球墨铸铁	只	2		⑭	排气三通	DN300×75	球墨铸铁	只	2	
②	双承三通	DN300×200	球墨铸铁	只	18		⑮	排气阀及井			套	2	检查井φ1200
③	双承三通	DN300×100	球墨铸铁	只	8		⑯	90°弯头	DN100	球墨铸铁	个	9	
④	双承三通	DN200×100	球墨铸铁	只	1		⑰	法兰闸板	DN200	球墨铸铁	只	18	
⑤	闸阀及井	DN100		套	9	软密封闸阀	⑱	法兰闸板	DN300	球墨铸铁	只	2	
⑥	闸阀及井	DN200		套	18	软密封闸阀	⑲	支墩			个	91	
⑦	蝶阀及井	DN300		套	4		⑳	给水管	DN100	球墨铸铁	米	60	
⑧	地上式消火栓	浅100型		套	9	防撞式	㉑	给水管	DN200	球墨铸铁	米	220	
⑨	插盘短管	DN100	球墨铸铁	根	18		㉒	给水管	DN300	球墨铸铁	米	1185	
⑩	插盘短管	DN200	球墨铸铁	根	36		㉓						
⑪	插盘短管	DN300	球墨铸铁	根	6		㉔						
⑫	承盘短管	DN200	球墨铸铁	根	18		㉕						
⑬	承盘短管	DN300	球墨铸铁	根	4		㉖						

注: 1. 本材料仅供参考，以实际工程量为准。
　　 2. 管道覆土不足0.7m的应采用20 cm厚C20混凝土方包。

图1.22　给水管道节点详图(部分)

（5）看大样(标准)图。大样图往往都采用标准图，可对照标准图集进行识读，计算各管道构筑物的材料用量。

6）给水管道施工图的识读重点

给水管道施工图的识读重点主要有以下两点。

（1）工程数量表的核对。图纸识读时，根据平面图、节点详图进行工程数量表的核对，明确各种不同类型、规格、材料的管道长度；核对各种不同规格阀门井、消火栓井、排气阀井、泄水井、支墩等附属构筑物的数量及各种不同规格管件的数量。

（2）管道的高程位置的复核。图纸识读时，根据纵断面图对管道的高程位置进行复核，判断管道的覆土厚度是否满足要求，如不满足是否有相应的措施。碰到与其他管道或构筑物交叉的时候，要复核其交叉点处各种管道的高程及各管道外壁最小净距是否满足要求。

往往施工的全过程中，一张图纸要看好多次，所以看图纸时应先抓住总体，抓住关键，再看次要的、细节的部分。

1.1.3 案例示范

1. 案例描述

完成图 1.23 中给水管道施工图识读，具体任务如下。

(1) 明确工程内容、给水管道的水流走向，明确工程管材、接口、基础的类型。

(2) 结合设计规范判断各类阀门和消火栓等附属结构的设置是否正确。

(3) 识读节点详图，核算工程量，填写表 1-8。

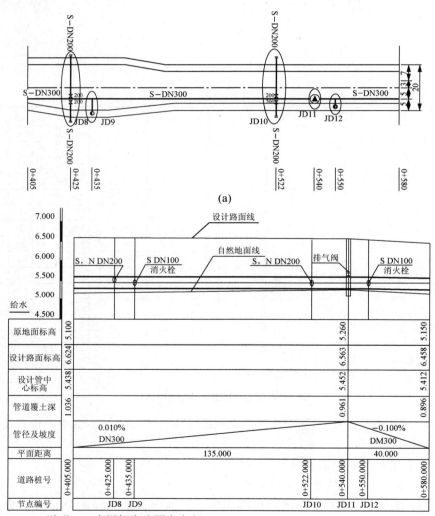

说明：1. 本图标高为国家高程。
2. 本图尺寸除管径以mm计外，其余均以m计。

(b)

图 1.23 某给水管道施工图

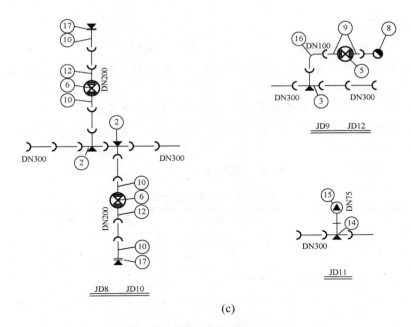

(c)

图 1.23 某给水管道施工图（续）

（a）平面图；（b）纵断面图；（c）节点大样图

表 1-8 工程材料一览表

编号	名称	规格	材料	单位	数量
复核结果					

（4）复核施工图中给水管道的高程有无错误，核算管道覆土厚度是否满足要求，填写表 1-9。

表 1-9 管道高程及覆土厚度一览表

序号	管段编号	管长 L/m	管径 DN/mm	坡度 i/‰	起点设计路面标高/m	终点设计路面标高/m	起点管中心标高/m	终点管中心标高/m	起点覆土厚度/m	终点覆土厚度/m
复核										

2. 案例分析与实施

案例分析与实施内容如下。

（1）结合施工图说明及平面布置图可以确定工程内容、给水管道的水流走向，明确工程管材、接口、基础的类型。

（2）结合设计规范判断各类阀门和消火栓等附属结构的设置是否正确。

根据《室外给水设计规范》（GB 50013—2006)规定，判定本图中各类阀门和消火栓等附属结构的设置是否正确。

（3）识读节点详图，核算工程量，填写表1-10。

表 1-10 工程材料一览表

序号	名称	规格/mm	材料	单位	数量
②	双承三通	DN300×200	球墨铸铁	只	4
③	双承三通	DN300×100	球墨铸铁	只	2
⑤	闸阀及井	DN100	球墨铸铁	只	2
⑥	闸阀及井	DN200	球墨铸铁	只	4
⑧	消火栓	DN100		套	2
⑨	插盘短管	DN100	球墨铸铁	根	4
⑩	插盘短管	DN200	球墨铸铁	根	8
⑫	承盘短管	DN200	球墨铸铁	根	4
⑭	排气三通	DN300×75	球墨铸铁	只	1
⑮	排气阀及井			套	1
⑯	90°弯头	DN100	球墨铸铁	个	1
⑰	法兰闷板	DN200	球墨铸铁	只	4
复核结果	略				

（4）复核施工图中给水管道的高程有无错误，核算管道覆土厚度是否满足要求，填写表1-11。

① 分析：

$$终点管中心标高=起点管中心标高\pm管长(L)\times坡度(i/‰)$$

$$覆土厚度=设计路面标高-设计管中心标高-1/2管径$$

管道壁厚忽略不计。

② 核算给水管道高程及覆土厚度，已知各管段参数，见表1-11。

以 0-JD11 为例，计算如下：

$$终点管中心标高=5.438m+135m\times0.1‰=5.452m$$

$$起点覆土厚度=(6.624-5.438-0.15)m=1.036m$$

其余计算同上。

《室外给水设计规范》（GB 50013—2006)规定：管顶最小覆土深度，应根据管材强度、外部荷载、土壤冰冻深度和土壤性质等条件，结合当地埋管经验确定。管顶最小覆土深度宜为人行道下 0.6m，车行道下 0.7m。可以据此判断覆土厚度是否满足要求。

最后将结果及复核结果填写在表 1-11 中。

表 1-11 管道高程及覆土深度一览表

序号	管段编号	管长 L/m	管径 DN/mm	坡度 i/‰	起点设计路面标高 /m	终点设计路面标高 /m	起点管中心标高/m	终点管中心标高/m	起点覆土厚度 /m	终点覆土厚度 /m
1	0-JD11	135	300	+0.1	6.624	6.563	5.438	5.452	1.036	0.961
2	JD11-终	40	300	-1.0	6.563	6.458	5.452	5.412	0.961	0.896
复核	各项计算结果与图纸核对均无错误，覆土满足要求。									

1.1.4 拓展知识

管材标准化的主要内容是统一管材、管件的主要参数和结构尺寸，其中最主要的就是直径和压力的标准化和系列化。我国管材的规格由《管道元件 DN（公称尺寸）的定义和选用》（GB/T 1047—2005）规定。

1. 公称直径

公称直径是指为了使管道、管件和阀门之间具有互换性而规定的一种通用直径，用符号 DN 表示，单位是 mm，符号后面用数字注明公称直径的数值。例如，公称直径为 300mm 的管材表示为 DN300。

公称直径是控制管材设计及制造规格的一种标准直径，与管内径相接近。公称直径从 1~4000mm 共分 65 个级别，工程上常用的通径规格包括：6、10、15、20、25、40、50、80、100、150、200、250、300、350、400、450、500、600、700、800、900、1000、1100、1200、1300、1400、1500、1600mm 共 28 个规格。

管材及管件的实际生产制造规格包括三种类别（见表 1-12）。

表 1-12 管材及管件的实际生产制造规格

管材及管件	制造规格
阀门等附件	公称直径等于其实际内径
内螺纹管件	公称直径等于其内径
各种管材	公称直径只是个名义直径，不等于其实际内径或实际外径，但只要其公称直径相同，无论管材的实际内径及外径的数值是多少，就可以用相同公称直径的管件相连接，具有通用性及互换性

2. 公称压力

公称压力是指为了设计、制造及使用的方便而规定的一种标准压力，在数值上等于一级温度（0~20℃）下，介质的最大工作压力，用符号 PN 来表示，符号后面附加压力数值。

公称压力从 0.05~250MPa 共分 26 个级别。其中工程上常用的公称压力规格包括：0.25、0.4、0.6、1、1.6、2.5、4、6.4、10、16、20、32MPa 共 12 个级别。

3. 试验压力

试验压力是指管材出厂前，为检验其力学性能和严密性能而进行压力试验的压力标准。试验压力用符号 P_s 表示。

4. 工作压力

管材在正常使用中，不但要承受介质的压力作用，同时还要承受介质的温度作用，此时管材所承受的实际压力即为工作压力。材料在不同温度条件下具有不同的力学性能，因此其允许承受的介质工作压力随介质温度不同而不同。工作压力用符号 P_t 表示，t 为介质温度数值的 1/10 整数值，如 P_{20}，P_{30} 分别表示管材中介质温度为 200℃和 300℃时允许的工作压力。

习 题

一、判断题

1. 钢管具有耐高压、耐振动、管壁薄、重量较轻、耐腐蚀性好等优点。　（　　）

2. 给水系统按水源种类可分为地表水给水系统和地下水给水系统。　（　　）

3. 地上式消火栓一般布置在交叉路口消防车可以驶近的地方，距街道边不应大于 2m，距建筑物外墙不小于 5m。　（　　）

4. 在输水管道和配水管网隆起点和平直段的必要位置上应装设排气阀。　（　　）

5. 钢管一般主要用于压力较高的输水管道，以及因地质、地形条件限制或穿越铁路、河谷和地震地区的管道。　（　　）

6. 管道穿越较重要的铁路或交通繁忙的公路时，一般应放在钢管或钢筋混凝土套管内。　（　　）

7. 市政给水管道中，钢管除了进行外防腐以外，还需进行内防腐处理。　（　　）

8. 消防用水只是在发生火灾时使用，一般是从街道上设置的消火栓和室内消火栓取水，用以扑灭火灾。　（　　）

9. 二级泵站直接从水源取水，并将水输送到水处理构筑物；一级泵站通常设在水厂内，是将处理后的水通过管网向用户供水。　（　　）

10. 城镇生活饮用水管网，可以与自备水源供水系统直接连接。　（　　）

二、单项选择题

1. 给水系统是指从（　　）取水，按照人们生活和工业生产等对水质的要求，在水厂中进行处理，然后把水供给用户的一系列构筑物。

A. 水源　　　　B. 水厂　　　　C. 清水池　　　　D. 水塔

2. 在输水管道和配水管网隆起点和平直段的必要位置上应装设（　　）。

A. 排气阀　　　B. 泄压阀　　　C. 泄水阀　　　D. 检查井

3. 取水构筑物的作用主要是（　　）。

A. 进行水处理　B. 供水　　　　C. 从水源取水　　D. 加压

4. 泄水阀的作用是（　　）。

A. 排除管道内的空气

B. 排除管道中的沉积物以及检修和放空管道内存水

C. 排除雨水

D. 清通管道

5. 管道的覆土厚度是指（　　）到路面（地面）的垂直距离。

A. 管中心　　　　B. 管内底　　　　C. 管内顶　　　　D. 管外顶

6. 当按照直接供水的建筑层数确定给水管网水压时，某区一四层住宅用户接管处的最小服务水头为（　　）。

A. 20m　　　　　B. 16m　　　　　C. 12m　　　　　D. 10m

7. 已知 D300 给水铸铁管道长度为 125m，坡度为 0.15‰，起点管中心标高为 3.520m，终点有一排气阀，此处管中心标高为（　　）m。

A. 3.501　　　　B. 3.539　　　　C. 3.530　　　　D. 3.510

8. 根据国际现行规定，公称直径为 225mm 的管材表示应为（　　）。

A. Dg225　　　　B. DG225　　　　C. DN225　　　　D. Dn225

9. 钢管具有的优点不包括（　　）。

A. 强度高　　　　B. 承受内压力大　　C. 抗震性能好　　　D. 抗腐蚀性能好

10. 广泛用于室外大口径的给水管道以及室内消防给水主干管上的阀门是（　　）。

A. 闸阀　　　　　B. 蝶阀　　　　　C. 截止阀　　　　D. 球阀

三、多项选择题

1. 承插式接口的给水管道，在（　　），会产生向外的推力，当推力较大时，易引起承插口接头松动、脱节造成破坏。因此，在承插式管道垂直或水平方向转弯等处应设置支墩。

A. 转弯处　　　　B. 三通管端处　　C. 管径变化处

D. 流量变大处　　E. 以上都正确

2. 给水系统按其服务对象的不同可分为（　　）系统。

A. 生活给水　　　B. 生产给水　　　C. 城市给水

D. 消防给水　　　E. 临时给水

3. 在给水铸铁管道节点安装时，以下同规格管件可以连接的是（　　）。

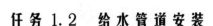

【参考答案】

任务 1.2　给水管道安装

1.2.1　任务描述

工作任务

某给水管道工程为 DN200mm 球墨铸铁管，T 型胶圈接口，进行管道安装。具体任务如下。

（1）编写给水管道安装的技术交底。

（2）准备给水管道安装材料、机具设备，进行管道安装。

（3）依据《给水排水管道工程施工及验收规范》（GB 50268—2008），检查管道安装质量，并给出评定意见。

工作手段

（1）技术规范和标准图集。

《给水排水管道工程施工及验收规范》（GB 50268—2008），国家建筑标准设计图集《市政给水管道工程及附属设施》（07MS101）等。

（2）材料及机具设备。

DN200mm 球墨铸铁管、套螺纹机、砂轮机、砂轮锯、吊链、环链、钢丝绳、钩子、扳手、撬棍、探尺、钢卷尺等。

成果与检测

（1）以小组为单位，模拟给水管道安装技术交底。

（2）以小组为单位，进行给水管道安装和质量检验。

（3）采用教师评价和学生互评的方式打分。

1.2.2 相关知识

一般情况下，市政管道工程施工分三大阶段：施工前的准备阶段、开槽施工阶段和质量检查与验收阶段，而给水管道开槽施工的具体程序主要为：测量放线→沟槽开挖→基底处理→管道安装→沟槽部分回填→水压试验→冲洗与消毒→最后回填。其中，测量放线属于准备阶段；沟槽开挖、基底处理、管道安装、沟槽回填属于施工阶段；水压试验、冲洗与消毒属于质量检查与验收阶段。

1. 测量放线

管道工程的施工准备工作一般包括工程交底、现场核查、施工组织（方案）设计、施工交底、施工测量和施工排水等。施工测量是其中的一个重要实际操作内容。

在施工单位与设计单位进行交接桩后，施工人员按管线平面施工图的要求，用全站仪等测量仪器测定管道的中心线、高程及附属构筑物位置，并在管道中心线两侧各量二分之一沟槽上口宽度，拉线撒白灰，定出管沟开挖边线（即放线）。给水管道放线，一边每隔20m 设中心桩，但在阀门井、管道节点处均应设中心桩。

图1.24 直槽断面形式

2. 沟槽开挖

1）沟槽开挖断面形式

在市政管道开槽法施工中，要根据开挖处的土的种类、地下水水位、管道断面尺寸、管道埋深、沟槽开挖方法、施工排水方法及施工环境等来确定沟槽开挖断面形式。市政给水管道埋深较浅，常采用直槽断面形式，如图1.24 所示。

2）直槽的底宽和挖深

（1）底宽：指沟槽底部开挖宽度，应满足管道的施工要求。其计算式为

$$B = D_1 + 2b_1 \tag{1-1}$$

式中　B——沟槽底宽，mm；

D_1——管道结构的外缘宽度，mm；

b_1——管道一侧的工作面宽度，mm。

依据相关规定：对于金属管道，当管道外径 $D_0 \leqslant 500$mm 时，$b_1 = 300$mm；$500 < D_0 \leqslant 1000$mm 时，$b_1 = 400$mm；$1000 < D_0 \leqslant 1500$mm 时，$b_1 = 500$mm。

（2）挖深：指沟槽开挖需要的深度，由管道的设计埋设深度来确定，但直槽开挖的深度不应超过最大挖深。直槽的最大挖深根据土质不同分为：砂土和砾石土取 1.0m；亚砂土和亚黏土取 1.25m；黏土取 1.5m；特别密实土取 2.0m。当直槽开挖深度大于最大挖深或槽底在地下水位以下时，直槽开挖则要考虑支撑，支撑形式及选用同排水管道开槽施工，将在项目 4 中进行介绍。

3）沟槽开挖

沟槽土方开挖可采用人工开挖和机械开挖等方法。当土方量不大或不适于机械开挖时，可采用人工开挖，但应尽量采用机械开挖。人工挖槽时，堆土高度不宜超过 1.5m，且距槽口边缘不小于 0.8m，以免造成塌方。采用机械挖土时，为了防止对基底土的扰动，应使槽底留 200～300mm 左右厚度土层，由人工清槽底。

给水管道属于压力流管道，即管道中的水是在压力的作用下进行流动的，故而其埋深只需满足冰冻线、地面荷载和跨越障碍物即可，对管道内部的水力要素没有影响。因此沟槽较浅，以放坡开槽为主，尽量不加支撑，便于用机械分散下管。为了减少开挖土方量，一般开挖的宽度较小，但在接口处必须满足接口施工工艺要求，且在接口处应加宽加深。球墨铸铁管接口工作坑开挖尺寸应满足表 1-13 的要求。

表 1-13　球墨铸铁管接口工作坑开挖尺寸

管材种类	管外径 D_0/mm	宽度/mm	长度/mm		深度/mm
			承口前	承口后	
滑入式柔性接口球墨铸铁管	$\leqslant 500$	承口外径加	800	200	承口长度加 200	200
	600～1000		1000			400
	1100～1500		1600			450
	>1600		1800			500

3. 基底处理

球墨铸铁管一般可直接铺设在天然地基上，如果超挖，可用碎石或砂进行回填。当沟槽为岩石或坚硬地基时，应按设计规定施工；若设计无规定时，为保证管身受力的合理性，管身下方应铺设砂垫层，其厚度应符合表 1-14 的规定。

沟槽在开挖和基底处理后就可以直接进行管道安装了，由于给水管材多种多样，虽然其直埋施工顺序基本相同，但管道安装具体工艺相差较大，下面以最常见的球墨铸铁管和钢管为例分别介绍给水管道的安装过程。

表 1-14 砂垫层厚度/mm

公称直径 厚度 管材	≤500	500～1000	>1000
铸铁管及钢管	≥100	≥150	≥200

4. 球墨铸铁管的安装

球墨铸铁管的铺设宜由低向高铺设，承口朝向上坡，水平方向对承口朝向来水方向。管道安装时，应将管中心、高程逐节调整正确，随时清扫管道中的污物，当管道因故停止安装时，两端管口应临时封堵。接口的环向间隙应均匀，承口间的纵向间隙不应小于3mm。管道沿曲线安装时，接口的允许转角，不得大于表 1-15 的规定。

表 1-15 沿曲线安装接口的允许转角

接口种类	管径/mm	允许转角/(°)
滑入式 T 形、梯唇形 橡胶圈接口及柔性机械式接口	75～600	3
	700～800	2
	≥900	1

球墨铸铁管安装一般采用滑入式 T 形接口，只要将插口插入承口就位即可。滑入式接口(T 形接口)如图 1.25 所示。施工实践证明，这种接口具有可靠的密封性、良好的抗震性和耐腐蚀性；操作简单、安装技术易掌握，改善了劳动条件，是一种比较好的接口形式。

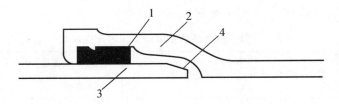

图 1.25 滑入式接口(T 形接口)

1—胶圈；2—承口；3—插口；4—坡口(锥度)

滑入式接口球墨铸铁管的安装程序：下管→管口清理→清理胶圈→上胶圈→安装机具设备→在插口外表面和胶圈上涂刷润滑剂→顶推管子使插口插入承口→检查。

1) 下管

下管前的准备工作主要是对管子及其配件的检查和沟槽的验收，包括对其外观的检查及清理。下管以前，要按照图纸对开挖好的沟槽复测一遍，看其平面位置和高程是否符合要求；沟槽内要无软泥及杂物，基面无扰动，清底合格；检查沟槽的边坡或支撑的稳定性。槽壁不能有裂缝，有隐患处除采取加固措施外并应说明，施工中注意观察。铸铁管道运送到现场时，要按照设计管件结合图配齐管件，如果条件允许，尽可能沿槽边顺序排列，承口要向来水方向，各种管件也要按计划放在指定地点。

下管即把管道从地面下入沟槽的过程，通常分为人工下管法(图 1.26)和机械下管法。

当管径较小，管重较轻时，可以采用人工方法下管法。常用的方法有压绳法和三脚架法。机械下管法通常使用汽车式或履带式起重机械进行下管。

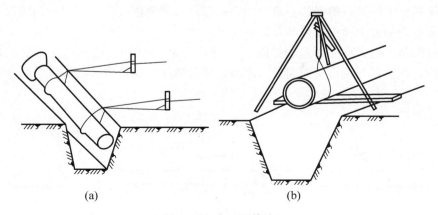

(a) (b)

图 1.26 人工下管法

（a）压绳法；（b）三脚架法

2）管口清理

安装时，要先清除承口防腐沥青，铲去所有黏结物，擦洗干净。

3）清理胶圈、上胶圈

清洗胶圈，检查有无接头、毛刺、污斑等缺陷后，手拿胶圈，把胶圈弯为梅花形或心形装入承口凹槽内，由于胶圈外径比承口凹槽内径稍大，故嵌入槽内后，需沿圆周轻轻按压一遍，确保胶圈各个部分不翘、不扭，均匀地卡在槽内，如图 1.27 所示。

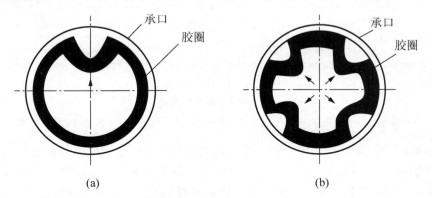

(a) (b)

图 1.27 胶圈安装

（a）心形；（b）梅花形

4）安装机具设备

安装球墨铸铁管 T 形接口所使用的工具，按照顶推工艺的要求不同而有所差异，常用的工具有吊链、环链、钢丝绳、钩子、扳手、撬棍、探尺、钢卷尺等，也有一些专用工具，如连杆千斤顶和专用环。这些工具使对球墨铸铁管 T 形接口进行安装拆卸比较方便。

将准备好的机具设备安装到位，安装时注意不要将已清理的管子部位再次污染。

5）在插口外表面和胶圈上涂刷润滑剂

润滑剂宜用厂方提供的产品，也可使用肥皂水，将润滑剂均匀地涂刷在承口内已安装好的胶圈内表面，在插口外表面刷润滑剂时应注意刷至插口端部的坡口处。

6）顶推管子使插口插入承口

球墨铸铁管柔性接口的安装一般采用顶推和拉入的方法，可根据现场的施工条件、管道规格、顶推力的大小及现场机具及设备的情况确定。

（1）撬杠顶入法。撬杠顶入法如图 1.28 所示，将撬杠插入已对口连接管承口端工作坑的土层中，在撬杠与承口端面间垫以木板，扳动撬杠使插口进入已连接管的承口，将管顶入。

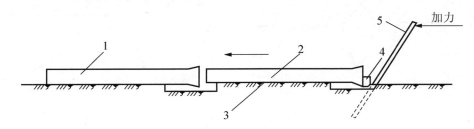

图 1.28　撬杠顶入法

1—已安装好的管子；2—待安装的管子；3—管沟底；4—垫木；5—撬杠

（2）千斤顶顶入法。先在管沟两侧各挖一竖槽，每槽内埋一根方木作为后背，用钢丝绳、滑轮及符合管节模数的钢拉杆与千斤顶连接。启动千斤顶，将插口顶入承口，如图 1.29 所示。每顶进一根管子，加一根钢拉杆，一般安装 10 根管子移动一次方木。

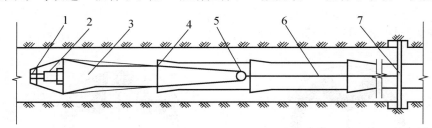

图 1.29　千斤顶顶入法

1—垫木；2—千斤顶；3—管子；4—钢丝绳；5—滑轮；6—钢拉杆；7—方木

（3）吊链（手拉葫芦）拉入法。在已安装稳固的管子上拴住钢丝绳，在待拉入管子承口处放好后背横梁，用钢丝绳和吊链（手拉葫芦）连好绷紧对正，拉动吊链，即可将插口拉入承口中，如图 1.30 所示。每接一根管子，将钢拉杆加长一节，安装数根管子后，移动一次拴管位置。

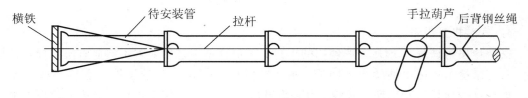

图 1.30　手拉葫芦安装法

（4）牵引机拉入法。在待连接管的承口处，横放一根后背方木，将方木、滑轮（或滑轮组）和钢丝绳连接好，启动牵引机械（如卷扬机、绞磨）将对好胶圈的插口拉入承口中，如图 1.31 所示。

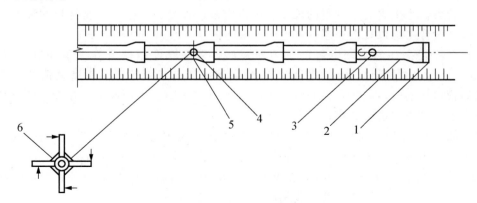

图 1.31　牵引机拉入法
1—横木；2—钢丝绳；3—滑轮；4—转向滑轮；5—转向滑轮固定钢丝绳；6—绞磨

在安装时，为了将插口插入承口内较为省力、顺利。首先将插口放入承口内且插口压到承口内的胶圈上，接好钢丝绳和倒链，拉紧倒链；与此同时，在管承口端用力左右摇晃管子，直到插口插入承口全部到位，承口与插口之间应留 2mm 左右的间隙，并保证承口四周外沿至胶圈的距离一致。

管件安装时，由于管件自身重量较轻，采用单根钢丝绳容易使管件方向偏转，导致橡胶圈被挤，不能安装到位。因此，可采用双倒链平行用力的方法使管件平行安装，胶圈不致被挤，也可采用加长管件的办法用单根钢丝进行安装。

7）检查

检查插口插入承口的位置是否符合要求；用钢板尺伸入承插口间隙中检查胶圈位置是否正确到位。

5. 钢管的安装

钢管自重轻、强度高、抗应变性能比铸铁管及钢筋混凝土压力管好、接口操作方便、承受管内水压力较高、管内水流水力条件好，但钢管的耐腐蚀性能差，容易生锈，应做防腐处理。钢管常用于长距离输水管道和城市中的大口径给水管道。

1）钢管的接口

钢管的接口形式有多种，如焊接、法兰连接和柔性接口等。其中焊接以其强度高、密封性好等优点在埋地钢管中被广泛采用。在施工现场，钢管的焊接主要采用手工电弧焊。钢管的焊接与燃气管道施工项目所述相同（具体见项目3）。

2）钢管的下管

钢管的强度高、韧性好，且为压力流管道，其地基和基础的施工与球墨铸铁管道类同，由于钢管外表面常敷有防腐层，因此，钢管施工要尽可能避免槽下运管，多采用移动式起重机吊装，吊管应采用专用的橡胶或帆布式吊具起吊。

钢管在下管前一定要检查其质量是否符合要求，钢管在运输及安装过程中一定要注意保护防腐层不被破坏。

3）钢管的铺设

钢管的铺设应注意以下几点。

（1）钢管铺设应逐根测量、编号进行，宜选用管径公差最小的管节组对铺设。

（2）若为长串下管时，管段的长度、吊距应根据管径、壁厚、防腐材料的种类及下管方法在施工设计中加以规定。

（3）在铺管中如遇不同壁厚的管节对口时，管壁厚度相差要不大于 3mm；当大于 3mm 时，接口边缘处削成坡口，使壁厚一致，坡口切削长度等于两管壁差值的 4 倍。不同管径的管道相连时，如两管径差值大于小管径的 15％时，可用渐缩管连接，渐缩管的长度应不小于两管径差值的 2 倍，且不小于 200mm。

（4）铺管时，还应注意使管道的纵向焊缝放在管道中心垂线上半圆 45°左右处，并应使纵向焊缝错开，错开的间距视管径大小而定。当管径小于 600mm，错开间距不小于 100mm，管径大于或等于 600mm，错开间距不小于 300mm。有加固环的钢管，加固环的对焊焊缝应与管节纵向焊缝错开，其间距不得小于 100mm。

4）钢管过河架空施工

给水管道跨越河道时一般采用架空桥管铺设，管线高处设自动排气阀。为了防止冰冻和振动，管道应采取保温措施并设置抗震柔口，在管道转弯等应力集中处设置支墩。管道跨河应尽量利用原建或拟建的桥梁铺设。

1.2.3 案例示范

1. 案例描述

某给水管道工程为 DN500mm 球墨铸铁管安装。具体任务如下。

（1）编写给水管道安装的技术交底。

（2）准备给水管道安装材料、机具设备，进行管道安装。

（3）依据《给水排水管道工程施工及验收规范》（GB 50268—2008），检查管道安装质量，并给出评定意见。

2. 案例分析与实施

1）给水管道安装技术交底

给水管道安装技术交底如下。

给水管道安装技术交底

技术交底记录		编号	
工程名称	×××路 DN500mm 给水管道工程		
分部工程名称	管道主体结构工程	分项工程名称	给水管道安装
施工单位	×××市政工程公司	交底日期	××年×月×日
交底内容： DN500mm 给水工程，管材采用球墨铸铁管，T 形胶圈接口。 1. 作业条件 （1）管线砂垫层经过隐蔽工程验收合格。 （2）管道进场检验、复试合格。			

2. 施工方法、工艺

工作坑—下管—上胶圈—对口—撞口—锁管。

1）工作坑

在管道安装前，人工在接口处挖设工作坑，承口前≥60cm，承口后超过斜面长，左右大于管径便于操作即可，深度≥20cm。工作坑尺寸示意图如图1.32所示。

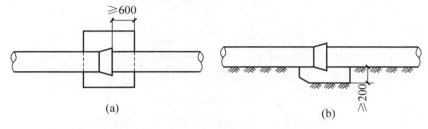

≥600

(a)

≥200

(b)

图1.32　工作坑尺寸示意图(尺寸单位：cm)

(a) 平面图；(b) 立面图

2）下管

(1) 设备采用16t吊车、两根专用吊带为吊具，两点法吊装，人工配合，专人指挥。

(2) 下管时必须轻吊轻放，避免损坏管材，同时保护砂基表面不受破坏。吊点外绳夹角小于60°。

3）上胶圈

将胶圈上的黏结物清理干净，将胶圈弯成心形或梅花形装入承口槽内，并用手沿整个胶圈按压一遍，均匀一致地卡在槽内，不翘不扭。

4）对口

(1) 从下游开始安装管，承口逆水流方向，由下游向上游依次安装。

(2) 根据设计井段及管节长度排列，承口不得进入。

(3) 首节管道就位后，复测高程及轴线，确保管道纵断面高程及平面位置准确后，在管两侧回填砂固定。

(4) 用三脚架、吊链把管子吊起来呈水平状态，吊离地面6cm左右，利用边线调整管身位置，使管子中线符合设计要求，把插口对准承口。

5）撞口

使用吊链拉入法撞口，在已安装稳固的管子上拴住钢丝绳，在待拉管子承口处架上后背横梁(后背横梁由方木、橡胶垫组成)。把后背横梁两端套好钢丝绳和吊链连好绷紧对正，如图1.33所示，这时两侧同步拉动两个吊链，使胶圈在插口与承口工作面之间均匀移动。

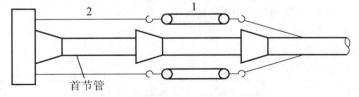

2

1

首节管

图1.33　吊链拉入法安管平面示意图

1—吊链；2—钢丝绳

注意撞口过程中随时观察吊在三脚架上管子的状态，让管子受力均匀，保持水平，随时调整吊链，必要时调整三脚架。

在撞口过程中，如果出现胶圈移动不均匀，用木棒及时调整，掌握捣击力度，并认真检查胶圈与承口接触是否均匀紧密。撞口完成后放松吊链后接口处的回弹量为 0.5～1cm 即符合要求。

6）锁管

撞口结束后，为防止前几节管子管口回弹或移动，向管体两侧回填土，同时用钢丝绳和吊链锁在后面的管子上，如图 1.34 所示。

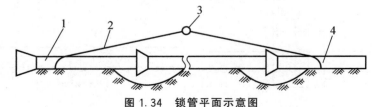

图 1.34　锁管平面示意图

1—第一节管；2—钢丝绳；3—吊链；4—后面的管

3. 质量要求

1）主控项目

（1）使用管节及管件应无裂纹和妨碍使用的凹凸不平等缺陷；管节及管件下沟槽前，柔性接口及管件承口的内工作面、插口的外工作面修整光滑，不得有凹槽、凸脊等缺陷。

（2）橡胶圈安装位置准确，无扭曲、外露。

（3）管节连接后轴线同心，承口、插口部位无破损、变形、开裂，插口推入深度符合要求。

2）一般项目

（1）连接后管节间平顺，接口无突起、突弯、轴向位移现象。

（2）接口环向间隙均匀，承插接口的纵向间隙不小于 3mm。

压力管道铺设允许偏差见表 1-16。

表 1-16　压力管道铺设允许偏差表

序号	项目	允许偏差/mm	检验频率		检验方法
			范围	点数	
1	管底高程	±30	每节管	1 点	水准仪具测量
2	水平轴线	30			经纬仪或挂中线钢尺测量

4. 安全文明施工措施

（1）施工现场在管材运输、码放、下管过程做好管材保护。

（2）吊车作业专人指挥，作业半径内严禁站人。

（3）机械设备由执证人员操作。

（4）作业工人上下沟槽走安全梯。

（5）夜间施工应有足够的照明。

审核人	交底人	接收交底人
×××	×××	×××

2）球墨铸铁管的安装

（1）球墨铸铁管在安装时应注意以下几个问题。

① 胶圈要放正在承口槽内，并用手压实。

② 当管子需截短后再安装时，插口端应加工成坡口形状。

③ 在弯曲段利用管道接口的借转角安装时，应先将管子沿直线安装，然后再转至要求的角度。在安装过程中须在弧的外侧用小木块将已铺好的管身撑稳，以免位移。

④ 安装过程中，定管、动管轴心线要在一条直线上，否则容易将胶圈顶出，影响安装的质量和速度。

⑤ 管道安装要平，管子之间应成直线，遇有倾斜角时，要小心处理。

⑥ 将连接管道的接口对准承口，若插入阻力过大，切勿强行插入，以防橡胶圈扭曲。

⑦ 管道安装和铺设工程中断时，应将管口封闭，防止土砂等杂物流入管道内。

⑧ 试压前应在每根管子的中间部位适当的覆土。

（2）球墨铸铁管在安装时还有以下一些施工经验可以借鉴。

① 为了安装方便，可先用水浸湿橡胶圈。

② 炎热的夏季，润滑油宜用植物油；寒冷的冬季，橡胶圈可用热水预热，以减少硬度，迅速安装。

③ 管子安装中若需借转，在用管子的自身借转角无法满足的情况下，可根据需借转的角度，经计算后将管子的插口切割后斜口，这样既可增大借转角度，又能保证安全使用。

④ 若无条件用水试压时，也可考虑用空气试压。

⑤ 管沟回填应分层夯实，若管道穿越道路时，为避免压坏管身，可回填粗砂至管顶。

⑥ 在施工中有时会发生接口滴漏。为避免此现象，在安装时需严格按规范进行施工，需保证给每根管子都安装到位，对于大口径的管道需检查每个接口胶圈的情况。

⑦ 夏季施工过程中，可在接口部位适当覆土。

⑧ 三通、弯头必须做混凝土支墩。

3）安装质量检验

安装质量检验分主控项目和一般项目两种。

（1）主控项目。

① 承插接口连接时，两管节中轴线应保持同心，承口、插口部位无破损、变形、开裂；插口推入深度应符合要求。

② 橡胶圈安装位置应准确，不得扭曲、外露；沿圆周各点应与承口端面等距，其允许偏差应为±3mm。

（2）一般项目。

① 连接后管节间平顺，接口无突起、突弯、轴向位移现象。

② 接口的环向间隙应均匀，承插口间的纵向间隙不应小于3mm。

③ 管道铺设的允许偏差应符合表1-17的规定。

表 1-17　管道铺设的允许偏差

检查项目		允许偏差/mm	检查数量		检查方法
			范围	点数	
1	水平轴线	无压管道　15	每节管	1点	经纬仪测量或挂中线用钢尺测量
		压力管道　30			

续表

检查项目		允许偏差/mm		检查数量		检查方法
				范围	点数	
2	管底高程 /mm	$D_i \leqslant 1000$	无压管道 ± 10	每节管	1 点	水准仪测量
			压力管道 ± 30			
		$D_i > 1000$	无压管道 ± 15			
			压力管道 ± 30			

习 题

一、判断题

1. 钢管的接口方法有焊接、法兰连接和各种柔性接口等。法兰连接以其密封性、维修简便好等优点在埋地钢管中被广泛采用。　　　　　　　　　　　　　　　（　　）

2. 给水铸铁管橡胶圈放置于承口槽内，需沿圆周轻轻按压一遍，确保胶圈各个部分不翘、不扭，均匀地卡在槽内。　　　　　　　　　　　　　　　　　　　（　　）

3. 钢管因其强度较高，故在运输及安装过程中可以放心使用起重机械，不用担心其受到破坏。　　　　　　　　　　　　　　　　　　　　　　　　　　　　　（　　）

4. 球墨铸铁管安装时，胶圈要放正在承口槽内，并用手压实。　　　　　　（　　）

5. 球墨铸铁管安装时，橡胶圈安装位置应准确，不得扭曲、外露；沿圆周各点应与承口端面等距。　　　　　　　　　　　　　　　　　　　　　　　　　（　　）

6. 钢管的接口方法有焊接、法兰连接和各种柔性接口等。法兰连接以其密封性、维修简便好等优点在埋地钢管中被广泛采用。　　　　　　　　　　　　　　　（　　）

二、单项选择题

1. 给水管道开槽施工的具体程序主要为(　　　　)。

A. 测量放线→沟槽开挖→基底处理→管道安装→沟槽部分回填→水压试验→冲洗与消毒→最后回填

B. 测量放线→沟槽开挖→基底处理→管道安装→水压试验→冲洗与消毒→最后回填

C. 沟槽开挖→测量放线→基底处理→管道安装→沟槽部分回填→水压试验→冲洗与消毒→最后回填

D. 沟槽开挖→测量放线→基底处理→管道安装→水压试验→冲洗与消毒→最后回填

2. 采用机械挖土时，为了防止对基底土的扰动，应使槽底留(　　　)左右厚度土层，由人工清槽底。

A. 20～30mm　　　　B. 200～300mm　　　　C. 700～800mm　　　　D. 70～80mm

3. 球墨铸铁管的铺设宜由低向高，承口朝向(　　　)，水平方向承口朝向来水方向。

A. 起点　　　　B. 终点　　　　C. 上坡　　　　D. 下坡

三、多项选择题

1. 给水管道放线，一边每隔20m设中心桩，但在(　　　)均应设中心桩。

A. 检查井　　　　B. 阀门井　　　　　C. 管道节点处

D. 雨水口　　　　E. 以上均正确

2. 管道施工时，应做好（　　）文明施工措施。

A. 施工现场在管材运输、码放、下管过程做好管材保护。

B. 吊车作业专人指挥，作业半径内严禁站人。

C. 作业工人上下沟槽走安全梯。

D. 机械设备由执证人员操作。

E. 夜间施工照明不能太亮。

【参考答案】

任务 1.3　给水管道工程质量检查与验收

1.3.1　任务描述

工作任务

某给水管道工程为 DN200mm 球墨铸铁管，编写给水管道试压、冲洗消毒的技术交底。

工作手段

《给水排水管道工程施工及验收规范》（GB 50268—2008），国家建筑标准设计图集《市政给水管道工程及附属设施》（07MS101）等。

成果与检测

（1）以小组为单位，模拟给水管道试压、冲洗消毒的技术交底。

（2）采用教师评价和学生互评的方式打分。

1.3.2　相关知识

给水管道质量检查工作主要是由施工单位配合施工监理人员进行，主要内容包括外观检查、断面检查和接口严密性检查。

外观检查是对管道基础、阀门井及其他附属构筑物的外观质量进行检查。

断面检查是对管道断面尺寸、中心位置及高程进行复测检查，看其是否符合设计要求。

接口严密性检查是对管道进行压力试验来检查的。

1. 压力试验

1）试压前的准备工作

试压前的准备工作包括以下几点。

（1）划分试验段。给水管线敷设较长时，应分段试压，这样有利于充水和排气，减少对地面交通的影响，便于流水作业施工及加压设备的周转利用等。试压

分段的长度不宜大于1.0km，对湿陷性黄土地区，分段长度不宜超过200m，穿越河流、铁路等处应单独试压。

（2）管道充水与排气。为使管道内壁与接口填料充分吸水，管道灌满水后，应在不大于工作压力下充水浸泡一定的时间。浸泡时间应符合表1-18的规定。

表1-18　压力管道水压试验前浸泡时间

管材种类	管道内径 D_i/mm	浸泡时间/h
球墨铸铁管（有水泥砂浆衬里）	D_i	≥24
钢管（有水泥砂浆衬里）	D_i	≥24
化学建材管	D_i	≥24
现浇钢筋混凝土管渠	$D_i \leqslant 1000$	≥48
	$D_i > 1000$	≥72
预（自）应力混凝土管、预应力钢筒混凝土管	$D_i \leqslant 1000$	≥48
	$D_i > 1000$	≥72

管道经浸泡后，在试压之前需进行多次初步升压试验方可将管道内气体排净。检查排气的方法是：在充满水的管道内进行加压，如果出现管内升压很慢、表针摆动幅度较大且读数不稳定，放水时会有"突突"的声响并喷出许多气泡时，都说明管内尚有气体未被排除，应继续排气，直至上述现象消失。

（3）试压后背设置。管道试压时，管道堵板及转弯处会产生较大的压力，试压前必须设置后背。通常可用天然土壁作试压后背，因此在土方开挖时，需保留7～10m沟槽原状土不挖，作试压后背。当土质松软时，应采取加固措施。管道压力试验后背装置如图1.35所示。

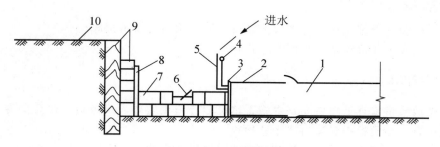

图1.35　管道压力试验后背

1—试验管段；2—短管；3—法兰盖堵；4—压力表；5—进水管；
6—千斤顶；7—顶铁；8—钢板；9—方木；10—后座墙

（4）其他准备工作。

① 检查管基合格后，按要求回填管身两侧和管顶0.5m以内土方，管口处暂不回填，以便检查和修理。

② 在各三通、弯头、管件处做好支墩并达到设计强度。未设支墩及锚固设施的管件，应采取加固措施。

③ 管道中的消火栓、水锤消除器、安全阀等附件不参与水压试验，可用专用管件临

时组装法兰铁盖板,待试压合格后再进行组装。

④ 应考虑管道试压后的排水出路和排水设备能及时迅速地排除试压水。

2)水压试验

水压试验内容如下。

(1)管道试压标准。管道的试验压力,一般施工图纸均注明要求。如果没有注明,可按表1-19采用。

表1-19 管道水压试验的试验压力   单位:MPa

管材种类	工作压力 P	试验压力
钢管	P	$P+0.5$ 且不应小于 0.9
球墨铸铁管	≤0.5	$2P$
	>0.5	$P+0.5$
预应力、自应力混凝土管	≤0.6	$1.5P$
	>0.6	$P+0.3$
现浇钢筋混凝土管渠	≥0.1	$1.5P$

(2)预试验阶段。将管道内水压缓缓地升至试验压力并稳压 30min。期间如有压力下降可注水补压,但不得高于试验压力;检查管道接口、配件等处有无漏水、损坏现象;若有漏水、损坏现象应及时停止试压,查明原因并采取相应措施后重新试压。

(3)主试验阶段。停止注水补压,稳定 15min(不再补水);当 15min 后压力下降不超过表1-20中所列允许压力降数值时,再将试验压力降至工作压力,恒压 30min,外观检查无漏水现象为合格。

表1-20 压力管道水压试验的允许压力降   单位:MPa

管材种类	试验压力	允许压力降
钢管	$P+0.5$,且不小于 0.9	0
球墨铸铁管	$2P$	0.03
	$P+0.5$	
预(自)应力钢筋混凝土管、预应力钢筒混凝土管	$1.5P$	
	$P+0.2$	
现浇钢筋混凝土管渠	$1.5P$	
化学建材管	$1.5P$,且不小于 0.8	0.02

3)管道严密性试验(允许渗水量测定)

对于现浇混凝土结构或浅埋暗挖法施工的管道,水压试验在满足允许压力降的基础上,还应进行严密性试验。

管道严密性试验时,应首先进行严密性的外观检查。在水压达到试验压力,管道无漏水现象时,认为严密性外观检查合格。接着可进一步做渗水量测定,测定方法采用注水法。

(1）注水操作时，在水压升至试验压力后开始计时。每当压力下降，应及时向试验管道内补水，但压降值不能大于0.03MPa，使管道试验压力始终保持恒定，延续时间不得少于2h，并计量恒压时间内补入试验管段内的水量。

（2）实测渗水量计算，其计算公式为

$$q = \frac{W}{T \cdot L} \qquad (1\text{-}2)$$

式中　q——实测渗水量，L/(min·km)；

　　　W——恒压时间内补入管道的水量，L；

　　　T——从开始计时至保持恒压结束的时间，min；

　　　L——试验管段长度，km。

用上述方法测出的渗水量和管道的允许渗水量进行比较，若实测渗水量小于允许渗水量为合格。管道的允许渗水量见表1-21。

表1-21　压力管道严密性试验允许渗水量

管径/mm	允许渗水量/L·(min·km)⁻¹		
	钢管	铸铁管、球墨铸铁管	预应力、自应力混凝土管
100	0.28	0.70	1.40
125	0.35	0.90	1.56
150	0.42	1.05	1.72
200	0.56	1.40	1.98
250	0.70	1.55	2.22
300	0.85	1.70	2.42
350	0.90	1.80	2.62
400	1.00	1.95	2.80
450	1.05	2.10	2.96
500	1.10	2.20	3.14
600	1.20	2.40	3.44
700	1.30	2.55	3.70
800	1.35	2.70	3.96
900	1.45	2.90	4.20
1000	1.50	3.00	4.42
1100	1.55	3.10	4.60
1200	1.65	3.30	4.70
1300	1.70	—	4.90
1400	1.75	—	5.00

4）水压试验的注意事项

在进行水压试验时应注意以下几项内容。

（1）进行水压试验应有统一指挥，分工明确，对后背、支墩、接口及排气等都应规定专人负责检查，并明确规定发现问题时的联络信号。

（2）开始升压时，对两端管堵及后背应加强检查，发现问题及时停泵处理。

（3）应分级升压，每次升压以 0.2MPa 为宜。每升一级应检查后背、支墩、管身及接口，当无异常现象时，再继续升压。

（4）水压试验过程中，后背顶撑、管道两端严禁站人。

（5）水压试验时，严禁对管身、接口进行敲打或修补缺陷，遇有缺陷时，应做出标记，卸压后修补。

（6）冬季试验应注意防冻，试验完毕后，及时排空，以防管道冻裂。

2. 管道的冲洗与消毒

给水管道试压合格后，应分段连通，进行冲洗、消毒，使管道出水符合《生活饮用水卫生标准》(GB 5749—2006)。经验收合格后，方可交付使用。

1）管道冲洗

管道冲洗一般以上游管道的自来水为冲洗水源，冲洗后的水可通过临时放水口排至附近河道或排水管道。安装放水口时，其冲洗管接口应严密，并设有闸阀、排气管和放水龙头等，弯头处应进行临时加固。

冲洗水管可比被冲洗的水管管径小，但断面不宜小于被冲洗管直径的 1/2。冲洗水的流速不小于 1.0m/s。冲洗时尽量避开用水高峰，不能影响周围的正常用水。冲洗应连续进行，直至检验合格后停止冲洗。

管道冲洗的步骤及注意事项如下。

（1）准备工作。会同自来水管理部门商定冲洗方案，如冲洗水量、冲洗时间、排水路线和安全措施等。

（2）开闸冲洗。放水时，先开出水闸阀，再开来水闸阀，注意排气，并派专人监护放水路线，发现问题及时处理。

（3）检查水质。检查沿线有无异常声响、冒水和设备故障等现象，并观察放水口的外观，至水质外观澄清后化验，待水质合格时为止。

（4）关闭闸阀。冲洗后，尽量使来水闸阀、出水闸阀同时关闭，如做不到，可先关出水闸阀，但暂不关死，等来水闸阀关闭后，再将出水闸阀关闭。

（5）化验。冲洗完毕后，管内应存水 24h 以上，再取水化验，色度、浊度合格后进行管道消毒。

2）管道消毒

管道消毒的目的是消灭新安装管道内的细菌，使水质不致污染。

消毒液通常采用漂白粉溶液，其氯离子浓度不低于 20mg/L，消毒液由试验管段进口注入。灌注时可少许开启来水闸阀和出水闸阀，使清水带着消毒液流经全部管段，当从放水口检验出规定浓度的氯时，关闭进、出水闸阀，用消毒液浸泡 24h 后再次用清水冲洗，直到水质管理部门取样化验合格为止。

1.3.3 案例示范

1. 案例描述

某给水管道工程为 DN600mm 球墨铸铁管，编写给水管道试压、冲洗消毒的技术交底。

2. 案例分析与实施

给水管道试压、冲洗消毒技术交底如下。

给水管道试压、冲洗消毒技术交底

技术交底记录		编号	
工程名称	×××路 DN600mm 给水管道工程		
分部工程名称	水压试验	分项工程名称	给水管道水压试验
施工单位	×××市政工程公司	交底日期	××年×月×日

交底内容：

1. 工程概况

大兴区芦求路(京良公路-黄良路)供水工程位于北京市大兴区黄村镇芦城，起点为京良公路芦城段，终点为永华路南侧周村村口，主要设计功能为供水。本工程供水管道干管长 2838m，管道材质为球墨铸铁管道，供水管道工作压力为 0.4MPa，管道水压试验的试验压力 0.8MPa。

2. 试验段划分

1) 水压试验段

根据规范要求管线水压试验长度≤1000m 为原则，并结合沿线线路布置情况，本工程水压试验段按照系统长度共分 3 组，试验段桩号划分如下：0+000～0+950、0+950～1+950、1+950～2+838。

2) 冲洗消毒试验段

根据设计特点，管道一般需联通一个系统进行冲洗消毒试验。

3. 施工设备配备

大功率高压清洗机(PX-58 型)2 台，压力表 6 块，水泵 2 台，JD6500 三项汽油发电机 2 台，电焊机 2 台，双轮车 4 辆，胶皮管(DN32mm)500m，塑料布 2 卷(400m^2)，2t 水车 1 辆。

4. 施工方法

本工程采用水压试验法对管道进行强度及严密性试验，用水冲法对管道进行冲洗消毒。

1) 管道试压前准备工作

(1) 对管道、节点、接口等外观进行认真检查。

(2) 对管件逐一进行检查，特别是闸阀、排气阀检查其完整性，启闭灵活性，有无破损现象，并是否处于开启状态，不合格的及时更换，未开启的及时开启。

(3) 对支线管、支墩、后背进行检查，一是检查有无被其他施工单位施工时破坏或挖断等现象，二是检查管端堵板的牢固性，三是检查支墩强度是否达到强度要求、后背是否稳固。

(4) 试压所需的机械、设备是否配备齐全，人员是否到位，技术交底是否落实。

(5) 对试压设备、压力表、排气阀门等检测器具进行功能检查，并进行试用，保证检测器具的功能满足试验要求。

(6) 试验如发生管道破裂或漏水等突发现象，是否有应急措施。

（7）试验所需的水源是否落实，水质是否为饮用水，做好水源引接及排水疏导路线工作。

（8）管道试压前，管顶以上 0.5m 内土方回填是否完成，以防试压时管道系统产生推移。

2）水压试验

（1）在试验管段下游管端堵板预留管口与注水管连接好，开始灌水。

（2）将注水阀门打开，开始注水，向试验管段管道内注水，管道注水应从下游缓慢灌入，注入时在试验管段的上游管顶及管段中的凸起点设排气阀，管道注水工作应缓慢进行，保证管道内空气充分排出，防止管内产生气锤或水锤。

（3）如发现管段末端堵板上预留管管口有水冒出，目测无气泡带出时，视为注水完成，试验管段注满水后，在无压情况下充分浸泡 48h 后再试压。

（4）试验管段管道浸泡 48h 后，用高压水泵加压，加压时应分级升压，逐级缓升，每升一级（0.1MPa）应检查后背、支墩、管身及接口有无异常现象，当无异常时，再继续升压，并填写管道闭水试验记录表。

（5）水压升至试验压力（0.8 MPa）后，保持恒压 10min，检查管道接口及管身有无渗漏破损，如无破损、漏水及异常现象后，管道强度试验为合格。管道水压试验必须经由现场监理工程师检查并验收，签认后方可进行下一步工序施工，否则需重新再做试验，直至签认合格为止。

（6）管道试压合格后，将试验设备全部撤下，堵好管头，并对管端做好保护，防止管内进入杂物、老鼠或其他小动物将管道堵死，将来导致闸、阀等管件失去使用功能并因小动物的腐烂而造成水质污染。

（7）如果管道初试不合格，则可能是管道沿线部位有跑漏现象，此种现象最好解决，处理办法是立即停止试压，采用换管或是重新加堵板、换管件等快速处理措施。如是管件有砂眼，渗漏现象不明显，则需从试压管段沿线进行认真排查，必要时需将管道周围的填土挖开，进行详细的检查，直至找到渗漏源头为止，其余重复进行，直到合格为止。

（8）如是系统最后一段，将闸阀、排泥阀、排气阀试验段两头堵板及覆盖物移走或堵板撤下，用套袖与已试验段合格的管头相接即可。

3）冲洗消毒

给水管道水压试验合格后，竣工验收前需对各系统管道进行冲洗消毒。

（1）管道冲洗消毒先主管，后支管。主管道一次进行，支线管因管头太多，如一次冲洗水压太小，可根据设计部位按顺序分段进行。主导方向是由南向北。

（2）集水坑设置：首先在试验管段末端设置集水坑，集水坑大小最小应能满足支线管内 2 倍水的体积，如现场不具备条件，则需要在附近设置泵站，将多余的水抽走。

（3）冲洗时的水质必须是生活饮用水。

（4）冲洗时应保证排水管路畅通安全。

（5）冲洗时应避开用水高峰。

（6）冲洗共分两次：第一次以流速不小于 1.0 m/s 的冲洗水连续冲洗，直到出水口处浊度、色度与入水口处冲洗水浊度、色度相同为止。第二次采用含量 20mg/L 氯离子浓度的消毒水浸泡 24 h，然后再次冲洗，直至水质管理部门取样化验合格为止。

5. 安全施工措施

1）管道水压试验安全技术措施

（1）必须按规定配置操作人员，操作人员应经过安全技术培训，经考试合格方可上岗且人员固定。

（2）进入施工现场人员必须佩戴安全帽，否则不允许进入施工区域作业。

（3）基坑内作业时注意土壁的稳定性，因打压时，沟槽回填未全部完成，特别是春天回暖，冻土开化，易造成塌方等重大安全事故，所以要随时观察边坡是否稳定，如发现有裂缝或可能有倾坍的征兆时，要立即撤离现场，并第一时间通知项目负责人，待安全险情排查后再继续施工。

（4）打压过程中，一切无关人员一律不得靠近作业面，并配专人负责巡视。

（5）在沟槽内运输打压设备时，走专用通道，严禁从沟槽外向沟槽内直接投放或是手传，防止砸伤和损坏打压设备。

（6）打压段沟槽四周必须设置醒目的警示标志，要设置一定数量临时上下施工扶梯，最少不得少于2部。

（7）闸阀井、排气阀井等主要井口必须上盖，严禁开口，防止人员掉入，发生磕碰、死伤。

（8）如需使用推土机或挖掘机配合抢修施工时，应设专人指挥，指挥人员应站在推土机侧面，确认沟槽内人员已撤至安全位置，方可向司机发出向基坑内推土的指令。

2）管道冲洗消毒安全技术措施

（1）集水坑开挖坡度必须符合设计及规范要求，本工程坡度1∶1。

（2）考虑到节约用水及防止边坡塌陷等质量问题，故集水坑内满铺塑料布。

（3）集水坑四周设置不少于1.2m高的钢护栏杆，有醒目的警示标志，有专人负责看守，防止溺水等伤亡事故的发生。

（4）非专业人员或未经项目部允许所有人员不许入坑，如遇特殊情况需入坑作业，需经项目部审批，批准后方可入坑，但必须有保证安全措施，严禁一切人员在集水坑内进行洗澡、玩耍、嬉戏。

（5）冲洗消毒用化学物质（如漂白粉），应专人保管，严禁私自使用。

（6）配制消毒水应按规定重量计量，用于管道消毒的水严禁饮用和随意排放。

3）临时用电安全技术措施

（1）施工用电系统按设计规定安装完成后，必须经电气工程技术人员检查验收，确认合格并形成文件后，方可申请送电。

（2）施工现场一旦发生触电事故，必须立即切断电源，抢救触电人员。严禁在切断电源之前与触电人员接触。

（3）移动式发电机供电的用电设备，其金属外壳或底座，必须与发电机电源的接地装置有可靠的电气连接。打压电动机具必须由电工接线与拆卸，并随时检查机具、缆线和接头，确认无漏电。

（4）架空线路终端与电源变压器距离超过50m的配电箱，其保护零线应做重复接地。

（5）不得在输电线路下工作，在输电线路一侧工作，不论在任何情况下，机械的任何部位与架空输电线路的最近距离应符合安全操作规程要求。

（6）施工现场低压供电系统应设置总配电箱、分配电箱和开关箱，实行三级配电。

（7）电动工具应设置各自专用的开关箱，必须实行"一机一闸"制，严禁一个开关直接控制两台或两台以上用电设备。

（8）电动工具的外露金属部分必须做好接零或保护接地。

（9）施工照明必须搭设灯架，高度不得低于2m，并做好绝缘处理。在潮湿和易触及带电体场所的照明供电电压不应大于36V。

（10）在施工作业区、施工道路、临时设施设置足够的照明，其照明度不低于有关规定。

（11）施工用电设施的安装、拆卸和维护运行必须由电工负责，严禁非电工进行任何电气作业。

审核人	交底人	接收交底人
×××	×××	×××

习 题

一、判断题

1. 给排水管道中，当管道的工作压力大于或等于 0.1MPa 时，应进行压力管道的强度及严密性试验。 （　　）

2. 压力管道试压前，为使管道内壁与接口填料充分吸水，管道灌满水后，应在不大于工作压力下充水浸泡一定的时间。 （　　）

3. 水压试验升压时，应一次加压到试验压力。 （　　）

4. 水压试验过程中，后背顶撑、管道两端严禁站人。 （　　）

5. 给水管道试压合格后，应分段连通，进行冲洗、消毒，使管道出水符合《生活饮用水水质标准》。 （　　）

二、单项选择题

1. 饮用水消毒的目的是（　　）。

A. 消灭水中的全部微生物，保障人体健康

B. 杀灭水中的致病微生物，防止水传播疾病

C. 并非要把水中微生物全部消灭，但必须消灭水中全部大肠杆菌

D. 清除水中的腐植酸和富里酸，以免产生"三致"物质

2. 管道试压时，管道堵板以及转弯处会产生较大的压力，试压前必须设置（　　）。

A. 后背　　　　B. 支墩　　　　C. 千斤顶　　　　D. 水压

3. 某球墨铸铁管进行水压试验，工作压力为 0.2MPa，如施工图纸无注明要求，管道的试验压力应采用（　　）。

A. 0.5MPa　　　　B. 0.3MPa　　　　C. 0.4MPa　　　　D. 0.7MPa

4. 压力管道水压试验的管段长度不宜大于（　　）km。

A. 2.0　　　　B. 5.0　　　　C. 3.0　　　　D. 1.0

5. 给排水压力管道的水压试验包括（　　）。

A. 强度试验和严密性试验　　　　B. 强度试验和抗渗试验

C. 满水试验和气密性试验　　　　D. 满水试验和严密性试验

6. 管道做功能性试验，下列说法错误的是（　　）。

A. 水压试验包括强度试验和严密性试验

B. 管道严密性试验，宜采用注水法进行

C. 向管道注水应从下游缓慢注入

D. 给水管道水压试验合格后，即可通水投产

7. 根据《给水排水管道工程施工及验收规范》的规定，当压力管道设计另有要求或对实际允许压力降持有异议时，可采用（　　）作为压力管道功能性试验的最终判定依据。

A. 强度试验　　　B. 满水试验　　　C. 严密性试验　　　D. 压力试验

三、多项选择题

1. 给水管道水压试验前，应按要求回填（　　）0.5m 以内土方，管口处暂不回填，以便检查和修理。

A. 管身两侧　　　　B. 管顶　　　　C. 接口

D. 阀门　　　　E. 以上都正确

2. 给水管道水压试验时，以下（　　）是正确的。

A. 进行水压试验应有统一指挥，分工明确，对后背、支墩、接口及排气等都应规定专人负责检查，并明确规定发现问题时的联络信号

B. 开始升压时，对两端管堵及后背应加强检查，发现问题及时停泵处理

C. 冬季试验完毕后，不能排空管道

D. 水压试验时，严禁对管身、接口进行敲打或修补缺陷，遇有缺陷时，应作出标记，卸压后修补

E. 水压试验时，为了保证安全，沿线不能站人

【参考答案】

项目 2

供热管道施工

能力目标

1. 能简单识读市政供热管道工程施工图纸，会对图纸中材料用量进行核算。
2. 能根据施工图纸与现场实际条件选择和制定供热管道工程施工方案。
3. 能按照施工规范对常规供热管道工程关键工序进行施工操作。
4. 能根据施工图纸和施工实际条件编写一般供热管道工程施工技术交底。

项目导读

　　本项目从识读供热管道施工图纸开始，介绍供热管道系统组成、管道布置要求、供热管材种类、管网附件及附属构筑物布置及构造等；在熟悉施工图纸的基础上，按照供热管道直埋施工工艺流程进行给水管道施工技术交底，模拟管道安装。整个项目由浅入深介绍供热管道施工技术，直接体验管道施工的真实过程。

任务 2.1 供热管道施工图识读

2.1.1 任务描述

工作任务

识读供热管道施工图 2.1，完成工程数量表核对和管道高程位置的复核。具体任务如下。

(1) 查明管道的名称、用途、平面位置、管道直径和连接形式。

(2) 核对管道标高、地沟底标高。

(3) 初步复核工程材料用量情况。

工作手段

《城镇供热管网设计规范》(CJJ 34—2010)，《城镇供热直埋蒸汽管道技术规程》(CJJ/T 104—2014)，《城镇供热直埋热水管道技术规程》(CJJ/T 81—2013)等。

成果与检测

(1) 每位学生根据组长分工完成部分识读任务，每个小组完成一份识图任务单。

(2) 采用教师评价和学生互评的方式打分。

2.1.2 相关知识

1. 供热系统的组成及分类

集中供热系统的供热管网是由将热媒从热源输送及分配到各热用户的管线系统所组成。在大型供热管网中有时为了保证管网压力工况、集中调节和检测热媒参数，还设置中继泵站或控制分配热力站。

供热管线的构造包括：供热管道及其附件、保温结构、补偿器、管道支座及地上敷设的管道支架、操作平台和地下敷设的地沟、检查室等构筑物。

供热系统可按以下方式进行分类。

(1) 按照热媒不同分为蒸汽供热系统和热水供热系统。蒸汽热力管网可分为高压、中压和低压蒸汽热力管网；热水热力管网可分为高温热水热力管网(>100℃)和低温热水热力管网(≤100℃)。

(2) 按照热源不同，分为热电厂供热系统和区域锅炉房供热系统。此外也有自用户热力站或直接供热的小型热源至热建筑物的低温热水管网，核供热站、地热、工业余热等供热系统。

(3) 按照管网所处的地位不同，分为一级管网和二级管网。一级管网是指从热源至热力站的供回水管网；二级管网是指从热力站至用户的供回水管网。

(a)

图 2.1 供热管道施工图

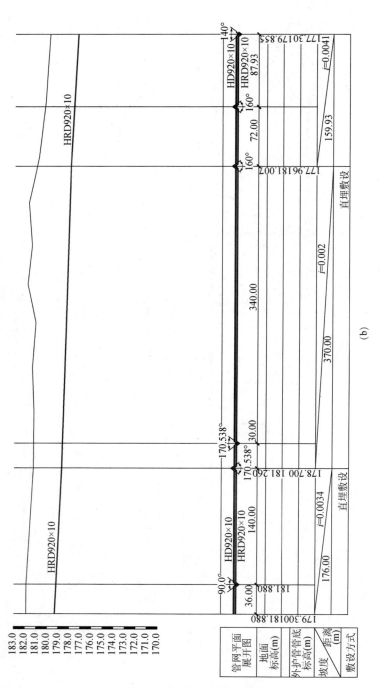

图 2.1 供热管道施工图（续图）

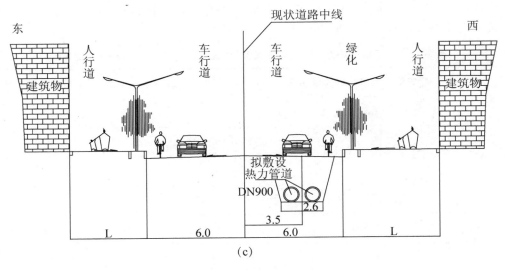

图2.1　供热管道施工图（续图）
（a）供热管道平面图；（b）供热管道纵断面图；（c）供热管道横断面图

（4）按照管网敷设方式不同，分为地沟敷设、架空敷设和直埋敷设。

（5）按照系统形式不同分为闭式系统和开式系统。闭式系统是指一次热力管网与二次热力管网采用换热器连接，一次热网热媒损失很小，但中间设备多，实际使用较为广泛。开式系统是指直接消耗一次热媒，中间设备极少，但一次补充量大。

（6）按照供回管道不同，分为供水管和回水管、蒸汽管和凝结水管。

2．供热管道系统的布置

热力管网应在城市规划的指导下进行布置，其布置形式取决于热媒、热源和热用户的相互位置和供热地区热用户种类、热负荷大小和性质等。

1）基本布置形式

热力管网的基本布置形式主要有枝状管网、环状管网和放射状管网。

（1）枝状管网。枝状管网是热力管网最普遍采用的方式，其优点是：布置简单、供热管道距热源越远其管径就越小，金属消耗量小、基建投资小、运行管理简便。但是枝状管网不具备后备供热的性能。

（2）环状管网。环状管网最大的优点是具有较高的供热后备能力，当输配干线某处出现事故时，可以切除故障段后，通过环状管网由另一方向保证供热。与枝状管网相比，环状管网投资大，运行管理更为复杂，要有较高的自动控制措施。目前国内刚开始使用这种形式。

（3）放射状管网。放射状管网实际上跟枝状管网差不多，当主热源在供热区域中心地带时，可采用这种方式，该方式虽然减小了主干管直径，但是同时增加了主干线长度。放射状管网的优点是投资增加不多，但给运行管理带来很大方便。

2）热力管网的布置和铺设

热力管网进行布置时，主干管要尽量布置在热负荷集中区，力求短直，尽可能减少阀门和附件的数量。通常情况下应沿道路一侧平行于道路中心线敷设，地上敷设时不应影响城市美观和交通。热力网管沟的外表面、直埋敷设热力管道或地上敷设管道的保温结构表面与建筑物、构筑物、道路、铁路、电缆、架空电线和其他管线的最小水平净距、垂直净距应符合表2-1和表2-2的规定。

表2-1 地下敷设热力网管道与建筑物(构筑物)或者其他管线的最小距离

建筑物、构筑物或管线名称			最小水平净距/m	最小垂直净距/m
建筑物基础	管沟敷设热力网管道		0.5	—
	直埋闭式热水热力网管道	DN≤250mm	2.5	—
		DN≥300mm	3.0	—
	直埋开式热水热力网管道		5.0	—
铁路钢轨			钢轨外侧3.0	轨底1.2
电车钢轨			钢轨外侧2.0	轨底1.0
铁路、公路路基边坡底脚或边沟的边缘			1.0	—
通信、照明或10kV以下电力线路的电杆			1.0	—
桥墩(高架桥、栈桥)边缘			2.0	—
架空管道支架基础边缘			1.5	—
高压输电线铁塔基础边缘35k~220kV			3.0	—
通信电缆管块			1.0	0.15
直埋通信电缆(光缆)			1.0	0.15
电力电缆和控制电缆	35kV以下		2.0	0.5
	110kV		2.0	1.0
燃气管道	管沟敷设热力网管道	燃气压力<0.01MPa	1.0	钢管 0.15；聚乙烯管在上0.2，聚乙烯管在下0.3
		燃气压力≤0.4MPa	1.5	
		燃气压力≤0.8MPa	2.0	
		燃气压力>0.8MPa	4.0	
	直埋敷设热水热力网管道	燃气压力≤0.4MPa	1.0	钢管 0.15；聚乙烯管在上0.2，聚乙烯管在下0.3
		燃气压力≤0.8MPa	1.5	
		燃气压力>0.8MPa	2.0	
给水管道			1.5	0.15
排水管道			1.5	0.15

续表

建筑物、构筑物或管线名称	最小水平净距/m	最小垂直净距/m
地铁	5.0	0.8

表2-2 地面敷设热力网管道与建筑物(构筑物)或其他管线的最小距离

建筑物、构筑物或管线名称		最小水平净距/m	最小垂直净距/m
铁路钢轨		轨外侧3.0	轨顶一般5.5; 电气铁路6.55
电车钢轨		轨外侧2.0	—
公路边缘		1.5	—
公路路面		—	4.5
架空输电线 (水平净距:导线 最大风偏时;垂直 净距:热力网管道 在下面交叉通过导 线最大垂直时)	<1kV	1.5	1.0
	1k~10kV	2.0	2.0
	35k~110kV	4.0	4.0
	220kV	5.0	5.0
	330kV	6.0	6.0
	500kV	6.5	6.5
树冠		0.5(到树中不小于2.0)	—

3. 供热管材、管件及附件

目前常用供热管材是钢管,供热管件主要有三通、四通、管接头等,其附件包括:阀门、放气装置、放水装置、补偿器、除污器、疏水器等。

1) 供热管材

供热管道通常都采用钢管。其特点是能承受较大的内压力和动荷载,管道连接简便,但是钢管内部及外部都易受腐蚀。室外供热管道一般采用无缝钢管和钢板卷焊管。

从耐腐蚀的角度考虑,也有使用石棉水泥管、玻璃纤维增强塑料(玻璃钢)管等,但是这些管材耐温性较低,使用较少。

2) 阀门

阀门是用来启闭管道、调节输送介质流量的设备。在供热管道上常见的阀门类型有:截止阀、闸阀、蝶阀、止回阀和调节阀等。阀门的传动方式可用手动传动(用于小口径)、齿轮、电动、液动和气动(用于大口径)等传动方式。截止阀、闸阀及蝶阀的连接方式有法兰、螺纹和焊接连接。直埋蒸汽管道使用的阀门宜选用焊接连接,阀门必须进行保温,其外表面温度不得大于60℃,并应做好防水和防腐处理;井室内阀门与管道连接处的管道保温端部应采取防水密封措施。直埋

【参考视频】

热水管道阀门应采用能承受管道轴向荷载的钢制焊接阀门。

3）放气装置

放气装置要设置在热水、凝结水管道的高点处，包括分段阀门划分的每个管段的高点处，放气阀门的管径通常采用 15～32mm。

4）放水装置

在热水、凝结水管道的低点处，包括分段阀门划分的每个管段的低点处应安装放水装置。热水管道的放水装置要确保一个放水段的排水时间不超过表 2-3 的规定，规定放水时间主要是考虑在冬期出现事故时能迅速放水，缩短抢修时间，以避免供热系统和网路冻结。

表 2-3　排水时间规定表

管径/mm	放水时间/h	管径/mm	放水时间/h
DN≤300	2～3	DN≥600	5～7
DN350～500	4～6	—	—

5）补偿器

供热管道随着所输送热媒温度的升高，将出现热伸长现象。若这个热伸长不能得到补偿，将会使管道承受巨大的应力，甚至使管道破裂。为防止因温度变化引起的应力破坏管道，需要在管道上设置各种补偿器，以补偿管道的热伸长及减弱或消除因热膨胀而产生的应力。

6）除污器

管径大于 500mm 的热水热力网干管在低点、垂直升高管段前、分段阀门前应设阻力小的永久性除污器。

除污器通常安装在供热系统的锅炉、循环泵、板式（或其他）换热器等设备的入口前，通过除污器的作用，过滤和清除掉供热管网中的杂质、污物，以保证系统对水质的要求，是热力管网运行中必不可少的基础设备之一。

7）疏水器

疏水器的作用是自动而且迅速地排出用热设备及管道中的凝水，并能阻止蒸汽逸漏，在排出凝水的同时排除系统中积留的空气和其他非凝性气体。

8）供热管道的散热器

供热管道的散热器的种类较多，按照材质不同可分为铸铁制和钢制两类。铸铁散热器可分圆翼型、长翼型、柱型等几种；钢制散热器可分光排管散热器、扁管散热器、钢串片及板式散热器等。由于散热器的种类不同，其选用、连接、安装方法也不相同。

供热管道散热器的安装要求如下。

（1）安装在同一房间内的各组散热器，其顶端高度应在同一水平线上。

（2）散热器一般应安装在外墙窗台下，并使散热器中心线与窗台中心线重合，其偏差不大于 20mm。散热器安装的允许偏差，应满足表 2-4 的规定。

表 2-4　散热器安装允许偏差

序号	项目	允许偏差/mm

续表

序号	项目			允许偏差/mm
1	散热器	内表面与墙表面距离		6
		与窗口中心线		20
		散热器中心线垂直度		3
2	铸铁散热器正面全长内的弯曲	60型	2～4	4
			5～7	6
		圆翼型	2m以内	3
			3～4	4
		M^{132}_{150}型	3～14片	4
		柱型15～24		6

（3）散热器应平行于墙面，离墙表面距离为25～40mm，应按表2-5的规定确定散热器中心与墙表面的距离。

表 2-5 散热器中心与墙表面的距离

散热器型号		中心距墙表面距离/mm
60型		115
M^{132}_{150}型		115
四柱型		130
圆翼型		115
扁管、板式（外沿）		30
串片型	平放	95
	竖放	60

（4）散热器底部到地面一般不小于150mm的距离；长翼型散热器底部离地面一般不小于100mm，当散热器底部有管道通过时，其底部到地面距离一般不小于150mm。

（5）圆翼型散热器之间连接180°弧形弯管宜采用DN25mm钢管煨制，其弯曲半径应为成排安装散热器中心距的1/2。

（6）柱型散热器半暗装时，其墙槽尺寸见表2-6。

表 2-6 柱型散热器半暗装墙槽尺寸   单位：片

型号＼长度/mm	1000	1200	1400	1600	1800	2000
TZ4	＜11	12～14	15～18	19～20	21～24	
TZ2	＜8	9～11	12～13	14～15	16～17	18～20
细柱	＜13	14～18	19～22	23～26	—	

9) 地板辐射采暖

地板辐射采暖是以温度不高于 60℃的热水，在埋置于地板下的盘管系统内循环流动，加热整个地板，通过地面均匀地向室内辐射散热的一种供暖方式。

4. 供热管道的结构

热力管道内为压力流，在施工时只要保证管材及其接口强度满足要求，并根据实际情况采取保温、防腐、防冻措施；在使用过程中保证不致因地面荷载引起损坏，不会产生过多的热量损失即可。因此，热力管道的结构一般包括以下几部分。

1) 基础

通常情况下热力管道的基础有天然基础、砂基础、混凝土基础三种，使用情况同给水管道。热力管道的基础可防止管道不均匀沉陷造成管道破裂或接口损坏而使热媒损失。

2) 保温结构

将管道进行保温可减少热媒的热损失，防止管道外表面的腐蚀，避免运行和维修时烫伤人员。

常用的保温材料如下。

(1) 岩棉制品。岩棉是以精选的玄武岩、安山岩或辉绿岩为主要原料，再配以少量白云石、平炉钢渣等助熔剂，经过高温熔融、离心抽丝而制成的人造无机纤维。

岩棉制品是在岩棉中加入特制的胶粘剂，经加压成型，并在制品表面喷上防尘油膜，而后经过烘干、贴面、缝合和固化等工序而制成的各种形式的成品。

岩棉制品具有密度小、导热系数低、化学稳定性好、使用温度高和不能燃烧等特点。常见的岩棉制品有岩棉板、岩棉保温管壳、岩棉保温带等。

(2) 石棉制品。石棉是一种含水硅酸镁的天然保温材料，主要制品有泡沫石棉、石棉绳和石棉绒等，泡沫石棉是网状结构的毡形保温材料。

石棉制品具有体积密度小、导热系数低、施工方便、不老化、无粉尘、比较经济等特点。

石棉绳是用石棉纤维捻制成的绳状保温材料，主要用于小直径热力管道保温，以及热力管道和设备伸缩缝的密封等。

石棉绒主要用于热力管道和设备的隔热衬垫与填充料。

(3) 硬质泡沫塑料制品。泡沫塑料是高分子有机化合物，应用较广的有聚氨基甲酸酯硬质泡沫塑料(聚氨酯)和改性聚异氰酸酯硬质泡沫塑料(脲酸酯)。

聚氨酯泡沫塑料是以聚醚树脂与多亚甲基多异氰酸酯为主要原料，再加入胶联剂、催化剂、表面活性剂和发泡剂等，经发泡制成。改性的脲酸酯硬泡沫塑料是在聚氨酯硬泡沫塑料的分子结构中引入了耐温、耐燃的异氰酸酯环，因而其耐热性有所提高。聚氨酯硬泡沫塑料的使用温度通常低于 120℃，改性脲酸酯的使用温度不大于 150℃。

热力管道的保温结构一般包括防锈层、保温层、保护层。

(1) 防锈层：将防锈涂料直接涂刷于管道及设备的表面即构成防锈层。

(2) 保温层：常用材料包括岩棉、玻璃棉、矿渣棉、珍珠岩、硅藻土、石棉、聚苯乙烯泡沫塑料、聚氨酯泡沫塑料等。其施工方法要依保温材料的性质而定。对石棉粉、硅藻土等散状材料宜用涂抹法施工；对预制保温瓦、板、块材料宜用绑扎法、粘贴法施工；对预制装配材料宜用装配式施工。此外还有缠包法、套筒法施工等。

(3）保护层：设在保温层外面，主要目的是保护保温层或防潮层不受机械损伤。用作保护层的材料很多，材料不同，其施工方法亦不同。

3）覆土

热力管道埋设在地面以下，其管顶以上要有一定厚度的覆土，以确保在正常使用时管道不会因各种地面荷载作用而损坏。热力管道应埋设在土壤冰冻线以下，直埋时在车行道下的最小覆土厚度为0.7m；在非车行道下的最小覆土厚度为0.5m；地沟敷设时在车行道和非车行道下的最小覆土厚度均为0.2m。

4）管道涂色

为了保护保护层不受腐蚀，可在保护层外设防腐层，通常情况下涂刷油漆做防腐层，所用油漆的颜色不同，还可起到识别标志的作用。对于介质的管道，其涂色分类见表2-7。

5．供热管道附属构筑物的构造

供热管道附属构筑物包括地沟、沟槽、检查井，其中地沟又分为通行地沟、半通行地沟及不通行地沟。

表2-7 管道涂色分类

管道名称	颜色		备注
	底色	色环	
过热蒸汽管	红	黄	
饱和蒸汽管	红	绿	
废气管	红	—	
凝结水管	绿	红	
余压凝结水管	绿	白	
热力网送出水管	绿	黄	
热力网返回水管	绿	褐	
疏水管	绿	黑	自流及加压
净化压缩空气管	浅蓝	黄	
乙炔管	白	—	
氧气管	浅蓝	—	
氢气管	白	红	
氮气管	棕	—	
油管	橙黄	—	
排水管	绿	蓝	
排气管	绿	黑	

1）通行地沟

通行地沟的最小净断面为 1.2m×1.8m(宽×高)，通道的净宽通常取 0.7m，沟底要有与沟内主要管道坡向一致的坡度，并坡向集水坑。每隔 200m 要设置出入口，如果热力管道为蒸汽管道，则要每隔 100m 设一个出入口整体浇筑的混凝土地沟，每隔 200m 应设一个安装孔，安装孔孔径不小于 0.6m，并应大于沟内最大一根管的外径加 0.4m，其长度至少应保证 6m 长的管子进入沟内，如图 2.2 所示。

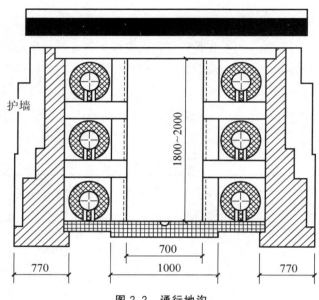

护墙

1800~2000

700
1000
770   770

图 2.2　通行地沟

通行地沟内要设置永久性照明设备，电压不应大于 36V。沟内空气温度不应超过 45℃，通常利用自然通风，当不能满足要求时，可以采用机械通风。地沟内可单侧布管，也可双侧布管。

适用对象：热力管道的管径较大，管道较多，或与其他管道同沟敷设，以及在不允许开挖检修的地段。其主要优点是人员可在地沟内进行管道的日常维修，但造价较高。

2）半通行地沟

半通行地沟的最小净断面应为 0.7m×1.4m(宽×高)，通道的净宽通常采用 0.5～0.6m。沟内管道尽量沿沟壁一侧单排上、下布置，如图 2.3 所示。长度大于 200m 时，要设置检查口，孔口直径不小于 0.6m。为防止管道及保温层因潮湿受到损坏，应考虑有自然通风措施。

半通行地沟适于操作人员在沟内进行检查和小型维修工作，当不便采用通行地沟时，可采用半通行地沟，以利管道维修和判断故障地点，缩小大修时的开挖范围。

3）不通行地沟

当管道根数不多，且维修量不大时可以采用不通行地沟。地沟的尺寸仅满足管道安装的需要即可，其宽度不应超过 1.5m，如图 2.4 所示。

地沟的构造：沟底多为现浇混凝土或预制钢筋混凝土板，沟壁为水泥砂浆砌砖，沟盖板为预制钢筋混凝土板。沟底要位于当地近 30 年来的最高地下水位以上，否则应采取防水、排水措施。为防止地面水流入地沟，沟盖板要有 0.01～0.02 的横向坡度，盖板间、

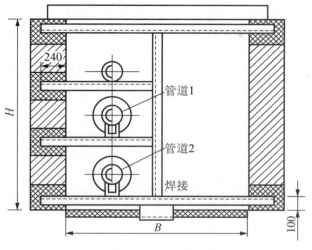

图 2.3　半通行地沟

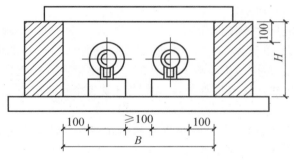

图 2.4　不通行地沟

盖板与沟壁间应用水泥砂浆封缝，沟顶覆土厚度应不小于 0.3～0.5m。

4）沟槽

通行地沟适用于管道直埋敷设，其沟槽如图 2.5 所示，具体尺寸见表 2-8。图 2.5 中保温管底为砂垫层，砂的粒度不大于 2.0mm。保温管套顶至地面的深度 h 通常干管取 800～1200mm，接向用户的支管不小于 400mm。

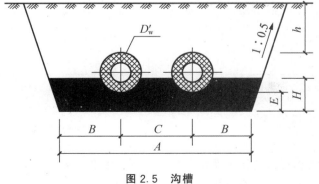

图 2.5　沟槽

表 2-8　埋地管道沟槽尺寸　　　　　　　　　　　　　　单位：mm

公称直径 DN		25 32 40 50 65 80	100 125 150	200 250	300	350 400	450 500	600
保温管外径 D'_w		96 110 110 140 140 160	200 225 250	315 365	420	500 550	630 655	760
沟槽尺寸	A	800	1000	1240	1320	1500	1870	2000
	B	250	300	360	360	400	520	550
	C	300	400	520	600	700	830	900
	E	100	100	100	150	150	150	150
	H	200	200	200	300	300	300	300

5）检查井

地下敷设的供热管网，在管道分支处和装有套筒补偿器、阀门、排水装置等处，都应设置检查井，以便进行检查和维修。与市政排水管道一样，热力管道的检查井分为圆形和矩形两种形式，如图 2.6 所示。

热力管道检查井的尺寸要按照管道的数量、管径和阀门尺寸确定，通常净高不小于1.8m，人行通道宽度不小于 0.6m，干管保温结构表面与检查井地面之间的净距不小于0.6m。检查井顶部应设人孔，孔径不小于 0.7m。为便于通风换气，人孔数量不得少于两个，并应对角布置。当热水管网检查井只有放气门或其净空面积小于 0.4m² 时，可只设一个人孔。

检查井井底要低于沟底 0.3m，以便收集和排除渗入到地沟内的地下水和由管道放出的网路水。井底应设集水坑，并布置在入孔下方，以便将积水抽出。

6）地沟敷设尺寸

地沟敷设的有关尺寸见表 2-9。

表 2-9　地沟敷设有关尺寸　　　　　　　　　　　　　　单位：m

地沟类型	通行地沟	半通行地沟	不通行地沟
管沟净高	≥1.8	≥1.2	—
人行通道宽	≥0.6	≥0.5	—
管道保温表面与沟壁净距	≥0.2	≥0.2	≥0.1
管道保温表面与沟底净距	≥0.2	≥0.2	≥0.15
管道保温表面间净距	≥0.2	≥0.2	≥0.2

注：考虑沟内更换钢管的方便，人行横道宽度还应不小于管道外径加 0.1m。

6. 供热管道施工图的识读

1）管道平面图

管道平面图是供热管道的主要图纸（见图 2.7），用来表示管道的具体平面位置和走向，识读时应掌握的主要内容和注意事项如下。

（1）查明管道的名称、用途、平面位置、管道直径和连接形式。

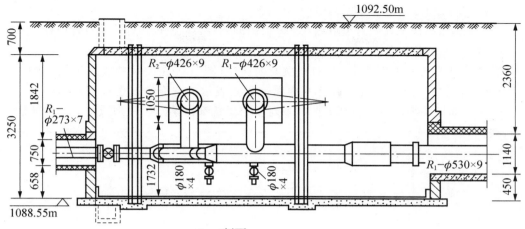

1092.50m

$R_2-\phi426\times9$　$R_1-\phi426\times9$

$R_1-\phi273\times7$

$R_1-\phi530\times9$

$\phi180\times4$　$\phi180\times4$

1088.55m

A—A剖面

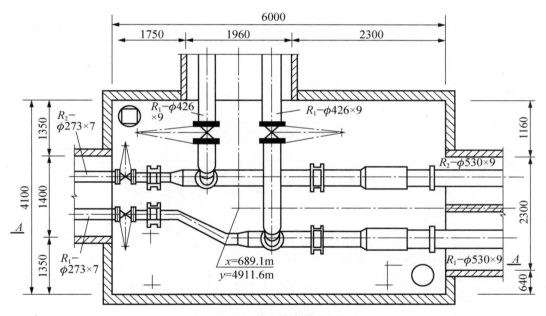

6000

1750　1960　2300

$R_1-\phi426\times9$　$R_1-\phi426\times9$

$R_2-\phi273\times7$

$R_2-\phi530\times9$

$R_1-\phi273\times7$

$x=689.1m$
$y=4911.6m$

$R_1-\phi530\times9$

4100　1350　1400　1350

1160　2300　640

图2.6　热力管道检查井

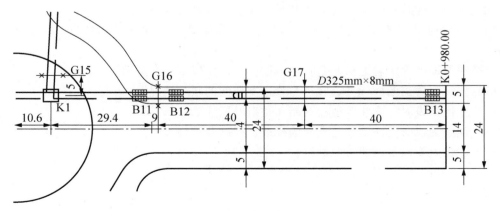

G15　G16　G17　$D325mm\times8mm$　K0+980.00

K1　B11　B12　B13

10.6　29.4　9　40　40

图2.7　管道平面图（单位：m）

（2）了解管道支架和辅助设备的布置情况。

（3）看清平面图上注明管道节点及纵断面图的编号，以便按照这些编号查找有关图纸。

2）管道纵、横断面图

供热管道的纵断面图（见图 2.8）和横断面图（见图 2.9）主要反映管道及构筑物（地沟、管架）纵、横立面上布置情况，并将平面图上无法表示的立面情况予以表示清楚，所以是平面图的辅助性图纸。纵、横断面图并不对整个系统都作绘制，只是绘制某些局部地段。

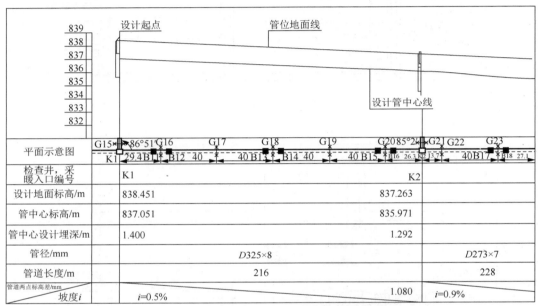

图 2.8 管道纵断面图

管道纵断面图识读时要掌握的主要内容如下。

（1）要注明管道底或管道中心标高，管道坡度坡向及地面标高。

（2）地沟敷设时，要注明地沟底标高、地沟深度及地沟坡度等。

（3）架空敷设时要注明管架间距和标高。同时要注明管道辅助设备的位置，当有配件室、阀门平台等构筑物时，也要注明其具体位置、标高及编号。

（4）识读时与平面图对照，进一步明白管道及辅助设备的具体位置、标高及相互关系。

管道横断面图表示管道横向布置，识读时要注意以下几个方面。

（1）要注明管道断面标高、管道与管道支架间的联系情况。

（2）地沟敷设时，要注明地沟的断面构造及尺寸。

（3）架空敷设时要注明管道支架的构造、标高及结构尺寸。

（4）识读时要与平面图对照进行。

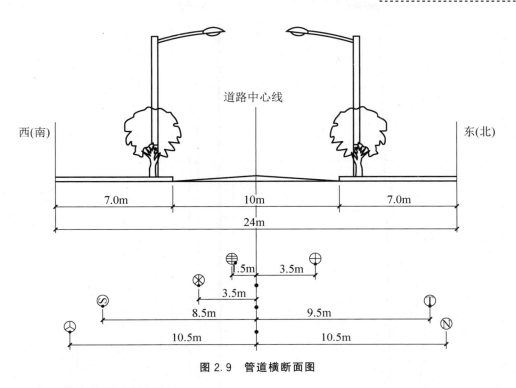

图 2.9　管道横断面图

3）常用供热管道附件图例

常用供热管道附件图例见表 2-10。

表 2-10　常用供热管道附件图例

类型	图例	类型	图例
供热供水管道	———	直埋管道支墩	✕—✕
供热回水管道	- - - - - -	固定支架	✕
外补偿器/内补偿器	0 / ▦	阀门井	⊗
波纹管补偿器	◇◇	直线井室	▨ ▨

2.1.3　案例示范

1. 案例描述

完成图 2.10～图 2.12 中供热管道施工图识读，具体任务如下。

（1）明确工程内容、热水管道的水流走向，明确工程管材、接口、基础的类型。

（2）结合设计规范判断各类阀门和补偿器等附属结构的设置是否正确。

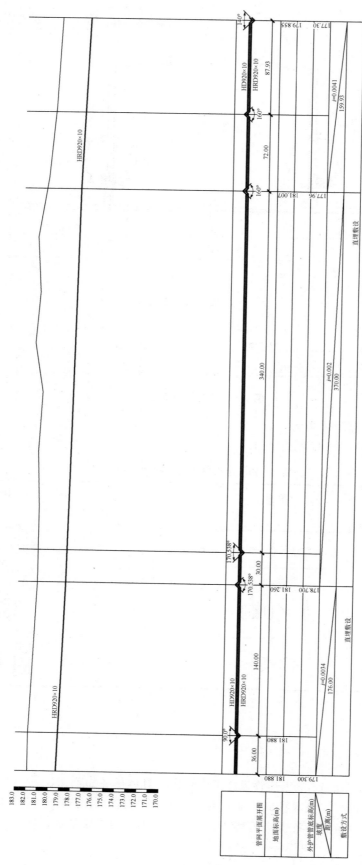

图2.10 供热管道纵断面图

（后有插图）

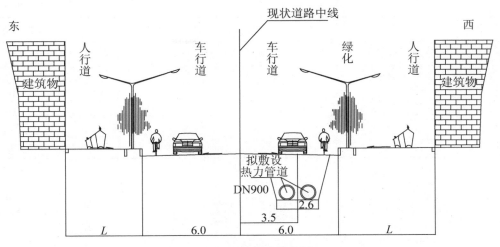

图 2.12　供热管道横断面图

（3）识读节点详图，核算工程量，填写表 2-11。

表 2-11　工程材料一览表

编号	名称	规格	材料	单位	数量
复核结果					

2. 案例分析与实施

案例分析与实验内容如下。

（1）结合施工图说明及平面布置图明确工程内容、供热管道的水流走向，明确工程管材、接口、基础的类型。

（2）结合设计规范判断各类阀门和补偿器等附属结构的设置是否正确。

根据《城镇供热管网设计规范》（CJJ 34—2010）规定，判定本图中各类阀门和补偿器等附属结构的设置是否正确。

（3）识读节点详图，核算工程量，填写表 2-12。

表 2-12　工程材料一览表

序号	名称	规格/mm	材料	单位	数量
1	聚氨酯泡沫塑料预制直埋保温管	DN920×10	高密度聚乙烯外护管	m	3722
2	三偏心金属硬密封焊接蝶阀	DN900	阀体材料为碳钢，阀板为不锈钢		2
3	波纹管补偿器	DN900	大拉杆，横向		2

续表

序号	名称	规格/mm	材料	单位	数量
4	预制保温弯头	DN900，$R=9.0$	热压成品		6
5	固定支架				3
6	滑动支架				1
复核结果	略				

习 题

一、判断题

1. 一般来说，热力一级管网是指从热力站至用户的供回水管网。（   ）

2. 按热力管道系统形式来分，直接消耗一次热媒，中间设备少，但一次补充量大的是闭式系统。（   ）

3. 直埋敷设是将管道直接埋在地下的土壤内，直埋敷设既可缩短施工周期，又可节省投资，已成为我国热水供热管网常用的敷设方式。（   ）

4. 钢管能承受较大的内压力和动荷载，管道连接简便，因此供热管道通常多采用钢管。（   ）

5. 为防止因温度变化引起的应力破坏管道，需要在管道上设置各种补偿器，以补偿管道的热伸长及减弱或消除因热膨胀而产生的应力。（   ）

二、单项选择题

1. 一般来说热力一级管网是指（   ）。

A. 从热力站至用户的供水管网　　　　B. 从热力站至用户的供回水管网

C. 从热源至热力站的供水管网　　　　D. 从热源至热力站的供回水管网

2. 热力管道的二级管网是指（   ）。

A. 从热源至热力站的供回水管网　　　B. 从热力站到用户的供回水管网

C. 从热源至热用户的供水管网　　　　D. 从热用户至热源的回水管网

3. 按热力管道系统形式来分，直接消耗一次热媒，中间设备少，但一次补充量大的是（   ）系统。

A. 闭式　　　　　B. 开式　　　　　C. 蒸汽　　　　　D. 凝结水

4. 一次热网与二次热网采用换热器连接，一次热网热媒损失很小，但中间设备多，实际使用较广泛。这是（   ）。

A. 开式系统　　　B. 闭式系统　　　C. 供水系统　　　D. 回水系统

5. 热力网按敷设方式最常见的为：地沟敷设、（   ）敷设及直埋敷设。

A. 高支架　　　　B. 浅埋暗挖　　　C. 盾构　　　　　D. 架空

6. 按敷设方式分类，热力管道直接埋设在地下，无管沟的敷设叫做（   ）。

A. 直埋敷设　　　B. 地沟敷设　　　C. 不通行地沟敷设　D. 顶管敷设

7. 下面的敷设方式不属于地沟敷设的有（　　　）。

A. 通行地沟敷设　　B. 半通行地沟敷设

C. 不通行地沟敷设　D. 管道直接埋设在地下的敷设

8. 热网蒸汽系统返回管内的介质为（　　　）。

A. 热水　　　　　　B. 蒸汽　　　　　　C. 凝结水　　　　　D. 汽水

9. 按供回水系统来说，从热源至热用户（或热力站）的热力管道为（　　　）。

A. 供水（汽）管　　B. 回水管　　　　　C. 热水管　　　　　D. 干管

10. 将管道进行（　　　）的目的是减少热媒的热损失，防止管道外表面的腐蚀，避免运行和维修时烫伤人员。

A. 保温　　　　　　B. 防腐　　　　　　C. 冷凝　　　　　　D. 涂色

三、多项选择题

1. 按所处的地位分，从热源至热力站的供回水管网和从热力站到用户的供回水管网分别是（　　　）。

A. 一级管网　　　　B. 二级管网　　　　C. 供水管网

D. 回水管网　　　　E. 蒸汽管网

2. （　　　）敷设肯定是属于管沟敷设的。

A. 高支架　　　　　B. 通行地沟　　　　C. 不通行地沟

D. 低支架　　　　　E. 半通行地沟

3. 疏水器的作用是（　　　）。

A. 根据需要降低蒸汽压力，并保持压力在一定范围不变

B. 自动排放蒸汽管道中的凝结水

C. 阻止蒸汽漏失

D. 排除空气等非凝性气体

E. 防止汽水混合物对系统的水击

【参考答案】

任务 2.2　供热管道施工

2.2.1　任务描述

本工程为利用鹤壁电厂余热进行热水集中供热管网工程，包括：电厂换热首站至电厂出口，$D920mm \times 10mm$ 热水管 2400m；电厂出口至泗滨街（过胡丰水库、下穿铁路），$D920mm \times 10mm$ 热水管 1322m；宝马大道至春雷路，$D920mm \times 10mm$ 热水管 728m；春雷路（跨越泗水桥、铁路），$D920mm \times 10mm$ 热水管 3636m，$D820mm \times 10mm$ 热水管 936m，$D720mm \times 9mm$ 热水管 696m。管线全长 9718m。本工程为鹤壁市政府市政供热项目，管道设计压力 1.6MPa，供回水温度 110/50℃，供回水管采用电预热无补偿直埋和架空（胡丰水库、泗水桥、跨越铁路）敷设方式。其中，直埋管为高密度聚乙烯外护管聚氨酯保温管，过胡丰水库、泗水桥、跨越铁路管为刚外护聚氨酯保温管，电厂内架空管为输送流体用双面螺旋缝电焊钢管（离心玻璃棉保温）。管道连接方式为焊接。

工作任务

具体任务如下。

（1）管道热伸长量、热膨胀应力计算。

（2）热力管道防腐层、保温层施工技术交底。

工作手段

《城市供热管网工程施工及验收规范》（CJJ 28—2014）。

成果与检测

（1）每位学生根据组长分工完成管道施工任务。

（2）采用教师评价和学生互评的方式打分。

2.2.2　相关知识

1. 热力管道的特点

热力管道具有以下几个特点。

（1）热媒具有较高的温度，对管道材质强度要求较高，管道应采用无缝钢管、电弧焊或高频焊焊接钢管。凝结水管道宜采用具有防腐内衬，内防腐涂层的钢管或非金属管道。

（2）工作状态与非工作状态管内温度变化很大。按照金属热胀冷缩的特点，热力管道易产生应力变形，对管道支架有较特殊的要求，需在管路中设置伸缩器，满足其补偿要求。

（3）由于金属是热的良导体，热力管道需要解决表面热损失的问题，需要进行保温。

（4）由于热水中所含的气体要不断地析离出来，积聚在管道的最高处，妨碍热水的循环，增加管道的腐蚀，须加设排气装置。

（5）停止使用热水时，膨胀水量会增加管道的压力，有胀裂管道的危险，需设置膨胀管、释压阀或闭式膨胀水箱。

（6）蒸汽管道内易产生凝结水，增加蒸汽输送阻力，管道要内置一定的坡度并在最低点设泄水装置。

（7）为了避免热量浪费，常采用循环管路，回收余热。

拓展讨论

党的二十大报告指出，协同推进降碳、减污、扩绿、增长，推进生态优先、节约集约、绿色低碳发展。近年来，节能环保的被动式住宅被大力推广，请查阅资料了解被动式住宅的概念，并讨论被动式住宅相较于采用市政供热的住宅有什么优势？

2. 管道热膨胀的补偿

热力管道输送的介质温度高，又具有一定的压力，因而给管道特别是某些焊缝处带来较大的应力，如果超过材料的强度极限，将会造成管道的破坏。所以在管道安装中必须做好管道伸缩补偿措施以消除应力。

管道热补偿有两种方式：自然补偿及补偿器补偿。热力管道的温度变形要充分利用管道的转角管段进行自然补偿。选用补偿器时，要按照敷设条件采用维修工作量小与价格较低的补偿器。

1）自然补偿

利用热力管道系统的自然转弯所具有的弹性来消除管道因受热介质作用而产生的膨胀伸长量。自然补偿器如图 2.13 所示，是一种最简单、最经济的补偿器。

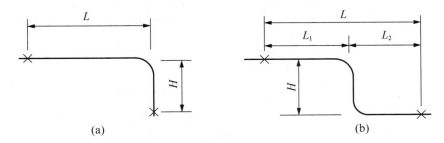

图 2.13　自然补偿器
（a）L 形补偿器；（b）Z 形补偿器

2）补偿器补偿

在自然补偿不能满足要求时，要加设补偿器补偿。常用的补偿器有：方形补偿器、波形补偿器、套管式补偿器、球形补偿器等。

（1）方形补偿器。方形补偿器须用优质无缝钢管弯制，最好用一整根钢管弯制。尺寸较大时也可用两根或三根钢管焊接而成，焊缝放在伸缩臂上，严禁放在水平臂上。

方形补偿器制造方便，不用专门维修，所以不需要设置检查室，工作可靠，作用在固定支架上的轴向推力相对较小，在供热管道上应用很普遍，但介质流动阻力大，占地多。

在固定支架和管道安装完以后，才能安装方形补偿器。安装方形补偿器时应进行预拉（也称为冷紧），预拉量为 $\frac{\Delta L}{2}$，ΔL 为管道的热伸长值。预拉有采用冷拉器和采用千斤顶两种方法，如图 2.14 所示。

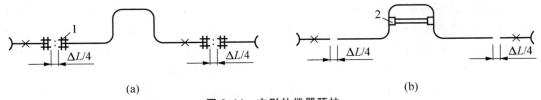

图 2.14　方形补偿器预拉
（a）用冷拉器预拉；（b）用千斤顶预拉
1—冷拉器；2—千斤顶

用冷拉器进行预拉时，将一块厚度等于 $\frac{\Delta L}{4}$ 的木块或者木垫圈夹在冷拉接口间隙中，再在接口两侧的管壁上焊接挡环，把冷拉器安装在管道上。拿掉木块或木垫环，然后对称、均匀地拧紧螺母，当管道两端的间隙达到对口要求时，停止拧紧螺母，进行点焊、检查，正式施焊。预拉值允许误差不大于 10mm。预拉时，应在两端靠近固定支架处同时、均匀、对称地进行，预拉完成后要填写方形补偿器或弯管冷拉记录表。

当方形补偿器水平安装时，垂直臂要水平，平行臂与管道坡度相同。当方形补偿器垂直安装时，不得在弯管上开孔安装放风管和排水管。当介质为热水时，要有泄水排气装置。

在方形补偿器两侧的1~2个支架上，要向膨胀的反方向偏心安装。

当两个固定支架之间的管道长度超过表2-13规定的数值时，要按照图2.15所示，设导向支架。

表2-13　不设导向支架的固定支架管道长度范围

公称直径 DN/mm	管道长度 L/m	公称直径 DN/mm	管道长度 L/m
25	30	80	60
32	35	100	65
40	45	125	70
50	50	150	80
65	55	200	90

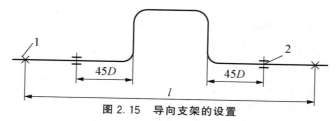

图2.15　导向支架的设置
1—固定支架；2—导向支架

（2）波形补偿器。波形补偿器利用波纹管壁的弹性来吸收管道的热膨胀，多用不锈钢制造。

波形补偿器占地小，不用专门维修，介质流动阻力小。内压轴向式波纹管补偿器在国内热网工程中应用逐步增多，但其造价较贵。

采用波纹管轴向补偿时，管道上要安装防止波纹管失稳的导向支座，且补偿管段较长时应采取减小管道摩擦力的措施。波纹补偿器可与管道焊接连接或用法兰连接。

安装前，检查波纹补偿器的外部尺寸。管口周长的允许偏差是：公称直径大于1000mm时为±6mm；不大于1000mm时为±4mm；波顶直径偏差最大为±5mm。

内套有焊缝的一端，在水平管道上安装时，焊缝要设在介质流入端；在垂直管道上安装时应将焊缝置于上部。

波纹补偿器应与管道保持同轴，不得偏斜。靠近波纹补偿器的两个导向支架的要求如图2.16所示。

要按照安装时的大气温度确定波纹补偿器的安装长度。吊装波纹补偿器时，只能用吊环作为吊点，不能把钢丝绳直接绑扎在波纹管上。波纹补偿器不能作为电焊的引弧部位，焊接时要防止焊渣溅到波纹管内部。已点焊完的波纹补偿器，必须在24h内焊完。安装前，要进行预拉伸或预压缩试验，不得有变形不均现象。

（3）套管式补偿器。套管式补偿器是由用填料密封的套管和外壳组成的，两者同心套装并可轴向补偿的补偿器。当敷设热力网管道的场地狭小，且工作压力不大于1.6MPa

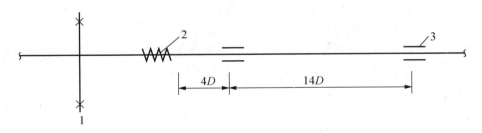

图2.16 波形补偿器导向支架安装间距
1—固定支架；2—波形补偿器；3—导向支架

时，地下敷设和低支架敷设的管道可采用套管式补偿器。

套管式补偿器补偿能力大，通常可达250～400mm，占地小，介质流动阻力小，造价低，但是其压紧、补充和更换填料的维修工作量大，只能用在直线管段上，在弯管或阀门处需要设置加强的固定支座。

安装前要将补偿器清洗干净，检查填料情况。若使用石棉绳，则石棉绳在煤焦油中浸过，接头处要有斜度并加润滑油；防脱环与支承环之间应保留10～20mm的间隙；压盖压入的深度不能高于压盖长度的20%～30%。

单向的补偿器外套筒要固定在固定支架附近，双向的补偿器要安在固定支架中间，且外套管要固定。

膨胀管道一侧要设置导向支架，确保管道运行时不偏离中心线，且能自由伸缩。芯管外露长度不能小于设计规定的伸缩长度，芯管端部与套管内外壳支撑环之间的距离不能小于管道冷收缩量。套管补偿器与管道保持同轴，不得歪斜。在靠近套管补偿器两侧，应至少各设一个导向支架。单向套管补偿器芯管应安装在介质流入端。

套管补偿器的填料品种、规格应符合设计要求，填料应逐圈装入并压紧，每圈之间的填料接口应成45°斜面，各圈接口要相互错开。芯管外露部分涂凡士林油。储运套管补偿器时要直立放置。

（4）球形补偿器。球形补偿器是由球体和外壳组成，球体与外壳可相对折曲或旋转一定的角度（通常为30°），以此进行热补偿。球形补偿器的球体与外壳间的密封性良好，寿命较长。

球形补偿器能作空间变形，补偿能力大，适用于架空敷设。

球形补偿器安装前要在工作温度下进行试验，应转动灵活，密封良好。当球形补偿器安装在垂直管道上时，必须把球体露出部分向下安装，以防积存污物。采用球形补偿器，且补偿管段较长时宜采取减小管道摩擦力的措施。

3）管道热伸长量的计算

热力管道安装后，在使用时由于管内热媒的加热作用会引起钢管的热伸长。钢管的热伸长量计算公式为

$$\Delta L = L\alpha(t_2 - t_1) \tag{2-1}$$

式中　ΔL ——管道的热伸长量，m；

α ——管道的线膨胀系数，m/(m·℃)；

t_1 ——管壁最高温度，可取热媒最高温度，℃；

t_2 ——管道安装时的温度，在温度不能确定时，可取为最冷月平均温度，单位

为℃，具体数值可以从暖通手册查到；

L——计算管段的长度，m。

由式(2-1)可以看到，热媒温度越高，热伸长量越大，所以，热力管道要设固定支架和补偿器用以补偿该段管道的热伸长，从而减弱或消除因热膨胀而产生的应力。

4）热胀应力的计算

热力管道投入运行以后，温度变化产生膨胀。管道受热后的膨胀量，主要是由管道的材质所决定的，热胀应力的计算公式为

$$F = E\varepsilon \tag{2-2}$$

式中　F——管材内产生的热胀应力，MPa；

　　　E——管材的弹性模量，此值因材质品种及工作温度的不同而异，钢材为 2.1×10^{-5} MPa；

　　　ε——相对压缩量，$\varepsilon = \Delta L/L$，ΔL 为管道受热后自由膨胀长度，L 为原有长度。

式(2-2)表明，管道受热而不能膨胀时所产生的热胀应力的大小，只与相对压缩量和弹性模量有关。如果以 $\Delta L/L$ 代替 ε，再以 $\alpha \Delta t L$ 代替 ΔL，则式(2-2)可以改为

$$F = E\varepsilon = E\frac{\Delta L}{L} = E\frac{\alpha \Delta t L}{L} = E\alpha \Delta t \tag{2-3}$$

式(2-3)说明了热胀应力与管道的材质、工作温度和温度差有关。材质不同时，其弹性模量 E、线膨胀系数 α 均不同，温度不同时，E、α 值不同，其中温度差是最主要的因素。

对于钢管，线膨胀系数常取 12×10^{-6} m/(m·℃)，弹性模量常取 2.1×10^{5} MPa，所以，计算钢管热胀应力的公式可简化为

$$F = 2.52\Delta t \tag{2-4}$$

利用式(2-4)可以计算出钢管热膨胀受到限制时产生的热胀应力。热胀应力不允许超出钢材允许的应力范围，若没有热补偿，将会使热力管道产生变形甚至发生裂纹。

3. 热力管道的安装要求

通常热力管道的安装要求包括对热力管道安装的一般要求，以及对热力管道的排水和排气、支管的引接、热力管道的支架等的安装要求等。

1）热力管道安装的一般要求

热力管道安装的一般要求如下。

(1) 管材通常选用钢管，要尽量采用焊接连接。采用螺纹连接时，填料采用聚四氟乙烯生料带、白厚漆，不准加用麻丝。当管径大于 32mm 时应采用焊接或法兰连接，当管径不大于 32mm 时采用螺钉连接。

(2) 热力管道存在着热胀冷缩现象，要选用适当形式的补偿器。

(3) 地沟内的管道位置与沟壁净距为 100～150mm，与沟底净距为 100～200mm；不通行地沟与沟顶的净距为 50～100mm；半通行及通行地沟与沟顶净距为 200～300mm。架空供热管道的高度：人行地区要高于 2.5m；通行车辆地区，要高于 4.5m；跨越铁路地区，距轨顶要高于 6m。

(4) 蒸汽管道最低点要设疏水器，热水管道最高点设排气阀。

(5) 水平管道的变径采用偏心大小头，特别热水管道应采用顶平偏心大小头，有利于空气排除。

（6）蒸汽管道、冷凝水管道采用底平偏心大小头，利于排放凝结水。

（7）对于用汽质量要求较高的场所，蒸汽管道的支管应从主管的上部或侧部接出，避免凝结水流入支管。

（8）减压阀安装在水平进户管上，前后装压力表，低压侧装安全阀，阀上的排气管应接出室外。减压阀的公称直径与进气端管径相同，阀后管径比阀前管径大1～2号。

（9）热力管道在安装时按照设计位置设固定支架、活动支架。固定支架受力较大，安装时要牢固，确保管道不能移动。

（10）供热管网的供水管或蒸汽管要敷设在载热介质前进方向的右侧。

（11）热水管道在最低点应装设排水管和排水阀。热水管道在最高点和相对高点应设放气管和放气阀，放水管、放气管的直径见表2-14。

表2-14　放水管、放气管的直径　　　　　　　　单位:mm

热水、凝结水管公称直径	放水管公称直径	放气管公称直径	
<80	25	15	
100～125	45	20	25
150～200	50		
250～300	80		
350～400	100	32	
450～500	125		
>600	150	40	

（12）在靠近管道两侧的活动支架要向膨胀的反方向偏心安装。

（13）在≥DN125mm水平管道上的阀门两侧，设专用支架，不得用管道承重。

（14）需热处理的预拉伸管道焊缝，在热处理完毕后，方可拆除预拉伸时所装的临时卡具。

2）热力管道的排水和排气

热力管道安装时，水平管道要具有一定的坡度i：通常为0.003，不能低于0.002，气水逆向时坡度不小于0.005。蒸汽管道的坡向最好与介质流向相同，这样管内蒸汽同凝结水流动方向相同，避免噪声。热水管道的坡向最好与介质流向相反，这样管内热水及空气流动方向相同，减少了热力流动的阻力，也有利于排气，防止噪声。热力管道的每段管道最高点或最低点分别安装排气和泄水装置。方形补偿器水平安装时，与管道坡度和坡向一致；垂直安装时，最高点应安装排气阀，在最低点应安装排水阀，便于排水与放水。热力管道的排水、放气装置如图2.17所示。

水平热力管道的变径采用偏心变径。蒸汽管的变径以管底相平安装在水平管路上，有利于排除管内凝结水；热水管的变径以管顶相平安装在水平管路上，有利于排除管内空气。偏心变径管安装如图2.18所示。

通常排气阀门公称直径要选用DN15mm～DN20mm。排水阀门的直径选用热水供热

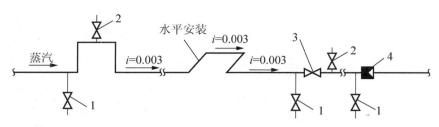

图 2.17　热力管道的排水、放气装置示意图
1—排水阀；2—放气阀；3—控制阀；4—流量孔板

(a)　　　　　　　　　　　　　　　(b)

图 2.18　偏心变径管安装
（a）安装在蒸汽或气体管道上；（b）安装在泵进口或液体管道上

管道直径的 1/10 左右，要不小于 20mm。

　　3）支管的引接

　　蒸汽管道的支管要从主管上方或两侧接出，防止凝结水流入支管；热水管道的支管要从主管的下方或两侧接出，以防止空气流入支管。不同压力或不同介质的疏、排水管不能接入同一排水干管。

　　4）热力管道的支架

　　热力管道的支架较多，常用的有固定支架、活动支架及导向支架等。固定支架主要用于两个补偿器中间，同管道两个补偿器中间只能安装一个固定支架，在每个补偿器的另一侧，与中间固定支架等距离的点上，也各安装一个固定支架。固定支架受力很大，安装必须牢固，要保证管子在这点上不能移动。热力管道两个固定支架之间要设置导向支架，导向支架能确保管子沿着规定的方向作自由收缩。补偿器两侧的第一个支架，应设置在距补偿器弯头起弯点 0.5～1m 处，而且是活动支架，不得设置导向支架或固定支架。补偿器平行臂上的中点应设置活动支架。

　　4. 热力管道地沟敷设

　　热力管道的敷设形式分为地下敷设和架空敷设两种，地下敷设又可以分为地沟敷设和地下直埋敷设两种形式。其中，地沟敷设适用于地上交通繁忙，维修量不大的干管和支管，或者成排管道数量多的情况。

　　地沟的断面尺寸应根据管道的数量、长度、管径及安装和检查所需要的活动空间来确定。按其断面尺寸的大小，地沟敷设又分为通行地沟、半通行地沟和不通行地沟敷设。

　　供热管道的地沟敷设，是将供热管道敷设在由砖砌或钢筋混凝土构筑物的地沟内。这种敷设方法可以保护管道不受土压力的作用，而且管道不与土壤直接接触，可以防止地下水的侵袭，应用较广泛。地沟敷设热力管网施工程序如图 2.19 所示。

　　地沟要求尽量做到严密不漏水。当地面水、地下水或管道不严密处的漏水侵入地沟后，会使管道保温结构破坏，管道遭受腐蚀。通常要求将沟底设于当地近 30 年来的最高

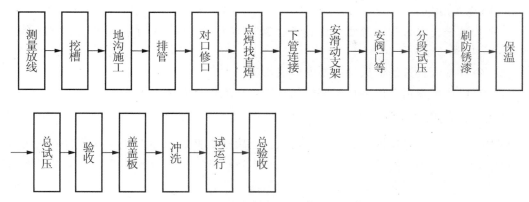

图 2.19 地沟敷设热力管网施工程序

地下水位以上。此时，对于常用地沟结构，地沟壁内表面要有抹灰，最好是防水砂浆抹灰。地沟盖板要做出 0.01～0.02 的横向坡度，其上面的覆土层要不小于 300mm。盖板之间及盖板与沟壁之间要用水泥砂浆或热沥青封缝，以防地面水渗入。沟底做不小于 0.002 的坡度。以使偶尔渗入地沟中的水可以集中在检查井的集水坑内，用泵或自流排入附近下水道。

若地下水位高于沟底，则必须采取排水、防水或局部降低地下水位的措施。地沟外壁敷用沥青粘贴数层油毛毡并外涂沥青，或利用防水布构成的防水层。局部降低地沟敷设处地下水位的方法，是在地沟底部铺上一层粗糙的沙砾，在离沟底约 200～250mm 的下边，敷设一根或两根直径为 100～150mm 的排水管，管上有为数众多的小孔。为了清洗及检查排水管，每隔 50～70m 需要设置一个检查井。

地沟内敷设的供热管道安装，要在地沟土建结构施工结束后进行。在土建施工中，要配合管道施工预留支架孔及预埋金属件。在供热管道施工前，对地沟结构验收，按照设计要求检查地沟的坐标、沟底标高、沟底坡度、地沟截面尺寸和地沟防水等内容，做好验收记录。

地沟内管道安装，应首先安装支座。在滑动支座两侧的管道保温，不能影响支座自由滑动。安装支座时，应按施工图要求画出各支座的位置，正确安装。

管道的大量接口尽可能在沟外地面上焊接，操作方便，易确保焊口的质量。按照施工条件，将管道在地面上连接成一定长度的管段，然后再放入地沟，减少在地沟内的焊接口。管道接口做完后，按照规范要求检查、调整管道的安装位置，最后将管道固定在支座上。

在对地沟内供热管道进行安装时要注意如下几条事项。

（1）供热管道的热水、蒸汽管，若设计无要求，要敷设在载热介质前进方向的右侧。

（2）管道安装位置，其净距宜符合表 2-9 的规定。

（3）管道对焊时，若接口处缝隙过大，不允许使用强力推拉使管头密合，以免管道中受应力作用，应另加一段短管，短管长度应不小于管径，最短不小于 100mm。

（4）供热管道坡度要求同室内采暖管道坡度要求。

（5）供热管道中心线水平方向允许偏差为 20mm；标高允许偏差为 ±10mm。

每米水平管道纵、横弯曲允许偏差：管径不大于 100mm 时为 0.5mm；管径大于

100mm 时为 1mm。

水平管道全长纵、横向弯曲允许偏差：管径不大于 100mm 时不大于 13mm；管径大于 100mm 时为 25mm。

（6）每段蒸汽管道的最低位置要安装疏水器。

（7）每段热水管道在最高点安装排气装置，在最低点安装放水装置。

5. 热力管道地下直埋敷设

热力管道在土壤腐蚀性小、地下水位低、土壤具有良好的渗水性、不受腐蚀性液体侵入的地区，可以采用直接埋地敷设。该方式具有造价低、施工方便等优点。但保温层的防腐防水是关键的技术问题。近年来采用聚氨酯泡沫塑料保温层，大大拓宽了直埋敷设的应用空间。

1）直接埋地敷设的要求

直接埋地敷设是将管道保温后做好防水层直接埋到土里，适用于地下水位较低、土质不下沉且无腐蚀的地区，最好是砂壤土地区。

直接埋地敷设的要求如下。

（1）埋地管道接头不得采用螺纹或法兰连接。

（2）直接埋设在车行道下的管道覆土深度不小于 1.0m，埋设在便道或居住区内的地下热力管道覆土深度不小于 0.6m。若满足上述覆土深度有困难时，须采取防护措施。

（3）直埋供热管道和建筑物、构筑物、道路、铁路、电缆、架空电线和其他的最小水平净距、垂直净距的最小净距应符合表 2-15 的规定。与压缩空气或 CO_2 管道，乙炔、氧气管道的要求同直埋蒸汽供热管道。

表 2-15　直埋供热管道与其他设施的最小净距

设施、管道		最小水平净距/m	最小垂直净距/m
给水、排水管道		1.5	0.15
燃气管道	压力≤400kPa	1.0	0.15
	压力≤800kPa	1.5	0.15
	压力＞800kPa	1.5	0.15
压缩空气、二氧化碳管道		1.0	0.15
乙炔、氧气管道		1.5	0.25
易燃、可燃液体管道		1.5	0.30
架空管道管架基础边缘		1.5	—
排水盲沟沟边		1.5	0.50
地铁		5.0	0.80
电气铁路接触电杆基础		3.0	—

设施、管道		最小水平净距/m	最小垂直净距/m
道路、铁路路基边坡底脚		1.0	0.70(路面)
铁路		3.0(钢轨)	1.20(轨底)
灌溉渠沟边缘		2.0	—
桥梁支座基础(高架桥、栈桥)		2.0	—
照明、通信电杆中心		1.0	—
建筑物基础边缘		3.0	—
围墙基础边缘		1.0	—
乔木或灌木中心		3.0	—
电缆	通信电缆管块	1.0	0.30
	电力电缆≤35kV	2.0	0.50
	电力电缆≤110kV	2.0	1.00
架空输电线 电杆基础	≤1kV	1.0	—
	35~220kV	3.0	—
	330~500kV	5.0	—

(4) 管网中设置的阀门、除污器、三通等刚性附件，通常都要设补偿器与直埋管段隔开，主要为方便安装和检修。只有在附件确定不会因为承受热应力而损坏时，才允许不设补偿器而与直埋管道直接连接。

(5) 管道纵向敷设时，最大坡度不小于0.02，通常不得作竖向爬坡。

(6) 通常管道不设基础，经过保温、防水处理后，在原土层上直接埋设。当在杂质土等腐蚀性较强的土层内敷设管道时，管道周围300mm范围内应换以腐蚀性小的好土。管底部分换土后要夯实。

2) 直埋敷设管道的安装

直埋敷设可以克服地沟敷设管网工程的投资高、施工周期长的缺点，但施工时，要注意其固定支座、补偿器和管道安装的其他要求，以确保供热管网的安装质量。

直埋敷设管道安装，首先要测量放线、开挖沟槽，还要注意直埋敷设管道安装的特点，即埋地管道的保温结构与土壤接触，所以直接承受土压力和向下传递的地面载荷的作用，同时又受地下潮湿气的影响。对直埋管道的保温结构，除了要求其具有较好的保温性能外，还要具有一定的机械强度、防水和防腐蚀的性能。目前，直埋敷设管道的保温材料以聚氨酯硬质泡沫塑料应用最多。直埋敷设管道外壳顶部埋设深度见表2-16和表2-17。

表 2-16　直埋蒸汽管道最小覆土深度

工作管道公称直径/mm 最小覆土深度/mm 类别		50～100	125～200	250～450	500～700
钢制外护管	车行道	0.6	0.8	1.0	1.2
	非车行道	0.5	0.6	0.8	1.0
玻璃钢外护管	车行道	0.8	1.0	1.2	1.4
	非车行道	0.6	0.8	1.0	1.2

表 2-17　直埋热水管道的最小覆土深度

管径公称直径/mm	最小覆土深度/m	
	机动车道	非机动车道
≤125	0.8	0.7
150～300	1.0	0.7
350～500	1.2	0.9
600～700	1.3	1.0
800～1000	1.3	1.1
1100～1200	1.3	1.2

　　使用简单的起重设备将已经做好保温壳的管道下到沟槽内，相连接的两个管口对正，按照设计要求焊接，最后将管道接口处的保温层做好。如果设计上有要求，也可在做完水压试验后做此项工作。在直埋管道验收合格后，进行沟槽回填的工作，按设计要求分层回填、分层夯实，回填后应使沟槽上土面呈拱形，避免日久因覆土沉降而造成地面下凹。

　　作为外保温层的聚氨酯硬质泡沫塑料必须满足表 2-18 所示的技术条件。

表 2-18　聚氨酯硬质泡沫塑料技术条件

属性	数值	属性	数值
密度	60～80kg/m³	抗拉强度	200kPa
热导率	≤0.126kJ(m·h·℃)	黏结强度	200kPa

　　直埋管道的管材、壁厚、弹性模量和屈服强度等指标必须符合设计规定；须在环境温度超过5℃的条件下施工，若环境温度不能满足要求，则要对液体加热，使其温度达到20～30℃；调配聚醚混合物时，要随用随调，以防材料失效；管道位置允许偏差及标高允许偏差为25mm；在保护套管中伸缩的管道，套管不得妨碍管道伸缩且不得损坏保温外部的保护壳，在保温层内部伸缩的管道，套管不得妨碍管道伸缩，且不得损坏管道防腐层。

　　6. 热力管道架空敷设

　　热力管道架空敷设是将供热管道敷设在地面上的独立支架或建筑物外墙的支架上，架空敷设所用的独立支架多用钢筋混凝土或钢材制成。架空敷设主要适用于地下水位高、地形高低起伏较大、地形复杂或地下管线复杂、地下建筑物较多或有特殊障碍、有架空管道可供架空敷设或有可利用的建筑物作支架等情况。

1）架空敷设的适用范围

架空敷设在工厂区和城市郊区应用广泛，通常沿建筑物、构筑物或与其他管道共用支架敷设，跨越公路、铁路时应采用"冂"字形高支架敷设。

若发生下述情况可采用架空敷设。

（1）地下水位高或年降雨量较大。

（2）土壤具有较强的腐蚀性。

（3）地下管线密集。

（4）地形高低起伏变化大或有河沟、岩层、溶洞等特殊障碍。

在寒冷地区，如果管道散热量过大，热媒参数无法满足用户要求，或者因管道间歇运行而采取保温防冻措施，造成经济上不合理时，则不适于采用架空敷设。

2）架空敷设的形式

管道架空敷设所用的支架按照其制成材料可分为砖砌、毛石砌、钢筋混凝土预制或现场浇灌、钢结构、木结构等类型。我国使用较多的是钢筋混凝土支架，坚固耐久，能承受较大的轴向推力，且节省钢材，造价较低。

管道架空敷设的优点是比地下敷设节省土方工程量，不受地下水的影响，维护检查方便，其缺点是管道受风吹雨淋和日晒，管道的保温层易损坏。室外架空敷设管道安装多属空中作业，施工时要制订周密的施工计划及安全措施。室外架空敷设管道尽量在地面上做接口，将其预制成一定长度的管段，用吊装的方法安放在管道的支架上，以减少在空中做管道的接口。这样既加快了施工进度，又减少了施工的不安全因素。

架空敷设有以下几种形式。

（1）低支架敷设（图 2.20）。当管道保温层至地面净空为 0.5～1.0m 时为低支架敷设，低支架敷设应用在不阻碍交通及不妨碍厂区、街区扩建的地段，最好是沿工厂的围墙或平行于公路、铁路来布线。

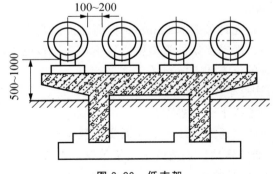

图 2.20 低支架

低支架可以节约大量土建材料而且管道维修方便，是一种较为经济的敷设方式。当遇到障碍时，可将管道局部升高并敷设在桁架上跨越，同时还可起到补偿器的作用。低支架因轴向推力矩不大，考虑使用毛石或砖砌结构，以节约投资，方便施工。

（2）中支架敷设（图 2.21）。当管道保温层至地面净空为 2.5～3m 时为中支架敷设。

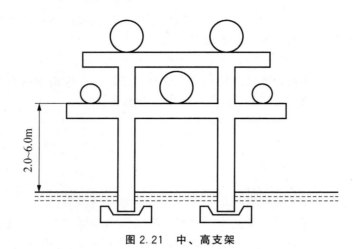

图 2.21 中、高支架

适用范围：在人行频繁，需要通行大车的地方。

（3）高支架敷设（图 2.21）。其净空高度为 4～6m 时，为高支架敷设。

适用范围：用于跨越铁路、公路等处的管道敷设。

特点：因其支架高、截面尺寸大、耗材料多。

3）架空敷设管道的安装要求

架空敷设管道的安装高度若设计无要求，要符合下述规定。

（1）人行地区，要不小于 2.5m；通行车辆地区，要不小于 4.5m；跨越铁路，距顶轨要不小于 6m。

（2）架空管道支架允许偏斜值要不小于 20mm，每个支架的标高偏差不应低于 2mm。

（3）管道焊缝不要设在支架上，要离开支架一段距离。最好设在距支架为两支架距离 1/5 的位置上，此处弯矩接近于零。

（4）管道空中对口焊接时，要采取措施保证管道不塌腰，当管径大于 300mm 时，用弧形承托板在下面托住接口处，将接口点焊定位，然后去掉承托板施焊。管径大于 300mm 时，使用搭接板辅助对口。

（5）架空敷设管道位置允许偏差为 20mm，标高允许偏差为 ±10mm。

（6）管道受热膨胀后，滑动支架的管座中心线落在支撑板的中心线上，安装时应将管座中心偏向管道受热膨胀的反方向 50mm 左右。

4）架空管道安装的注意事项

架空管道安装时应注意以下一些事项。

（1）架空管道在不妨碍交通的地段，适合低支架敷设，其保温层与地面的净空距离应不低于 0.3m。在人行交通频繁地段，适合中支架敷设，支架高通常高于 2.5m。在交通要道及跨越公路时，适合高支架敷设，支架高于 4.5m。跨越铁路时，支架高距铁轨要高于 6m。

（2）架空管道沿建筑物或构筑物敷设时，要考虑建筑物或构筑物对管道荷载的支承能力。

（3）架空管道沿建筑物或构筑物敷设时，管道的布置及排列要使支架负荷分布均匀，并使所有管道便于安装和维修，并不得靠近易受腐蚀的构筑物附近。

（4）供热管道架设在大型煤气管道背上时，两管的补偿器宜布置在同一位置，以消除管道不同热胀冷缩造成的相互影响。

（5）管子下料时，短管的长度不得低于该管子的外径，同时也不得小于 200mm，对管径大于 500mm 的管子，短管长度可小于管子外径，但要不小于 500mm。管子焊接时，必须严格遵守焊接检验规范，达到合格标准，还要注意焊缝与支架间的距离应大于 150～200mm。

（6）架空管道的吊装，可使用汽车吊或桅杆配卷扬机等方法。钢丝绳绑扎管子的位置，要尽量使管子不受弯曲或少受弯曲。吊上去刚就位还未焊接的管段，要及时用绳索加以固定，避免管子从支架上滚落下来发生安全事故。架空管道敷设要严格按照安全操作规程施工。

5）架空管道安装程序和方法

架空管道安装程序如图 2.22 所示。

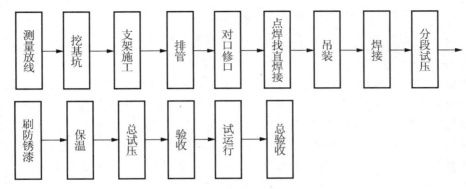

图 2.22 架空管道安装程序

室外架空管道敷设管道安装时，首先就是对管道支架的位置及标高进行检查，看其是否符合设计要求，检查支架安装是否牢固，支架顶面预埋钢板是否符合要求。然后再用经纬仪测出支架上管座的位置，并做出标记。在安装活动支架管座的同时，要根据支架处管道的伸缩量，将管座焊在管道上。

管道就位要采用吊装的方法，按照管道的规格和长度，以及现场实际情况，借助起重设备吊装管道，将其安装在支架上调整好位置后做管道的最后接口。

7. 其他附属器具的安装

其他附属器具主要有减压阀、疏水器、检查井及检查平台等。

1）减压阀的安装

减压阀是对蒸汽进行节流，以达到减压的目的，来满足不同用户对蒸汽参数的要求。其种类有很多，但它们都不是单独设置的，而是为了不同需要与其他一些部件组装在一起。通常这些组件包括：高压表、低压表、高压安全阀、低压安全阀、过滤器、旁通阀及减压阀检修时的控制阀门等。减压阀与管道之间采用法兰连接或螺纹连接。

减压阀在安装时，阀体要垂直地安装在水平管道上，介质流动方向应与阀体上的箭头方向一致。两端要设置切断阀，最好采用法兰截止阀。通常减压阀前的管径应与减压阀的公称直径相同；减压阀后的管径要比减压阀的公称直径大 1～2 号。阀组前后都要安装压力表, 以便调节压力。减压阀后的低压管道上要安装安全阀, 当超压时, 可以泄压与报警, 确保压力稳定, 安全阀的排气管要接至室外。另外, 减压阀要设置旁通管路。减压阀的安装形式如图 2.23 所示。

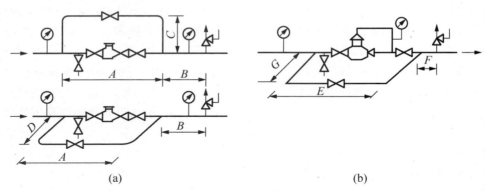

(a)   (b)

图 2.23   减压阀安装形式

(a)旁通管立式安装; (b)旁通管水平安装

2) 疏水器的安装

疏水器是蒸汽供热系统中的附属器具, 用来迅速排除凝结水, 阻止蒸汽的漏失, 不但能够防止管道中水击现象的产生, 还可以提高系统的热效率。疏水器按压力不同可分为高压和低压两种。常用疏水器按其作用原理可分为机械型、热动力型和恒温型三种类型。疏水器组装时要设置冲洗管、检查管、止回阀、过滤器等, 并装置必要的法兰或活接头, 以便检修时拆卸。疏水器安装分为带旁通管和不带旁通管、水平安装或垂直安装。安装形式如图 2.24 所示。

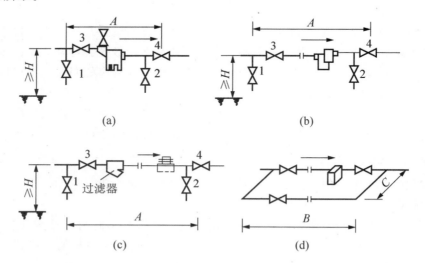

(a)   (b)

(c)   (d)

图 2.24   疏水器安装形式

(a)筒式疏水器安装; (b)吊桶式疏水器安装;

(c)热动力式疏水器安装; (d)疏水器旁通管安装

1—冲洗管阀门; 2—检查管阀门; 3、4—疏水器检修专用阀门

疏水器要安装在便于操作和检修的位置, 安装应平整, 支架应牢固; 连接管路时要有

坡度，排水管与凝结水干管（回水）相接时，连接口应在凝结水干管的上方；管道和设备需设疏水器时，必须做排污短管（座），排污短管（座）应有不小于 150mm 的存水高度，在存水高度线上部开口接疏水器，排污短管（座）下端要设法兰盖；要设置必要的法兰和活接头等，以便于拆卸。

3）检查井及检查平台

对于半通行地沟、不通行地沟及无沟敷设的管线，要在管道上设有阀门、排水与排气设备或套管式补偿器处设检查井；对架空敷设的管道则设检查平台。

检查井的净轮廓尺寸要按照通过其中的管道根数和直径，以及阀门附件的数量或大小来决定。既要考虑维修操作的方便，又不要造成浪费。通常，净高不小于 1.7～1.8m，通道宽度不小于 0.5m。检查井顶部要设入口及入口扶梯，入口直径不小于 0.6m，底部要设集水坑。

架空敷设的检查平台尺寸，也要按照工人操作检修方便的要求去设计，四周要设栏杆及专门的扶梯。

检查井或检查平台的位置及数量要与管道平面定线一起考虑。在确保管道系统运行可靠，检修方便的情况下，尽可能减少检查井或检查平台数目，并要注意到避开交通要道和车辆行人较多的地方。

2.2.3 案例示范

1. 案例描述

某供热管道工程采用电预热无补偿直埋和架空保温热水管，进行管道热伸长量、热膨胀应力计算，并编写供热管道接口及管件的保温，阀门、补偿器安装的技术交底。

供热管道供回水温度 110℃/50℃，管道安装时的温度为 10℃，管道计算长度 3722m。

2. 案例分析与实施

钢管的热伸长量计算：
$$\Delta L = L\alpha(t_2 - t_1) = 3722 \times 1.2 \times 10^{-5} \times (110 - 10) = 4.47m$$
钢管热胀应力计算：
$$F = 2.52\Delta t = [2.52 \times (110 - 10)]MPa = 250MPa$$
供热管道接口和管件的保温及阀门、补偿器安装技术交底如下。

供热管道接口和管件的保温及阀门、补偿器安装技术交底

技术交底记录		编号	
工程名称	××市政府市政供热项目供热管道工程		
分部工程名称	管道保温、阀门、补偿器安装	分项工程名称	供热管道接口及管件的保温，阀门、补偿器安装
施工单位	×××工程公司	交底日期	××年×月×日

交底内容:

1. 工程概况(见 2.2.1)

2. 施工准备

(1)组织准备:根据本工程的特点和具体情况制定和建立各项管理、工作制度。同时做好工程技术人员、施工人员的组织配备工作,为工程施工做好充分的准备。

(2)技术准备:组织有关技术人员,熟悉施工图纸,搞好各专业施工图纸会审。认真听取设计人员的技术交底,领会设计意图,了解相关专业工种之间的配合要求。进一步理顺各专业的施工顺序,有条不紊地组织施工。

主要技术人员和管理人员在开工前要认真研究熟悉标书、施工图、合同文件及国家有关规范标准等技术资料,进一步完善施工组织设计和施工方案,切实做好施工部署。

开工前要详细了解工程项目所在地区的气象自然条件情况,建设场地和水文地质情况,以便有针对性地做好施工平面布置,确保施工顺利进行。

开工前,各专业技术人员应对施工队和施工班组做好全面的书面技术交底,项目部项目经理组织相关人员,做好质量策划,并编制好项目质量保证计划。同时,各专业技术人员要针对工程具体情况,编制好具体的施工方案、施工进度计划、作业指导书,并根据工期要求和施工部署,做好详尽的材料供应计划、施工机具计划和劳动力需用量计划,制订好土建和安装及各专业工种之间的组织配合施工措施。

做好施工中所用的有关施工及验收规范,验评标准等技术资料的准备工作,对所收集的有关技术资料,必须带入现场,以便指导施工。

(3)物资准备。

① 工程开工前,项目部材料部门应全面了解和熟悉标书和承包合同等有关文件,按照质量保证计划、施工组织设计的工作计划、施工设备计划、材料供应计划的要求,落实好主要材料的货源,做好订货采购,催交和验货工作,并根据施工进度所需,组织好材料进场及施工机具的进场工作,以确保施工顺利进行。

② 对于所购置的各种材料,严格把关,严格按照国家有关材料检验和验收标准进行验收,材质、型号规格、质量和数量必须符合规范要求,坚决杜绝不合格材料进入现场,以确保工程质量。

3. 施工设备配备

施工设备配备见表2-19。

表 2-19　施工设备配备表

序号	机具名称	型号规格	单位	数量
1	交流电焊机	BX500	台	6
2	电焊条烘干箱	Z536	台	3
3	手动葫芦	3T	个	6
4	切割机		台	2
5	氩弧焊机	WS400	台	6
6	角向磨光机	S1MJ125	台	6
7	吊车	25T	台	4
8	X射线探伤仪	XCF2005	台	2

序号	机具名称	型号规格	单位	数量
9	经纬仪		台	2
10	水准仪		台	2
11	电加热器		台	2
12	电动打夯机		台	6
13	钢直尺	1-10M	把	6
14	升降机	12M	台	6
15	载重汽车	5T	辆	4
16	挖掘机		台	3
17	钩机		台	3
18	气焊工具		套	3

4. 施工方法

1）管道接口及管件的保温

在系统试压及冲洗合格后，应进行管道接口保温。保温采用聚氨酯现场发泡方法，发泡完毕后在保温层外做与管材同样材质的聚乙烯保护层。在保温前应将管道外壁的杂物、浮锈清理干净，做好防腐。

2）阀门及补偿器安装

（1）直埋管道阀门及补偿器安装。

① 安装前除做产品外观质量检查外，还应进行强度和严密性实验。单独存放，定位使用，并填写阀门试验记录。

② 直埋管道阀门采用焊接方式。公称直径≥250mm 的管道采用手动涡轮阀门；公称直径≤200mm 管道采用保温球阀；排水、排气阀门采用 DN50mm 法兰式球阀。

③ 阀门焊接时，要进行冷却，要求使用钨极惰性气体保护焊。

④ 阀门水平安装和垂直安装按施工图施工说明安装。

⑤ 补偿器安装应按设计文件要求进行预拉伸。

⑥ 补偿器安装应迎介质流向安装，对于三通、弯头等管件的安装，焊接完毕后，应进行加固处理。补偿器应采取保温措施，并用聚乙烯外套管密封防水。

⑦ 大拉杆补偿器偏心安装，偏心量为补偿量的 50%。

（2）架空管道阀门、补偿器安装。

① 热力管网主干线所用阀门及支干线首端处的关断门、调节门均应逐个进行强度和严密性试验，单独存放，定位使用，并填写阀门试验记录。

② 本管段阀门采用法兰连接。对于公称直径≥250mm 的管道采用手动涡轮蝶阀，当公称直径≤200mm 的管道采用保温球阀，用于排水、排气的阀门采用法兰式球阀。为防止阀门底部积存杂物，影响关闭严密性，要求阀杆倾斜安装（蝶阀），倾角应避开死区，左右各≥30°。

③ 补偿器安装应按制造厂家的安装指南进行，对补偿器进行预拉伸。

④ 补偿器应与管道保持同轴，补偿器两侧一定要有不小于 12m 的直管段，以保护补偿器。

⑤ 补偿器安装结束，不得松开预紧螺栓，待管网水压试验合格后，混凝土支架达到设计要求强度，且固定支架焊接完毕，方可松开。

续表

5. 安全施工措施
（1）牢固树立"安全第一"思想，做到安全生产。
（2）各施工段施工前必须采取有针对性的安全技术措施，施工前对施工班组进行安全技术交底，并履行签字手续。
（3）实施施工生产"安全否决权"制度，专业安全员有权终止施工中违章作业。
（4）认真贯彻安全帽、安全网、安全带的"三宝"使用要求。
（5）施工机械设备应按相关规定做好防护，合理保养。
（6）现场施工用电严格遵照相关规范要求进行布置架设，并对用电设备定期进行检查。
（7）合理布置施工现场、材料现场。
（8）生活卫生纳入工地整体规划，责任区包干负责。
（9）生活垃圾必须随时处理或集中加以遮挡，妥善处理，保持场容整洁。

审核人	交底人	接收交底人
×××	×××	×××

习 题

一、判断题

1. 热力管道存在着热胀冷缩现象，要选用适当形式的补偿器。（　　）

2. 除直埋式外，地沟内热力管道安装，应首先安装支座。（　　）

3. 蒸汽管道最低点要设疏水器，热水管道最高点设排气阀。（　　）

4. 埋地热力管道接头必须采用螺纹或法兰连接。（　　）

二、单项选择题

1. 热力管网中需要添加补偿器的原因不包括（　　）。

A. 便于没备及管件的拆装维护　　　　　B. 为了释放温度变形

C. 消除温度应力　　　　　　　　　　　D. 确保管网运行安全

2. 在热力管道的热伸长计算中，热伸长计算公式 $\Delta L = aL\Delta t$ 中的 a，其物理意义是（　　）。

A. 管道膨胀系数　　　　　　　　　　　B. 管道体膨胀系数

C. 管道面膨胀系数　　　　　　　　　　D. 管道线膨胀系数

3. 利用热力管道几何形状所具有的弹性吸收热变形，是最简单经济的补偿，在设计中首先采用。这种补偿叫做（　　）。

A. 直接补偿　　　B. 弯头补偿　　　C. 自然补偿　　　D. 管道补偿

4. 制造方便，补偿能力大，轴向推力小. 但占地面积较大的补偿器是（　　）。

A. 方形补偿器　　　B. Z 形补偿器　　　C. 波形补偿　　　D. 填料式补偿器

5. 有补偿器装置的管道，在补偿器安装前，管道和固定支架（　　）进行固定连接。

A. 必须　　　　B. 应首先　　　　C. 可以　　　　D. 不得

6. 热力管道的施工过程中，下面哪种连接仅仅适用于小管径、小压力和较低温度的情况(　　)。

    A. 螺纹连接   B. 法兰连接   C. 焊接   D. 密封圈连接

    7. 除埋地管道外,(　　)制作与安装是管道安装中的第一道工序。

    A. 补偿器   B. 管道支架   C. 弯管   D. 套管

    8. 下列关于供热管道的连接方式中不正确的说法是(　　)。

    A. 螺纹连接(丝接) B. 法兰连接   C. 承插   D. 焊接

三、多项选择题

    1. 下列关于补偿器的叙述正确的是(　　)。

    A. 最常见的管道自然补偿法是将管道两端以任意角度相接,多为两管道垂直相交,其补偿能力很大

    B. 波形补偿器分为内部带套筒与不带套筒两种,带套筒的耐压能力突出

    C. 方形补偿器由管子弯制或由弯头组焊而成

    D. 填充式补偿器易漏水漏气,需经常检修和更换填料

    E. 填充式补偿器内外管间隙之间用填料密封,内插管可以随温度变化自由活动,从而起到补偿作用

    2. 以下关于直埋热力管道的叙述正确的是(　　)。

    A. 直埋热力管道的折点处设置的混凝土固定墩,钢筋应双层布置

    B. 直埋热力管道穿过固定墩处,孔边应设置加强筋

    C. 直埋热力管道与燃气管道的垂直最小净距随燃气管道压力不同而有不同要求

    D. 直埋蒸汽管道与直埋热水管道同给水、排水管道之间的最小水平净距要求不同

    E. 直埋蒸汽管道与地铁之间的最小水平净距要求要高于其与普通铁路之间的最小水平净距要求

    3. 热力管道施工前应该注意的问题有(　　)。

    A. 熟悉设计图纸,对图纸中不明白的地方,可以不用管

    B. 钢管的材质和壁厚偏差应符合国家现行钢管制造技术标准,必须具有制造厂的产品证书,证书中所缺项目应作补充检验

    C. 热力管网中所用的阀门,可以没有制造厂的产品合格证和工程所在地检验部门的检验合格证明

    D. 管网工程的测量范围,应从热源外墙测至供热点或与用户连接的井室

    E. 施工前,应对开槽范围内的地上地下障碍物进行现场核查以及坑探

    4. 热力管道施工中穿越工程的(　　)应取得穿越部位有关管道单位的同意和配合。

    A. 管材及其附件   B. 施工方法   C. 施工策划

    D. 工作坑的位置   E. 工程进行程序

    5. 对已预制(　　)的热力管道及附件,在吊装和运输前须制定严格的防止损坏的措施,并认真实施。

    A. 保护层   B. 防腐层   C. 保温层

    D. 弯头   E. 袖套

    6. 在热力管道的施工过程中,热力管道的连接主要有下面的哪几项:(　　)。

    A. 螺纹连接   B. 混凝土连接   C. 法兰连接

D. 焊接　　E. 密封圈连接

7. 以下关于热力管道施工正确的是(　　)。

A. 在施工中热力管道的连接主要有螺纹连接、法兰连接以及焊接

B. 管道穿过墙壁、楼板处应安装套管

C. 穿越工程的施工方法、工作坑的位置以及工程进行程序不必取得穿越部位有关管理单位的同意和配合

D. 土方开挖到槽底后，应有设计人验收地基，对松软地基应由设计人提出处理意见

E. 沟槽、井室的主体结构经隐蔽工程验收合格以及竣工测量后，回填土可暂不回填

【参考答案】

项目 3

燃气管道施工

能力目标

1. 能正确识读市政燃气管道工程施工图纸,会对图纸中材料用量进行核算。
2. 能根据施工图纸与现场实际条件选择和制定燃气管道工程施工方案。
3. 能按照施工规范对常规燃气管道工程关键工序进行施工操作。
4. 能根据施工图纸和施工实际条件编写一般燃气管道工程施工技术交底。
5. 能根据燃气工程质量检验方法及验收规范进行燃气管道分项工程的安全质量验收。

项目导读

本项目主要内容包括燃气项目的工程识图、施工组织及施工管理、工程质量的检测及安全管理。在这三个环节中结合工程案例,系统地介绍了燃气输配系统的构成、管网的压力机制、管材及附属设施、施工流程的组织、管道及附属设备的安装等。

任务 3.1 燃气管道施工图识读

3.1.1 任务描述

工作任务

识读燃气管道施工图，完成工程数量核对和管道高程、管件、设备等位置的复核。

具体任务如下。

（1）查阅图纸是否齐全，设计说明是否完备。

（2）明确工程内容，明确本管线位置，核对管件、阀门等附属设施的管线位置及工程特性。

（3）根据施工设计图纸，核对管道标高、管径，确定相邻、相交管线的位置，查阅相关规范，核对燃气管线与其他管线及相邻建、构筑物的间距是否满足要求。

（4）管道基础的开挖、管道的埋深、管道的覆土回填是否满足要求。

工作手段

《城镇燃气设计规范》（GB 50028—2006）、《城镇燃气输配工程施工及验收规范（附条文说明）》（CJJ 33—2005）、《现场设备、工业管道焊接工程施工规范》（GB 50236—2011）、《聚乙烯燃气管道工程技术规程（附条文说明）》（CJJ 63—2008）、《钢制管道熔接环氧粉末外涂层技术规范》（SY/T 0315—2013）、《钢制对焊无缝管件》（GB/T 12459—2005）、《埋地钢制管道阴极保护技术规范》（GB/T 21448—2008）、《燃气阀门的试验与检验》（CJ/T 3055—1995）等。

成果与检测

（1）每位学生根据组长分工完成部分识读任务，每个小组完成一份识图任务单。

（2）采用教师评价和学生互评的方式打分。

3.1.2 相关知识

1. 城镇燃气输配系统的组成、分类及构造

燃气是由多种可燃气体（包括甲烷、一氧化碳、氢和碳氢化合物等）和不可燃气体（包括二氧化碳、氮等）组成的混合气体。城镇燃气通常分为四大类：天然气、人工煤气、液化石油气及沼气。作为城市用气的主供气源为天然气，它具有燃烧时发热量大，清洁环保，易调节，使用方便等特点，是城市中的一种理想能源。

1）燃气管道系统的组成

燃气经长距离输气系统送至城市门站，在门站经调压、计量、加臭后由城市燃气管网系统输送分配到居民、公建、工业等各类用户使用。通常，城市燃气管道系统是指自气源厂或城市门站起至各类用户引入管的所有室外燃气管道。燃气管道系统包含各种压力级的

管道、阀门及附属设施，现代化的城市燃气管道系统还包含有管理、监控等设施。

2）燃气管道的分类

我国城镇燃气管道设计压力有多种，具体如表 3-1 所示。

表 3-1　燃气管道的分类

名　　称		压力 P/MPa
高压燃气管道	高压燃气管道 A	$2.5<P\leqslant4.0$
	高压燃气管道 B	$1.6<P\leqslant2.5$
次高压燃气管道	次高压燃气管道 A	$0.8<P\leqslant1.6$
	次高压燃气管道 B	$0.4<P\leqslant0.8$
中压燃气管道	中压燃气管道 A	$0.2<P\leqslant0.4$
	中压燃气管道 B	$0.01<P\leqslant0.2$
低压燃气管道		$P<0.01$

（1）高压燃气管道。高压燃气管道分为高压燃气管道 A（$2.5\text{MPa}<P\leqslant4.0\text{MPa}$）及高压燃气管道 B（$1.6\text{MPa}<P\leqslant2.5\text{MPa}$）。前者通常是贯穿省、地区或连接城镇的长输管线，它有时也构成大型城镇输配管网系统的外环网。

（2）次高压燃气管道。次高压燃气管道分为次高压燃气管道 A（$0.8\text{MPa}<P\leqslant1.6\text{MPa}$）及次高压燃气管道 B（$0.4\text{MPa}<P\leqslant0.8\text{MPa}$）。

（3）中压燃气管道。中压燃气管道分为中压燃气管道 A（$0.2\text{MPa}<P\leqslant0.4\text{MPa}$）及中压燃气管道 B（$0.01\text{MPa}<P\leqslant0.2\text{MPa}$），中压燃气管道必须通过区域调压站或用户专用调压站才能给城镇分配管网中的低压和中压管道供气，或给工厂企业、大型公共建筑用户及锅炉房供气。

（4）低压燃气管道。居民用户和小型公共建筑用户一般直接由低压管道（$P<0.01\text{MPa}$）供气。低压管道输送人工燃气时，压力不大于 2kPa；输送天然气时，压力不大于 3.5kPa。

城镇燃气管网系统中各级压力的干管，特别是中压以上压力较高的管道，应连成环网，初建时也可以是半环状或枝状管网，但应逐步构成环网。

3）燃气管道的构造

燃气管道的构造一般包括基础、管道、覆土三部分。燃气管道的基础用来防止管道不均匀沉陷造成管道破裂或接口损坏而漏气。同给水管道一样，燃气管道一般情况下也有天然基础、砂基础、混凝土基础三种，使用情况同给水管道。燃气管道埋设在地面以下，其管顶以上应有一定厚度的覆土，以保证在正常使用时管道不会因各种地面荷载作用而损坏。燃气管道宜埋设在土层冰冻线以下，在车行道下覆土厚度不得小于 0.8m；在非车行道下覆土厚度不得小于 0.6m。

2. 燃气管道的布置

燃气管道敷设要在保证安全、可靠地供应各类用户正常压力和足够流量燃气的前提下，尽量缩短管线，以节省投资和费用。在城镇燃气管网供气规模、供气方式和管网压力级制选定以后，应根据气源规模、用气量及其分布、城市状况、地形地貌、地下管线与构筑物、管材设备供应条件、施工和运行条件等因素综合考虑，全面规划，远近结合，进行分期建设的安排，并按压力高低，先布置高、中压管网，后布置低压管网。图 3.1 所示为某区域燃气管网的系统布置图。

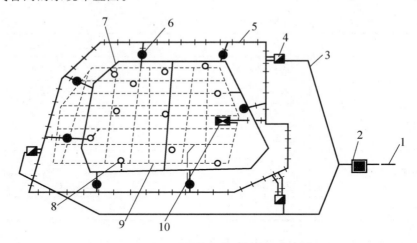

图 3.1 某区域燃气管网的系统布置图

1—长输管线；2—城镇燃气分配站；3—郊区高压管道(1.2MPa)；4—储气站；5—高压管网；

6—高/中压调压站；7—中压管网；8—中/低压调压站；9—低压管网；10—煤制气厂

1) 燃气管网的布置形式

按照用气建筑物的分布情况和用气特点，室外燃气管网的布置形式可分为四种形式，如图 3.2 所示。

(1) 树枝式。此种形式工程造价较低，便于集中控制和管理，但当干线上某处发生故障时，其他用户的供气会受影响。

(2) 双干线式。采用双管布置干线，为确保居民或重要用户的基本用气，平时两根干管均投入使用，而当一根干管出现故障需要修理时，另一根干管仍能使用。

(3) 辐射式。此种管网布置方式适合于区域面积不大且用户比较集中时采用。从干管上接出各支管，形成辐射状，由于支管较长而干管较短，所以，干管的可靠性增加，其他用户的用气不会因某个支管的故障或修理而受影响。

(4) 环状式。环状管网的供气可靠。要尽量将城市管网或用气点较分散的工矿企业设计成环状式，或逐步形成环状管网。

为便于在初次通入燃气之前排除干管中的空气，或在修理管道之前排除剩余的燃气，以上四种布置形式都须设有放散管。

2) 燃气管道布置原则

燃气管道的布置原则如下。

(1) 燃气管道的布置首先要根据管道压力做出划分。通常，低压燃气干管敷设在城市庭院内，高压干管敷设在城市外围或靠近大型工业用户，中压干管敷设在城市道路下，满足居民及工业用户的需要。

(2) 低压燃气干管通常敷设在庭院道路下，可同时保证管道两侧供气，节省投资。

(3) 高、中压燃气干管应靠近大型用户，尽量靠近调压站，以缩短支管长度。为保证燃气供应的可靠性，主要干线应逐步连成环状。

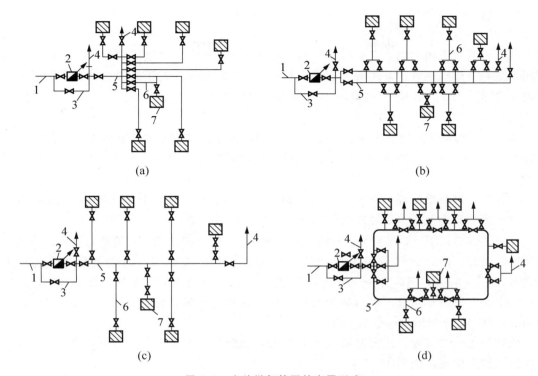

图3.2   室外燃气管网的布置形式

（a）树枝式；（b）双干线式；（c）辐射式；（d）环状式

1—燃气源；2—气表；3—旁通管；4—放散管；5—主干管；6—支管；7—用气点

（4）城镇燃气管道应布置在道路下，尽量避开主要交通干道和繁华的街道，以减少施工难度和运行、维修的麻烦，并可节省投资。

（5）沿街道敷设燃气管道时，可以单侧布置，也可以双侧布置。一般在街道很宽，横穿道路的支管很多，道路上敷设有轨电车轨道，输送燃气量较大，单侧管道不能满足要求时采用双侧布置。

（6）燃气管道不准敷设在建筑物、构筑物下面，不准与其他管道上下重叠平行布置，并禁止在下列场所之下敷设：

① 机械设备和货物堆放地；

② 易燃、易爆材料和腐蚀性液体的堆放场所；

③ 高压电线走廊。

燃气管道要尽可能避免穿越铁路、河流、主要公路和其他较大障碍物，必须穿越时应有防护措施。

（7）结合土壤性质、腐蚀性能和冰冻线深度，调整管线布置。

3. 燃气管材、管件及附属设备

用于输送燃气的管材种类很多，常用的燃气管材主要有以下几种：钢管、铸铁管、塑料管。在管网的适当位置要添加必要的附属设备以确保检修方便和安全运行。附属设备包括阀门、补偿器、排水器、放散管等。

1）常用燃气管材

常用燃气管材有以下几种。

（1）钢管：常用的钢管主要有焊接钢管和普通无缝钢管。焊接钢管中用于输送燃气的常用管道是直焊缝钢管，常用管径范围为 DN6mm～150mm。对于大口径管道，可以采用直缝卷焊管（DN200mm～1800mm）和螺旋焊接管（DN200mm～700mm），其管长为 3.8～18m。

通常，无缝钢管适用于各种压力级别的城市燃气管道；焊接钢管有低压流体输送用焊接钢管、螺旋缝电焊钢管和钢板卷制直缝电焊钢管，后二者多用于直径大于 159mm 的燃气管道。

钢管的壁厚要根据埋设地点、土壤和路面荷载情况而定，一般不小于 3.5mm，当管道穿越重要障碍物及土壤腐蚀性较强的地段时，壁厚不小于 8mm。

（2）铸铁管：用于燃气输配管道的铸铁管现在均采用球墨铸铁管，通常为铸模浇铸或离心浇筑铸铁管。国内燃气管道常用普压连续铸铁直管、离心承插直管及管件，直径为 DN75mm～1500mm，壁厚为 9～30mm，长度为 3～6m。为了提高铸铁管的抗震性能，降低接口操作难度与劳动强度，国内研制的柔性接口铸铁管已推广使用，直径为 DN100mm～500mm，气密性试验压力可达 0.3MPa。

铸铁管的抗拉强度、抗弯曲及抗冲击能力不如钢管，但其抗腐蚀性比钢管好，在中、低压燃气管道中被广泛采用。

（3）塑料管：又称 PE 管，是当前城镇燃气管道使用最多的一种管材。燃气管道采用的塑料管为聚乙烯管。通常可分为中密度聚乙烯管、高密度聚乙烯管和尼龙-11 塑料管等。管外径与壁厚的比值（SDR 值）是评价 PE 管材性能的一个重要指标。与钢管、铸铁管相比较，塑料管具有材质轻、耐腐蚀性好、施工方便等优点，但机械强度较低，适用于环境温度在（-5～60）℃范围内的中低压燃气管道。由于塑料管的刚性较差，施工时必须夯实槽底土。

2）管道的连接方式

钢管的连接方式主要为焊接、法兰连接；铸铁管一般采用承插、螺旋压盖和法兰连接；塑料管连接方式可采用螺纹连接、热熔连接和电熔连接等。

（1）埋地燃气管道中，当管材采用铸铁管时，一般采用承插连接。

（2）采用焊接铜管螺纹连接时，填料为聚四氟乙烯生料带、黄粉甘油调和剂、厚白漆等，不得使用麻丝为填料。

（3）管材采用焊接时，DN≥50mm 采用电焊连接，DN≤50mm 采用氧-乙炔焊焊接。

（4）燃气管道与法兰阀门、设备连接时，应采用法兰连接，法兰垫片按下列要求选用：

① DN≤300mm，采用橡胶石棉板，厚度为 3～5mm，不得使用橡胶板或石棉板作垫片；

② 300mm＜DN≤450mm，采用油浸石棉纸垫片；

③ DN＞450mm，采用焦油或红铅油浸过的石棉绳。

3）附属设备

为了保证燃气管网的安全运行，并考虑到接线、检修的方便，在燃气管网的适当位置要设置必要的附属设备，包括阀门、法兰、补偿器、排水器、放散管等。

（1）阀门：项目 1 中已有详细介绍，此处不再赘述。

（2）法兰：一种标准化的可拆卸连接形式。燃气管网常用法兰可分为三种：平焊法兰、对焊法兰和螺纹连接法兰。

① 平焊法兰：将管端插入法兰内径一定深度后，法兰与管端采用焊接固定。一般用于 $P \leqslant 1.6\text{MPa}$，$T \leqslant 250℃$ 的条件下，是燃气工程中应用最广泛的一种法兰形式。

② 对焊法兰：法兰与管端采用对口焊接。

③ 螺纹法兰：法兰内径表面加工成管螺纹，可用于 $DN \leqslant 50\text{mm}$ 的低压燃气管道。

法兰选用通常遵循以下规则。

① 标准法兰应按照公称直径和公称压力来选用，当知道工作压力时，需依据法兰材质和工作温度换算成公称压力来选用。

② 法兰材质一般应与钢管材质一定。

③ 法兰的结构尺寸按所选用的法兰标准号确定。

（3）补偿器：补偿器是调节管线因温度变化而伸长或缩短的配件。常用于架空管道和需要进行蒸汽吹扫的管道上。此外，补偿器安装在阀门的下侧（按气流方向），利用其伸缩性能，方便阀门的拆卸和检修。

（4）排水器：排水器是用于排除燃气管道中冷凝水和石油伴生气管道中轻质油的配件，由凝水罐、排水装置和井室三部分组成。管道敷设时应有一定坡度，以便在低处设排水器，将汇集的水或油排出。

（5）放散管：一种专门用来排放管道内部的空气或燃气的装置。放散管设在阀门井中时，在环网中阀门的前后都应安装，而在单向供气的管道上则安装在阀门之前。

4. 燃气管道施工图识读

燃气管道施工图的识读是保证工程施工质量的前提，一套完整的燃气管道施工图包括目录、施工说明、主要材料及设备表、管线平面图及其他大样图等。

（1）燃气管道施工图识读基本方法：

查看目录→阅读施工说明→识读管线平面图→核对设备材料表。

（2）识读燃气管道施工图具体要求。燃气管道施工图主要体现的是管道在平面上的相对位置及管道敷设地带一定范围内的地形、地物和地貌情况，结合施工说明，识读时应注意以下几方面的内容。

① 图纸比例、说明和图例。

② 管道施工地带道路的宽度、长度、中心线坐标、折点坐标及路面上的障碍物情况。

③ 管道的管径、管材、埋设深度、转弯处及有分支管处坐标、中心线的方位角、管道与道路中心线或永久性地物间的相对距离，以及管道穿越障碍物的坐标等。

④ 管道的敷设坡度、水平距离，与本管道相交、相近或平行的其他管道的位置及交叉处的标高。

⑤ 阀门、管件、附属设施及基础构筑物等的位置。

⑥ 核对主要设备、材料。

3.1.3 案例示范

1. 案例描述

完成图 3.3 中燃气管道施工图识读，具体任务如下。

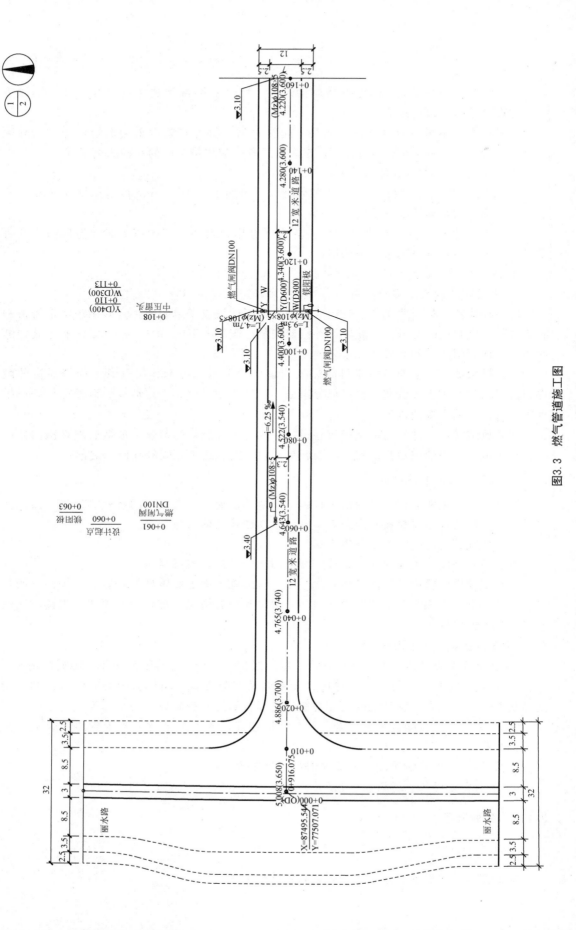

图3.3 燃气管道施工图

图3.3 燃气管道施工图（续）

（1）明确工程内容，查看燃气管线及沿途变化，明确工程管材、接口、基础的类型。

（2）结合设计规范判断各类阀门、法兰等附属结构的设置是否正确。

（3）核算工程量，填写表 3-2《主要材料、设备一览表》。

表 3-2 主要材料、设备一览表

序号	名称	型号及规格	单位	数量	材料	备注

（4）施工图中燃气管道的标高为管顶标高，随路面标高而有所变化，分别校核路面标高最大处、最小处、管顶标高最大处和最小处，管道埋深是否满足要求，填写表 3-3。

表 3-3 管道高程及覆土深度一览表

序号	管道编号	管径	路面标高	管顶标高	管道覆土厚度

2. 案例分析与实施

案例分析与实施的内容如下。

（1）明确工程内容，查看燃气管线沿途变化，明确工程管材、接口、基础的类型。

结合施工图说明及平面布置图可以确定如下。

该中压燃气管道敷设在西起丽水路东至金华路的 12m 宽道路的北侧，管线距离道路中心线 2.3m，起点（0+060），设计路面标高及原地形标高为 4.643（3.540）m，位于杭州丝绸印染厂门前，终点（0+286.554），设计路面标高及原地形标高为（4.522，3.567）m。管道全程敷设管径为 $\phi108mm \times 5mm$ 的无缝钢管。在管线（0+108）、（0+205）处中压留头，各设置有等径四通一个，在燃气管线北侧南侧分别设置有 RQZ48W-8 DN100mm 燃气闸阀各一个，阀门与管道通过管道专用膨胀节连接，闸阀据水平管线距离分别为 4.7m 及 9.3m，各阀门配套镁阳极作防腐保护措施。沿途相邻管线有雨水管和污水管，管间距满足要求。

（2）结合设计规范判断各类阀门、法兰等附属结构的设置是否正确。

根据《城镇燃气设计规范》（GB 50028—2006）规定，判定本图中各类阀门、法兰等附属结构的设置正确。

（3）核算工程量，填写表 3-4《主要材料、设备表》。

表 3-4　主要材料、设备表

序号	名称	型号及规格	单位	数量	材料	备注
一	阀门与设备					
1	燃气闸阀（带法兰）	RQZ48W-8 DN100mm	套	4		配凸面法兰
2	燃气管道专用膨胀节	10SGMZP100×4-F	套	4		配凸面法兰
二	管材					
1	无缝钢管	GB/T 8163—1999 ϕ108mm×5mm	m	255	20#	
三	钢制管件					
1	等径四通	CR(S)-100B-Sch20	只	2	20#	焊接接口按ϕ108mm× 5mm 焊接要求处理
2	钢板	Q235-B δ=8	m^2	0.1		
四	防腐材料					
1	熔接环氧煤粉		公斤	124		
2	镁阳极（11kg）		组	4		
3	参比电极		组	1		

（4）施工图中燃气管道的标高为管顶标高，随路面标高而有所变化，分别校核路面标高最大处、最小处、管顶标高最大处和最小处，管道埋深是否满足要求，填写表 3-5。

表 3-5　管道高程及覆土深度一览表

序号	管道编号	管径/mm	设计路面 标高/mm	道路坡度 i/‰	管顶标高/m	管道覆土 厚度/m
1	0+060	ϕ108×5	4.643	6.25	3.40	1.243
2	0+108	ϕ108×5	4.343	6.25	3.10	1.243
3	0+205	ϕ108×5	4.147	2.45	3.10	1.047
4	0+286.55	ϕ108×5	4.522	2.45	3.30	1.222

分析：核算燃气管道覆土厚度，已知路面标高和管顶标高，则二者相减即是管道覆土厚度。若不知路面标高，则管道覆土厚度如下测试：

覆土厚度=管道起点标高-起点至被测点距离×道路坡度-管顶标高

例如，（0+108）处的覆土厚度为：4.643m-(108-60)m×6.25‰-3.10m=1.243m

习 题

一、判断题

1. 作为城市用气的主供气源为天然气，它具有燃烧时发热量大，清洁环保，易调节，使用方便等特点，是城市中的一种理想能源。　　　　　　　　　　　　　　（　　）

2. 通常，城市燃气管网系统是指自气源厂或城市门站起至各类用户引入管的所有室外燃气管道。　　　　　　　　　　　　　　　　　　　　　　　　　　　（　　）

3. 中压输气管通常是贯穿省、地区或连接城镇的长输管线。　　　　　　　（　　）

4. 燃气管道不准敷设在铁路、河流下面。　　　　　　　　　　　　　　　（　　）

5. 城镇燃气管道应布置在道路下，尽量避开主要交通干道和繁华的街道，以减少施工难度和运行、维修的麻烦，并可节省投资。　　　　　　　　　　　　　　　（　　）

6. 环状管网的供气可靠，因此要尽量将城市管网或用气点较分散的工矿企业设计成环状式，或逐步形成环状管网。　　　　　　　　　　　　　　　　　　　　（　　）

二、单项选择题

1. 西气东输管道属于（　　　　）燃气管道。

A. 高压 A　　　　　　B. 次高压 A　　　　　　C. 高压 B　　　　　　D. 次高压 B

2. 输气压力为 1.2MPa 的燃气管道为（　　　　）燃气管道。

A. 次高压 A　　　　B. 次高压 B　　　　　C. 高压 A　　　　　D. 高压 B

3. 高压和中压 A 燃气管道应采用下面哪种管材：（　　　　）。

A. 钢管　　　　　　B. 机械接口铸铁管　　C. 聚乙烯管材　　D. 聚氯乙烯管材

4. 高压燃气管道应采用（　　　　）。

A. 钢管　　　　　　B. 机械接口铸铁管　　C. PE 管　　　　D. 承插接口铸铁管

5. 燃气通过旁通管供给用户时，管网的压力和流量是由手动调节旁通管上的（　　　　）来实现。

A. 减压阀　　　　　B. 阀门　　　　　　　C. 安全阀　　　　D. 放气阀

6. （　　　　）是作为消除管段胀缩应力的设备，常用于架空管道和需要进行蒸汽吹扫的管道上。

A. 过滤器　　　　　B. 补偿器　　　　　　C. 调压器　　　　D. 引射器

7. 为了排除燃气管道中的冷凝水和石油伴生气管道中的轻质油，管道敷设时应有一定坡度，以便在低处设（　　　　），将汇集的水或油排出。

A. 排水器　　　　　B. 过滤器　　　　　　C. 调压器　　　　D. 引射器

8. 为了保证燃气管网的安全与操作方便，地下燃气管道的阀门一般都设置在（　　　　）。

A. 地上　　　　　　B. 阀门盖　　　　　　C. 阀门井　　　　D. 保温层

9. 在燃气输配系统中，调压器是一个（　　　　）。

A. 升压设备　　　　B. 降压设备　　　　　C. 恒压设备　　　D. 稳压设备

10. 当调压器、过滤器检修或发生事故时，用作切断燃气的附属设施是（　　　　）。

A. 安全装置　　　　B. 旁通管　　　　　　C. 阀门　　　　　D. 补偿器

三、多项选择题

1. 地下燃气管道不得从（ ）的下面穿越。

A. 建筑物　　　B. 河流　　　C. 铁路　　　D. 大型构筑物　　　E. 公路

2. 聚乙烯管道可适用压力范围为（ ）。

A. 低压　　　B. 中压　　　C. 次高压　　　D. 高压　　　E. 超高压

3. 为了确保管网运行安全，并考虑到检修、接线的需要，要在管道的适当地点设置必要的附属设施，包括下面的哪些（ ）。

A. 阀门　　　B. 旁通管　　　C. 补偿器　　　D. 排水器　　　E. 放散管

4. 下面关于城市燃气管网系统的叙述中正确的是（ ）。

A. 城市燃气管网系统中各级压力的干管，特别是中压以上压力较高的管道，应连成环网

B. 城市燃气管网系统中各级压力的干管，特别是中压以上压力较高的管道，可以是半环形或枝状管道，不必构成环网

C. 城市、工厂区和居民点可由长距离输气管线供气

D. 个别距离城市燃气管道较远的大型用户，经论证确系经济合理和安全可靠时，可自设调压站与长输管线连接

E. 除了一些允许设专用调压器的、与长输管线相连接的管道检查站用气外，单位居民用户不得与长输管线连接

5. 我国城市燃气管道根据输气压力一般分为（ ）等燃气管道。

A. 低压　　　B. 超低压　　　C. 中压　　　D. 次高压　　　E. 高压

6. 城市燃气管道包括（ ）。

A. 分配管道　　　　　　B. 工业企业燃气管道

C. 室内燃气管道　　　　D. 用户引入管

E. 工厂引入管

7. 燃气管道按敷设方式可分为（ ）。

A. 城市燃气管道　　　　B. 地下燃气管道长距离输气管道

D. 架空燃气管道　　　　E. 工业企业燃气管道

8. 供给居民生活、公共建筑和工业企业生产作燃料用的公用性质的燃气，主要有（ ）。

A. 人工煤气　　　B. 天然气　　　C. 液化石油气

D. 沼气　　　E. 氧气

【参考答案】

任务 3.2　燃气管道施工

3.2.1　任务描述

工作任务

具体任务如下。

（1）管道安装技术交底。

（2）准备管道安装材料、主要设备机具，进行管道施工安装。

（3）根据《城镇燃气输配工程施工及验收规范》（CJJ 33—2005），检查管道安装质量。

工作手段

《城镇燃气输配工程施工及验收规范》（CJJ 33—2005）、《现场设备、工业管道焊接工程施工规范》（GB 50236—2011）、《聚乙烯燃气管道工程技术规程（附条文说明）》（CJJ 63—2008）、《钢制管道熔接环氧粉末外涂层技术规范》（SY/T 0315—2013）、《钢制对焊无缝管件》（GB/T 12459—2013）、《埋地钢制管道阴极保护技术规范》（GB/T 21448—2008）、《燃气阀门的试验与检验》（CJ/T 3055—1995）等。

成果与检测

（1）以小组为单位，模拟给出燃气管道安装技术交底。

（2）以小组为单位，进行燃气管道安装质量检验。

（3）采用教师评价和学生互评的方式打分。

3.2.2　相关知识

1. 燃气管道的敷设

目前市政燃气管道一般都采用埋地敷设，当管道穿越障碍物时，可采用加套管非开挖敷设或架空敷设。埋地敷设时，高压燃气管道宜采用钢管；中、低压燃气管道可采用球墨铸铁管和聚乙烯管。

1）埋地燃气钢管敷设

埋地燃气钢管敷设应注意以下内容。

（1）燃气管道要按照设计图样的要求控制管道的平面位置、高程、坡度，与其他管道或者设施的间距要符合现行国家标准《城镇燃气设计规范》（GB 50028—2006）的相关规定。管道在保证与设计坡度一致且满足设计安全距离及埋深要求的前提下，管线高程和中心线允许偏差要控制在当地规划部门允许的范围内。

（2）管道在套管内敷设时，套管内的燃气管道不应有环向焊缝。

（3）管道下沟前，要清除沟内的所有杂物，管沟内积水要抽净。

（4）管道下沟应使用吊装机具，严禁采用抛、滚、撬等破坏防腐层的做法，吊装时应保护管口不受损伤。

（5）管道吊装时，吊装点间距不大于8m，吊装管道的最大长度不大于36m。

（6）管道在敷设时要在自由状态下安装连接，严禁强力组对。

（7）管道环焊缝间距不小于管道的公称直径，且不小于150mm。

（8）管道对口前要将管道、管件内部清理干净，不得存有杂物。每次收工时，敞口管端应临时封堵。

（9）当管道的纵断、水平位置折角大于22.5°时，必须采用弯头。

（10）管道下沟前必须对防腐层进行100％的外观检查，回填前要进行100％电火花检查，不合格必须返工处理，直至合格。

2）球墨铸铁燃气管道敷设

球墨铸铁燃气管道敷设应注意以下内容。

（1）管道安装就位时，要采用测量工具检查管段的坡度是否符合设计要求。若遇特殊情况，需变更设计坡度时，最小坡度不能小于0.3%，在管道上下坡度折转处或穿越其他管道之间时，个别地点允许连续3根管子坡度小于0.3%，管道安装在同一坡段内，不得有局部存水现象。管道安装不得大管坡向小管。

（2）管道或管件安装就位时，生产厂的标记应朝上。

（3）已安装的管道暂停施工时要临时封口。

（4）管道敷设时，弯头、三通和固定盲板处均要砌筑永久性支墩。

（5）临时盲板要采用足够的支撑，除设置端墙外，还要采用两倍于盲板承压的千斤顶支撑。

（6）球墨铸铁渐缩管不要直接接在管件上，其间必须先装一段短管，短管长度不小于1.0m。

（7）地下燃气球墨铸铁管线穿越狭窄车道时，以接头少者为佳，非不得已不得采用短管。

（8）两个承插口接头之间必须确保0.4m的净距。

（9）敷设在严寒地区的地下燃气球墨铸铁管道，埋设深度要在当地的冰冻线以下，当管道位于非冰冻地区时，通常埋设深度不小于0.8m。

（10）管道分叉后需改小口径时，要采用异径丁字管，若有困难，可以采用渐缩管。

（11）在球墨铸铁管上钻孔时，孔径要小于该管内径的1/3。当孔径不小于1/3时，要加装马鞍法兰或双承丁字管等配件，不得利用小径孔延接较大口径的支管。

（12）球墨铸铁管上钻孔后，若需堵塞，要采用铸铁实心管堵，不得用白铁管堵。

3）聚乙烯燃气管道敷设

聚乙烯燃气管道敷设应注意以下内容。

（1）干管、支管敷设注意事项。

① 聚乙烯燃气管道要在沟底标高和管基质量检查合格后，方准敷设。

② 聚乙烯燃气管道可蜿蜒状敷设，并可随地形弯曲敷设，但其允许弯曲半径要符合规定。

③ 聚乙烯燃气管道埋设的最小管顶覆土厚度要符合规定。

④ 聚乙烯燃气管道敷设时，要随管走向埋设金属示踪线；距管顶不小于300mm处要埋设警示带，警示带上要标出醒目的提示字样。

⑤ 聚乙烯燃气管道下管时，要防止划伤、扭曲及过大的拉伸和弯曲。

⑥ 盘管敷设采用拖管法施工时，拉力不大于管材屈服拉伸强度的50%。

⑦ 盘管敷设采用煨管法施工时，管道允许弯曲半径要符合规定。

（2）插入管敷设注意事项。

改造更新燃气管道中，采用燃气PE管内插施工技术就是近几年出现新的燃气管道敷设方法。PE管内插敷设法是在不开挖或少开挖路面的条件下探测、检查、修复、更换和敷设各种地下燃气管线的种施工技术方法，即将PE管插入铸铁管或钢管后，形成一种新的管道结构，使PE管的防腐性能和原管线的机械性能合而为一，从而提高管道的整体性能。

该技术的关键是能否一次成功穿越燃气旧管道，保证 PE 管芯表面和管身在拖管过程中不受损伤。要达到上述目标，就必须经过：清管——探管——拖管——焊接——固化等环节，涉及拉力控制、PE 管芯的防护及焊接等问题，既要考虑到 PE 管的许可曲率半径，又必须注意到通过弯管和上下落差较大处的限制，还要考虑 PE 管芯所承受的抗拉极限。同时管道焊接工艺的控制，直接关系到工程的实施能否获得成功，最后为稳固 PE 芯管还必须对其进行固化处理。

例如，上海黄浦区西藏路（南京路—新闸路）段旧燃气管道改造就采用了聚乙烯管道内插法。该工程在原有铸铁管内部穿越 PE 管，将原有 0.1MPa 的 D450 铸铁管改换成 0.4 MPa 的 D300PE 中压管道。整个施工过程全部采用非开挖水平定向钻施工，全线施工长度超过 400m。工程位置地处交通要道，地下管线分布不明，管件和水井位置不确切，有时垂直落差接近 2m。在改造更新施工中，在不开挖路面的情况下，采用定向钻机作为旧管道清洗动力设备；采用定向钻机作为牵引 PE 管芯的动力设备；通过对内外管道间隙注浆施工工艺，保证内插 PE 芯性管的稳定性、安全性和可靠性。

① 聚乙烯燃气管道插入管敷设，插入起始段要挖出一段工作坑，其长度要满足施工要求，并要确保管道允许弯曲半径符合规定。

② 聚乙烯燃气管道插入施工前，要使用清管设备清除旧管内壁沉积物、锋锐凸缘及其他杂物，并要用压缩空气吹净管内杂物。

③ 聚乙烯燃气管道插入施工前，要对已连接好的聚乙烯燃气管道进行气密性试验，试验合格后，方可插入施工。插入后，要对插入管进行强度试验。

④ 插入施工时，必须在旧管插入端加上一个硬度比插入管小的漏斗形导滑口。

⑤ 插入管采用拖管法施工时，拉力不大于管材屈服拉伸强度的 50%。

⑥ 插入管各管段端口环形空间要用 O 形橡胶密封圈、塑料密封套或填缝材料密封。

⑦ 在两个插入段之间，必须留出冷缩余量和管道不均匀沉降余量，并在每段适当长度加以铆固或固定。

（3）管道穿越敷设注意事项。

在可行及合乎经济效益下，可考虑使用适当的非开挖技术，如导向钻管、锻模套管、气动钻管、破管法等实施穿越工程。图 3.4 所示为导向钻管穿越。

① 聚乙烯燃气管道穿越铁路、道路及河流的敷设期限、程序及施工组织方案，要征得有关管理部门的同意。

② 聚乙烯燃气管道穿越工程采用打洞机械施工时，必须确保穿越段周围建筑物、构筑物不发生沉陷、位移和破坏。

③ 聚乙烯燃气管道利用柔性自然弯曲改变走向时，其弯曲半径应不小于 25 倍的管材外径。

④ 聚乙烯燃气管道敷设时，要从管端开始同时随管道走向敷设示踪线，示踪线的接头要有良好的导电性。

⑤ 聚乙烯燃气管道敷设完毕后，要对外壁进行外观检查，不得有影响产品质量的划痕、磕碰等缺陷。检查合格后，方可对管沟进行回填，并做好记录。

4）室外架空燃气管道的敷设

室外架空的燃气管道，可沿建筑物外墙或支柱敷设，并应符合下列要求。

图 3.4　导向钻管穿越

（1）中压和低压燃气管道，可沿建筑耐火等级不低于二级的住宅或公共建筑的外墙敷设；次高压、中压和低压燃气管道，可沿建筑耐火等级不低于二级的丁、戊类生产厂房的外墙敷设。

（2）沿建筑物外墙敷设的燃气管道距住宅或公共建筑物门、窗洞口的净距：中压管道应不小于 0.5m，低压管道应不小于 0.3m。燃气管道距生产厂房建筑物门、窗洞口的净距不限。

（3）架空燃气管道与铁路、道路和其他管线交叉时的垂直净距应不小于表 3-6 的规定。

表 3-6　架空燃气管道与铁路、道路和其他管线交叉时的垂直净距

建筑物和管线名称		燃气管道下最小垂直净距/mm	燃气管道上最小垂直净距/mm
铁轨轨面		6.0	—
城市道路路面		5.5	—
厂区道路路面		5.0	—
人行道路路面		2.2	—
架空电力线	3kV 以下	—	1.5
	（3～10）kV	—	3.0
	（35～66）kV	—	4.0
其他管道	≤300mm	同管道管径，但不小于 0.1	同管道管径，但不小于 0.1
	>300mm	0.3	0.3

注：1. 厂区内部的燃气管道，在保证安全的情况下，管底至道路路面的垂直净距可取 4.5m；管底至铁路轨顶的垂直净距，可取 5.5m。在车辆和人行道以外的地区，可在从地面到管底高度不小于 0.35m 的低支柱上敷设燃气管道。

2. 电气机车铁路除外。

3. 架空电力线与燃气管道的交叉垂直净距还应考虑导线的最大垂度。

2. 燃气管道的安装

燃气具有易燃易爆性、有毒有害性、对管道的堵塞和腐蚀性，其管道敷设安装要求更加严格。燃气管道一般都很长，应采取分段流水作业，即根据施工力量，合理安排，分段施工。

1）燃气管道的安装要求

燃气管道的安装要求如下。

（1）地下燃气管道埋设的最小覆土厚度（路面至管顶）要满足表 3-7 的要求。如果采取有效的防护措施后，表中的数值均可适当降低。

表 3-7　地下燃气管道埋设的最小覆土厚度　　　　　　　　　　（单位：m）

埋设位置	车行道下	非车行道下	埋设位置	机动车不可能到达位置	水田下
最小覆土厚度	≥0.9	0.6	最小覆土厚度	≥0.3	≥0.8

注：管道敷设在冰冻层下，无论干燃气还是湿燃气，都应考虑冻土可能产生的热胀冷缩。

（2）地下燃气管道穿过排水管、热力管沟、隧道及其他各种用途沟槽时，要将燃气管道敷设在套管内。套管伸出构筑物外壁不小于 0.1m。钢套管要防腐，套管两端的密封材料应采用柔性的防腐、防水材料。

（3）燃气管道穿越铁路及电车轨道时，要敷设在套管或涵洞内；在穿越城镇主要干道时应敷设在套管或地沟内，并要符合下列要求。

① 套管直径比燃气管道直径大于 100mm，套管或地沟两端应密封，在重要地段的套管或地沟端部应安装检漏管。

② 套管端部距路堤坡脚距离不小于 1.0m，在任何情况下要满足：距铁路边轨要不小于 2.5m；距电车道边轨要不小于 2.0m；燃气管道应垂直穿越铁路、电车轨道和公路；燃气管道通过河流时，可以采用穿越河底、利用已建道路桥梁或采用管桥穿越的形式；当利用桥梁或管桥跨越河流时，要采取防火等安全保护措施。

（4）燃气管道穿越河底时，要符合下列要求。

① 燃气管道通常采用钢管。

② 燃气管道至规划河底的埋设深度，要按照水流冲刷条件确定，且不能低于 0.5m，对通航的河流还要考虑疏浚及投锚深度。

③ 稳管措施要按照计算确定。

④ 要在河流两岸设立标志。

（5）室外架空的燃气管道，可沿建筑物外墙或支柱敷设。当采用支柱架空敷设时，应符合下列要求。

① 管底至人行道路路面的垂直净距不能低于 2.2m，管底至车行道路路面的垂直净距不能低于 5m，管底至铁路轨顶的垂直净距不能低于 6m；厂区内部的燃气管道，在确保安全的情况下，管底至道路路面的垂直净距可取 4.5m，管底至厂区铁路轨顶的垂直净距，可以取 5.5m。

② 燃气管道与其他管道共架敷设时，要位于酸、碱等腐蚀性介质管道的上方，与其他相邻管道间的水平间距必须满足安装及维修的要求。

③ 输送湿燃气的管道要采取排水措施，在寒冷地区还要采取保温措施，且埋设在土壤冰冻线以下。地下燃气管道上的检测管、凝水器的排水管、水封阀和其他阀门，要设置护罩或护井。燃气管道坡向凝水器的坡度不应低于 0.003，凝水器间距通常不应超过 500m，中低压天然气管道可以少设凝水器。

（6）室外燃气管道的安装要符合《城镇燃气输配工程施工及验收规范》（CJJ 33—2005）的规定与要求。

（7）埋地钢管要按照土壤腐蚀性，进行不同的防腐绝缘，防腐绝缘前要进行彻底除锈，要求露出金属本色。已做好防腐绝缘层的管道，在堆放、装卸和安装时，必须采取有效措施，以确保防腐绝缘层不受损伤。

2）燃气管道的安装

燃气管道通常都很长，要采取分段流水作业，即按照施工力量，合理安排。分段施工中各施工工序通常也采取交叉作业方式。其主要施工流程如下。

（1）埋地燃气钢管的安装施工：

测量放线→开挖沟槽→排管对口→焊接→下管→通球试验→防腐→试压（强度试压和气密性试压）→回填。

（2）聚乙烯燃气管道的安装施工：

【参考视频】

测量放线→开挖沟槽→排管对口→熔接（电熔或热熔）→下管→试压（强度试压和气密性试压）→回填。

在燃气管道施工安装过程中，焊接、下管、防腐、试压及回填工序交叉进行。管道经排管对口点固焊接后，形成一定长度管段，经强度试压后管段下入沟槽，在预先设置好的工作坑内完成焊接连接，然后需进行无损检验，合格后对焊缝进行防腐处理（聚乙烯燃气管道熔接连接省略防腐工序），防腐等级必须满足设计要求，之后再进行覆土回填至一定深度（≤0.5m），最后经管路试压检验合格后，方可全部覆土回填至设计要求。

管沟开挖后应立即安装管道，同时开挖下一段。完成一段，立即回填（仅接口外露），避免长距离管沟长期暴露而影响交通发生安全事故、使管口锈蚀、防腐层损坏，或由于地面水进入管沟造成沟壁塌方、沟底沉陷、管道下沉或上浮、管内进水、管内壁锈蚀等。

分段施工是保证工程质量，减少事故，加快工程进度，降低工程造价的有效措施，这就需要合理组织挖土、管道组装、焊接、分段进行强度试验与严密性试验、分段吹扫、钢管焊口防腐包口、回填土等，尽可能地缩短工期。

天然气经过脱水后输送为干式输送，此时天然气中不含水分，管道的坡度随地形而定，要求不很严格。人工煤气管道运行中，会产生大量冷凝水，所以，敷设的管道要保持一定的坡度，以使管内的水能汇集于排水器排放。

地下人工煤气管道坡度规定为：中压管不低于 0.003；低压管道不低于 0.004。根据此规定和待敷设的管长进行计算，可选定排水器的安装位置与数量。但在市区地下管线密集地带施工时，若取统一的坡度值，将会因地下障碍而增设排水器，故在市区施工时，要按照设计与地下障碍的实际情况，对各段管道的实际敷设坡度综合布置，保持坡度均匀变化不能低于规定坡度要求。

3. 附属设备的安装

附属设备的安装包括阀门的安装、检漏管的安装、放散管的安装、补偿器的安装、排水器的安装、阀门井的安装。

1）阀门的安装

在燃气管道上常用的阀门的种类有截止阀、球阀、闸阀、蝶阀、旋塞等。阀门的安装，应方便今后操作及维修。新安装阀门一般应安装有放散口，并应作混凝土基础适当地承托阀门，以防止管道和连接处因承受阀门的重量而变形。每个阀门井内应放置一块刻有阀门编号和一块标示"开"或"关"的牌。

与中压 A 或中压 B 钢管连接的新安装阀门，应考虑地基稳定性、环境温差、管径及壁厚等因素而选择合适的阀门，若管道易受上述因素影响，应采用钢制阀门及有防腐保护，如以防蚀胶布包扎或涂上防锈漆油。

2）检漏管的安装

燃气泄漏易造成重大安全事故，所以不能疏忽大意，可以通过检漏管进行检测。检查检漏管内有无燃气，便可鉴定套管内燃气管道的严密程度。检漏管要按照设计要求装在套管一端或在套管两端各装 1 个，通常要按照套管长度而定。

检漏管由检漏管、管箍、丝堵与防护罩组成。检漏管常用 $\phi50mm$ 的镀锌钢管制成，一端焊接在套管上，另一端安装管箍与丝堵，要伸入安设在地面上的保护罩内。检漏管与套管焊接处及检漏管本身要涂防腐涂料。保护罩上侧要与地面一致。在检漏时，打开防护罩，拧开丝堵，然后把燃气指示计的橡胶管插入检漏管内即可。

3）放散管的安装

放散管是一种专门用来排放管道内部的空气或燃气的装置。在燃气管道初投入运行时，利用它排掉管内的空气；在管道或者设备检修时，用它放掉管内残留的燃气，防止在管道内形成爆炸性的混合气体。放散管要安装在最高点，通常设在阀门井中，在环网中阀门的前后都要安装放散管，而在单向供气的管道上则只安装在阀门之前即可。放散管上安装有球阀，在燃气管道正常运行中必须关闭。

4）补偿器的安装

补偿器是消除管道因胀缩所产生的应力的设备，通常用于架空管道及需要进行蒸汽吹扫的管道上。此外，补偿器安装在阀门的下游，利用其伸缩性能，方便阀门的拆卸与检修。在埋地燃气管道上，多用钢制波形补偿器，其补偿量约为 10mm。为防止补偿器中存水锈蚀，由套管的注入孔灌入石油沥青，安装时注入孔要在下方。补偿器的安装长度是螺杆不受力时补偿器的实际长度，否则不但不能发挥其补偿作用，反而使管道或管件受到不应有的应力。

在通过山区、坑道及地震多发区的中、低压燃气管道上，可以使用橡胶卡普隆补偿器，它是带法兰的螺旋皱纹软管，软管是用卡普隆布作夹层的橡胶管，外层用粗卡普隆绳加强。其补偿能力在拉伸时为 150mm，压缩时为 100mm，特点是纵横方向均可变形。

5）排水器的安装

排水器是用于排除燃气管道中冷凝水及石油伴生气管道中轻质油的配件。图 3.5 所示为低压排水器，图 3.6 所示为高、中压排水器。通常在燃气管道的低点设排水器，其构造和型号随燃气压力和凝结水量不同而异。小容量的排水器可以设在输送经干燥处理燃气的管道上，此时排水器用来排除施工安装时进入管道的水。排水器的排水管也可作为修理时吹扫管道和置换通气之用。

排水器连接后要妥善防腐，使用泵或真空槽车定期经排水管抽走凝液。排水管上设有电极，用于测定管道和大地之间的电位差。当设计无要求时，不能安装。

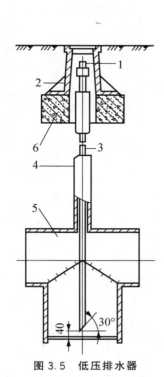

图 3.5 低压排水器

1—丝堵；2—防护罩；3—排水管；
4—套管；5—凝水罐；6—红砖垫层

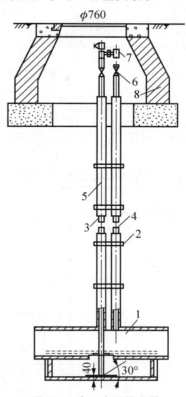

图 3.6 高、中压排水器

1—卧室凝水罐；2—管卡；3—排水管；4—循环管；
5—套管；6—旋塞；7—丝堵；8—井墙

6）阀门井的安装

燃气管道阀门安装前要作渗漏试验。方法是将阀门关严，阀板一侧擦干净，涂上大白，从另一侧灌入煤油，1h 后，未发现煤油渗出即为合格。为确保管网的安全与操作方便，地下燃气管道上的阀门通常都设置在阀门井中。阀门井应坚固、耐久，有良好的防水性能，并确保检修时有必要的空间。考虑到人员的安全，阀门井不应过深。阀门井的构造如图 3.7 所示。

对于直埋设置的专用阀门，可以不设阀门井。阀体以下部分可直接埋在土内，但匀料箱、传动装置、电动机等必须露出地面，可用不可燃材料制作轻型箱或筒盖加以保护。

3.2.3 案例示范

1．案例描述

某市政燃气管道工程为(MZ)ϕ108mm×5mm 无缝钢管的安装。具体任务如下。

（1）编写该燃气管道安装的技术交底。

（2）准备管道安装材料、机具设备，进行管道安装。

（3）依据《城镇燃气输配工程施工及验收规范》（CJJ 33—2005），检查管道安装质量，并给出评定意见。

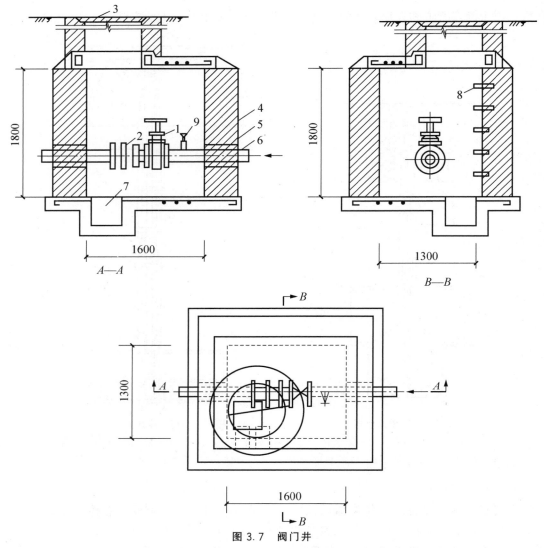

图 3.7 阀门井

1—阀门；2—补偿器；3—井盖；4—防水层；5—浸沥青麻；

6—沥青砂浆；7—集水坑；8—爬梯；9—板散管

2. 案例分析与实施

案例分析与实施内容如下。

燃气管道安装技术交底如下。

燃气管道安装技术交底

技术交底记录		编号	
工程名称	×××路(MZ)φ108mm×5mm 燃气无缝钢管工程		
分部工程名称		分项工程名称	燃气管道安装
施工单位	×××市政燃气工程公司	交底日期	××年×月×日

续表

交底内容:

中压 A 级燃气管道工程,设计压力 0.4 MPa,管道直径为 $\phi108mm\times5mm$,管材采用无缝钢管,壁厚 5mm,钢管采用焊接和法兰连接,具体施工图见图 3.3。

1. 作业条件

(1) 沟槽开挖以机械开挖为主,人工开挖为辅完成。沟槽、垫层经过隐蔽工程验收合格。

(2) 进场燃气管道经过防腐绝缘处理,经过外观检测及测量,复试合格,钢管防腐层等级满足设计要求。

(3) 燃气工程公司具有专业资质,焊工持证上岗,空气压缩机、焊接机具、X 射线探伤机、吊车等主要设备机具到场。

2. 施工方法、工艺

1) 管道的焊接

钢管焊接分为两部分:沟边完成的大部分管道的焊接和下管后少量沟内焊接;二者均采用氩弧打底焊。

钢管在焊接前,首先对其端面进行检测,为保证焊透,根据管径及壁厚,对端面进行开坡口,坡口形状及尺寸参照表 3-8 的规定;钢管坡口可采用氧气切割或碳弧气刨等方法进行加工;短管组对时,管道长度不得小于 150mm。

表 3-8 钢管对接接头尺寸

V 形坡口尺寸示意图	焊接	壁厚 s/mm	间隙 a/mm	钝边 p/mm	坡口角度 α
	电弧焊	4~9	1.5~2	1~1.5	60°~70°
		≥10	2~3	1.5~2	60°~70°
	气焊	3.5~5	1~1.5	0.5~1	60°~70°

对口完毕即可进行点固焊,焊条采用与钢管同材质焊条或 E4303 焊条。焊至一定长度管段,按设计压力的 1.5 倍进行空气压强度实验。对完成试压的管段进行无损探伤检测,采用现场 X 射线探伤机对所有焊缝进行 100% 拍片检测,焊缝质量要达到设计标准。

2) 下管

(1) 完成一定长度的沟边焊后,利用起重机和吊带吊装下管,严禁使用推土机或钢丝绳下管,以免造成管道防腐层损伤。然后在沟内完成少量管道接口的焊接。

(2) 下管时必须轻吊轻放,避免损坏管材表面防腐层,同时保护砂基表面不受破坏。吊点外绳夹角小于 60°。

(3) 管道下沟前,应使用电火花检漏仪对管线全线进行防腐层质量检测,若发现损伤应及时修补,根据损伤面积直径是否大于 25mm 使用热熔修补棒修补或双组分环氧树脂涂料修补处理。

3) 防腐处理

无缝钢管在焊接过程中造成的表面防腐层的破损,需在现场进行防腐处理。首先对焊缝表面清除粉尘,除锈后采用加强级单层熔接环氧粉末涂层辅以牺牲阳极电法保护,土壤电阻率按 30Ω 考虑,实测现场土壤电阻率,对设计阳极间距进行适当调整。参比电极上方应设置标识检漏井,参比电极测试头应引至标识检漏井中,并用角钢固定。

4) 吹扫试压

使用空压机首先对管道进行吹扫,注意管道内不得有水。以起点压力为 0.1MPa 的压缩空气对管道分段吹扫(长度≤500m)，风速不低于20m/s。管道吹扫达到要求后，方可进行强度和气密性试压，强度试压为设计压力的1.5～2倍，稳压2h；气密性试验压力为设计压力的1.15倍，稳压24h。

5）阀门、法兰的安装

现场阀门、法兰等附属设施安装前，必须进行外观检测、强度试验和气密性试验。

阀门应符合国家及行业有关技术标准，阀门安装应在关闭状态下进行，安装前应按《燃气阀门的试验与检验》(CJ/T 3055—1995)进行外观、启闭、气密性等质量复验，合格者方可安装。

法兰采用凸面带颈平焊钢制管法兰及法兰盖，垫片采用PN1.6MPa凸面法兰用聚四氟乙烯垫片。紧固用双头螺柱采用PN1.6MPa凸面法兰8.8级螺柱；紧固螺母采用PN1.6MPa凸面法兰8级螺母；紧固用垫圈采用PN1.6MPa凸面法兰用140HV垫圈。

燃气管道膨胀节安装在RQZ48W-8型燃气闸阀后。

6）管道基础处理和管沟回填

管道基础要求：应按《城镇燃气输配工程施工及验收规范》(CJJ 33—2005)的规定进行施工，同时，还应该注意以下几点。

（1）管基如遇到松软地基应做换土处理，宜采用天然砂。如用天然土时，应分层夯实。下管前管沟内的积水必须抽净。

（2）管基土层、管道两侧及管顶以上0.5m内的回填土，不得含有石块、砖块、碎石等易损伤管道的硬物，不得含有垃圾土、酸性土壤等腐蚀土，要达到施工设计要求。

7）其他

现场施工时，燃气管线与其他专业管线及各类建、构筑物的间距按《城镇燃气设计规范》(GB 50028—2006)要求执行，如不能保证间距或埋深要求，应和设计部门联系采取有关措施解决。

（1）燃气管道正上方距地面0.5m敷设地下燃气管道安全警示带。

（2）燃气管道随道路自然借转，自然转角度不得大于5℃；所有管道留头均至道路红线外1m。

（3）燃气管道两侧0.75m范围内，不得种植根系超过0.8m的乔木。

3. 质量要求

1）主控项目

（1）使用管道及阀门、法兰等应无缺陷。

（2）管道焊接工艺严格按照规范执行；焊缝无损检测100％覆盖。

（3）现场防腐处理达到或超过设计防腐等级要求。

（4）所有参加试压的管道、设备、仪表的连接处，必须保证不漏。

2）一般项目

（1）施工环境及压力试验环境温度适宜(5℃以上)。

（2）严密性试验可在强度试验合格后降压进行。

4. 安全文明施工措施

（1）施工现场在管材运输、码放、下管过程中做好管材保护。

（2）吊车作业专人指挥，作业半径内严禁站人。

（3）机械设备由执证人员操作。

（4）作业工人上下沟槽走安全梯。

（5）夜间施工应有足够的照明。

审核人	交底人	接收交底人
×××	×××	×××

习 题

一、判断题

1. 埋地燃气钢管下沟前必须对防腐层进行 100% 的外观检查，回填前要进行 100% 电火花检查，回填后必须对防腐层完整性进行全线检查，不合格必须返工处理，直至合格。
（　　）

2. 埋地燃气钢管在套管内敷设时，套管内的燃气管道不应有环向焊缝。　　（　　）

3. 燃气泄漏易造成重大安全事故，所以不能疏忽大意，可以通过放散管进行检测。
（　　）

4. 补偿器是消除管道因胀缩所产生的应力的设备，通常用于架空管道及需要进行蒸汽吹扫的管道上。
（　　）

5. 燃气管道阀门安装前要作渗漏试验。　　（　　）

6. 地下燃气管道穿过排水管、热力管沟、隧道及其他各种用途沟槽时，要将燃气管道敷设在套管内。
（　　）

二、单项选择题

1. 地下燃气管道与构筑物的水平间距无法满足安全距离时，应（　　）。
A. 将管道设于管道沟或刚性套管内　　B. 采用管桥
C. 埋高绝缘装置　　　　　　　　　　D. 采用加厚的无缝钢管

2.. 燃气管道随桥梁敷设，过河架空的燃气管道向下弯曲时，宜采用（　　）弯头。
A. 30°　　　　　　B. 45°　　　　　　C. 60°　　　　　　D. 90°

3. 燃气管道穿越河底时，燃气管道宜采用（　　）。
A. 钢管　　　　　B. 铸铁管　　　　C. 塑料管　　　　D. 钢筋混凝土管

4. 当地下燃气管道穿过排水管、热力管沟、联合地沟等各种用途沟槽时，燃气管道外部必须（　　）。
A. 提高防腐等级　　B. 加大管径　　　C. 做套管　　　　D. 加厚管壁

5. 燃气管道穿越铁路和高速公路时，燃气管道外部应加套管并提高（　　）。
A. 绝缘防腐等级　　　　　　　　　B. 管材强度
C. 安装质量　　　　　　　　　　　D. 管道高程

6. 燃气管道穿越电车轨道和城镇主要干道时宜（　　）。
A. 敷设在套管或地沟内　　　　　　B. 采用管桥
C. 埋高绝缘装置　　　　　　　　　D. 采用加厚的无缝钢管

7. 燃气管道通过河流时，不可采用下面哪种方式：（　　）。
A. 穿越河底　　　　　　　　　　　B. 管桥跨越
C. 利用道路桥梁跨越　　　　　　　D. 敷设在套管内

8. 以下（　　）不得与其他管道同沟或共架敷设，与其他管道的阀井交叉，或必须通过居住建筑物和公共建筑物近旁以及埋深过浅时，均应敷设在套管内。
A. 热力　　　　　B. 污水　　　　　C. 燃气　　　　　D. 电力

三、多项选择题

1. 燃气管道穿越河底时，应符合下列要求：（　　）。

A. 在埋设燃气管道位置的河流两岸上、下游应设标志

B. 管道对接安装引起的误差不得大于 3°

C. 应加设套管

D. 不通航时，燃气管道至河底覆土厚度不应小于 0.5m

E. 通航时，燃气管道至河底最小覆土厚度不应小于 1.0m

2. 地下燃气管道与建筑物、构筑物基础或相邻管道之间必须考虑（　　）。

A. 水平净距　　　B. 有关夹角　　　C. 管道坐标

D. 垂直净距　　　E. 建筑物的扩建

3. 燃气管道穿越铁路、高速公路时，燃气管道外应加（　　），并提高燃气管道的（　　）。

A. 套管　　　　B. 绝缘防腐等级　C. 支架

D. 管壁厚度　　E. 防水处理

4. 燃气管道利用道路桥梁跨越河流时，其技术要求有：（　　）。

A. 燃气管道输送压力不应大于 0.4MPa，必须采取安全防护措施

B. 敷设于桥梁上的燃气管道应采用加厚的无缝钢管或焊接钢管

C. 燃气管道在桥梁上的部分要提高防腐等级

D. 燃气管道输送压力不应大于 1MPa，可不做任何处理

E. 燃气管道在桥梁上的部分应设置必要的补偿和减振措施

5. 地下燃气管道埋设的最小覆土厚度（路面至管顶）应符合下列哪些要求：（　　）。

A. 埋设在车行道下时，不得小于 0.9m

B. 埋设在车行道下时，不得小于 0.5m

C. 埋没在非车行道下时，不得小于 0.6m

D. 埋设在非车行道下时，不得小于 0.5m

E. 埋设在庭院时，不得小于 0.3m

6. 地下燃气管道穿过下面哪些构筑物的时候应将燃气管道敷设在套管内（　　）。

A. 排水管　　　　B. 热力管沟　　　C. 隧道

D. 建筑物和大型构筑物　　　　E. 其他各种用途的沟槽

7. 穿越铁路的燃气管道的套管应符合下列哪些要求：（　　）。

A. 铁路轨道至套管顶不应小于 1.20m，并应符合铁路管理部门的要求

B. 套管宜采用钢管或者钢筋混凝土管

C. 套管内径应比燃气管道外径大 50mm 以上

D. 套管两端与燃气管的间隙应采用柔性的防腐、防水材料密封，其一端应装设检漏管

E. 套管端部距路坡脚外距离不应小于 2.0m

8. 燃气管道穿越电车轨道和城镇主要干道时宜敷设在套管或地沟内；穿越高速公路的燃气管道的套管、穿越电车和城镇主要干道的燃气管道的套管或地沟，应符合下面哪些要求：（　　）。

A. 套管内径应比燃气管道外径大 100mm

B. 大套管或地沟两端应密封，在重要地段的套管或地沟端部宜安装检漏管

C. 套管端部距电车道边轨不应小于 2.0m

D. 套管端部距道路边缘不应小于 1.0m

E. 燃气管道宜与铁路、高速公路、电车轨道和城镇主要干道平行

【参考答案】

任务 3.3 燃气管道工程质量检查

3.3.1 任务描述

工作任务

燃气管道（包括钢管和塑料管）工程中，焊接（熔接）、防腐、试压等工艺过程中的质量技术交底。

成果与检测

（1）以小组为单位，模拟完成燃气管道焊接、防腐、试压等工艺技术交底。

（2）采用教师评价和学生互评的方式打分。

3.3.2 相关知识

燃气管道质量检查工作主要是由施工单位配合施工监理人员进行，主要内容包括外观检查、断面检查、焊接质量检测、防腐质量检测及接口严密性检测。

焊接质量检测主要是对焊缝是否存在外部缺陷及内部缺陷的检测。

接口严密性检测是对管道进行压力试验来检测接口的密封程度。

1. 燃气管道的焊接质量检验

燃气管道的焊接质量检验内容如下。

（1）钢燃气管道的焊接多采用手工电弧焊，进行燃气管道焊接的焊工必须取得有关部门颁发的《锅炉压力容器焊工合格证》，且必须是连续从事焊接工作。

（2）对于化学成分和机械性能不清楚的钢管和电焊条不得用于燃气管道焊接工程。一般情况应尽量采用电弧焊，只有壁厚不大于 4mm 的钢管才可用气焊。

壁厚≤4mm 的钢管，不开坡口焊接，要求保留 1～2mm 的间隙。

壁厚＞4mm 的钢管，开 V 形坡口。坡口的主要作用是保证焊透，钝边的作用是防止金属烧穿，间隙的作用是为了焊透和便于装配。

不同壁厚的管子、管件对焊时，如两壁厚相差大于薄管壁厚的 25% 或大于 3mm，必须对厚壁管端进行加工。

钢制管道焊接坡口形式和尺寸见表 3-9。

表 3-9　钢制管道焊接坡口形式和尺寸

项次	厚度 T/mm	坡口名称	坡口形式	坡口尺寸			备注
				间隙 c/mm	钝边 p/mm	坡口角度 $\alpha(\beta)$/(°)	
1	1~3	I 形坡口		0~1.5	—	—	单面焊
	3~5			0~2.5			双面焊
2	3~9	V 形坡口		0~2	0~2	65~75	
	9~26			0~3	0~3	55~65	
3	6~9	带垫板V 形坡口	$\delta=4\sim6,\ d=20\sim40$	3~5	0~2	45~55	
	9~26			4~6	0~2		
4	12~60	X 形坡口		0~3	0~3	55~65	
5	20~60	双 V 形坡口	$h=8\sim12$	0~3	1~3	65~75 (8~12)	

（3）焊接完成后，应对焊缝进行无损探伤检测。焊接质量的检验，主要是对焊缝是否存在缺陷进行分析。

外部缺陷(用眼睛或放大镜观察即可发现)需检查项目如下。

① 焊缝尺寸不符合质量要求。

② 咬边：焊缝两侧形成凹槽，主要是由于焊接电流过大或焊条角度不正确。

③ 焊瘤：焊缝表面形成未和母材熔合的堆积金属，主要是焊接电流过大焊接熔化过快或焊条偏斜。角焊缝最易发生焊瘤。

④ 烧穿：一般发生在薄板结构焊缝中，主要是由于焊接电流过大、焊接速度过慢或转配间隙太大导致的。

⑤ 弧坑未填满。

⑥ 表面有裂纹及气孔。

内部缺陷(隐藏于焊缝或热影响区的金属内部，必须借助特殊的方法才可发现)需检查项目如下。

① 未焊透：有根部未焊透、中心未焊透、边缘未焊透、层间未焊透等多种情况，产生的原因可能是坡口角度或间隙太小，钝边太厚，也可能是焊接速度太快，焊接电流过小或电弧偏斜，以及坡口表面不洁净等。未焊透常和夹渣一起存在。

② 夹渣：因焊缝金属冷却过快，氧化物、氮化物等熔渣来不及浮出熔池而残留在焊缝金属中造成夹渣。

③ 气孔：由于焊接过程中形成的气体来不及排出而残留在焊缝金属内部而造成。气孔可能成网状或针状，后者危害性更大。避免气孔的措施是保证焊条焊剂充分干燥，没有铁锈油污等。

④ 裂纹：可能产生于焊缝或母材中，是最危险的缺陷，即使微小的裂纹存在，也可能扩展成宏观裂纹。

(4) 塑料管道连接前，应核对欲连接的管材、管件、规格、连接参数、压力等级等，检查管材表面，不宜有磕碰、划伤等，伤痕深度不应超过管材壁厚的10%。管道堆放施工现场时，应设置简易遮挡棚或做好覆盖工作。

(5) 塑料管道连接应在−5℃～45℃环境温度内进行。管道连接过程中应避免强烈阳光直射而影响焊接温度。连接完成后的接头应自然冷却，冷却过程中不得移动接头、拆卸夹紧工具或对接头施加外力。

(6) 直径在90mm以上的塑料管道、管材连接可采用热熔对接或电熔连接；直径在90mm以下的宜采用电熔连接。塑料管与阀门、管路附件等连接应采用法兰或钢塑过度接头连接。

(7) 热熔连接的焊接接头连接完成后，应进行100%外观检测和10%翻边切除检验；电熔连接的焊接接头连接完成后，应进行外观检测。钢塑过度接头与钢管连接时，过度接头金属端应采取降温措施，但不得影响焊接接头力学性能。

(8) 对穿越铁路、公路、河流、城市主要干道的塑料管道必须加套管保护，套管内塑料管段尽量不要有接口，且穿越前应对连接好的管段进行强度和严密性试验。

2. 埋地钢管防腐绝缘层的施工质量检测

目前，通用埋地燃气管道外防腐涂层用材有石油沥青、煤焦油瓷器、环氧煤沥青、聚乙粘贴胶带等。埋地钢管防腐绝缘层的施工质量检测内容如下。

(1) 埋地钢燃气管道易受到土壤等介质的化学腐蚀和电化学腐蚀，需做特加强级的防腐处理。防腐涂层分为普通、加强和特加强三种等级，其中特加强级简称"四油三布"：底漆—面漆—玻璃布—面漆—玻璃布—面漆—玻璃布，最后再刷两层面漆。

(2) 敷设在地下的钢管最好由防腐厂加上塑料涂层或熔粘式环氧树脂涂层或环氧煤沥青加玻璃纤维布涂层。涂层应紧附于管道上，并能有效地减少在涂层缺陷时出现的阴极脱离现象。搬运及敷设管道时必须小心以避免损坏涂层。如使用非原厂涂层的钢管，应采用符合《钢质管道聚乙烯胶粘带防腐层技术标准》(SY/T 0414—2007)或同等标准进行防腐层施工及验收。环氧煤沥青涂层应符合《城镇燃气输配工程施工及验收规范(附条文说明)》(CJJ 33—2005)的验收规定。

（3）在工地有时可能需要使用涂层去修补在管道上被损毁的涂层部分。这种现场施工的涂层应兼容前述的涂层或包扎，并应根据制造商的说明书指示施工。

（4）进行钢管焊接前，需将接口附近的原来涂层除去，待焊接及检查完成后，再清理有关接口（最好用打沙方法），然后加上被认可的防腐包扎。此包扎须在清理接口后立刻进行，并按照制造商的指示使用。此包扎应紧附于原来的涂层并与之兼容。

（5）现场进行涂层防腐时，涂漆前应清除被涂表面的铁锈、焊渣、毛刺、油、水等污物。

（6）防腐绝缘涂层质量应符合以下要求。

① 目视逐根逐层检查，涂层均匀，颜色一致，无气泡、麻面、皱纹、凸瘤和包扎物等缺陷。

② 漆膜应附着牢固，不得有剥落、皱纹、针孔等缺陷。厚度用针刺法或测厚仪检查，最薄处应大于定额规定。

③ 涂层应完整，不得有损坏、流淌。

④ 附着力的检测方法是在防腐层上切一夹角为 45°～60°的切口，从角尖撕开漆层，撕开面积 30～50cm² 时感到费力，撕开后第一层沥青仍然粘附在钢管表面为合格。

⑤ 绝缘性，用电火花检验仪进行检测，以不闪现火花为合格。

3. 燃气管道的吹扫试压与验收

燃气管道的吹扫试压与验收内容如下。

（1）燃气管道采用气体吹扫或清管球清扫时，应符合下列要求。

① 吹扫范围内的管道安装工程除补口、涂漆外，已按设计图纸全部完成。

② 吹扫顺序按主管、支管、庭院管道的顺序进行，吹扫出的脏物不得进入已合格管道。

③ 吹扫管段内的调压器、阀门、计量装置等设备不参与吹扫，待吹扫合格后再安装复位。

④ 吹扫口应设置在开阔地段，吹扫时应设安全区域，吹扫出口前严禁站人。

⑤ 吹扫压力不得大于管道设计压力，且不大于 0.3MPa。

⑥ 吹扫气体流速不宜小于 20m/s，每次吹扫长度不宜超过 500m，当管道超过 500m 时，宜分段吹扫。

⑦ 当目测排气无烟尘时，在出口设置白布，5s 内无铁锈、尘土等其他杂物为合格。

（2）管道焊接检验清扫合格后可进行压力试验，通常分为强度试验和气密性试验。

① 强度试验压力为设计压力的 1.5 倍，但钢管及聚乙烯管道不得低于 0.3MPa。试验时间最少为 1h。

② 严密性试验压力为设计压力的 1.15 倍，但不小于 0.1MPa。试验过程中可用肥皂水等对各连接位置进行检漏。

③ 试验装置一般采用移动式空气压缩机供应压缩空气；压缩机的额定出口压力一般为最大强度试验压力的 1.2 倍，压缩机排气量的选择与试验的充气时间有关。强度试验一般采用弹簧压力表测定，而气密性试验则采用 U 形玻璃管压力计测定。

④ 燃气管道的气密性试验时间为 24h，每小时记录不应少于 1 次，当修正压力降为 $\Delta P < 133Pa$，即为合格。

⑤ 设计压力为 $P \leqslant 5kPa$ 时：严密性试验压力为 20kPa；设计压力为 $P > 5kPa$，严密

性试验压力为 $1.15P$ ；修正压力降 ΔP 应按下式确定：

$$\Delta P = (H_1 + B_1) - (H_2 + B_2)(273 + t_1)/(273 + t_2)$$

式中：ΔP——修正压力降（Pa）；

　H_1，H_2——试验开始和结束时的压力计读数（Pa）；

　B_1，B_2——试验开始和结束时的气压计读数（°）；

　t_1、t_2——试验开始和结束时的管内介质温度（℃）。

4. 施工验收

工程竣工验收一般由建设、监理、设计、施工、运行管理及相关单位共同组成验收机构进行验收；施工单位应提供完整准确的技术文件，主要包括以下几种。

（1）竣工图、平面图、纵断面图和必要的大样图。

（2）隐蔽工程的检查和验收记录。

（3）管道压力试验记录。

（4）材质试验报告和出厂合格证及进场检验报告。

（5）焊缝外观检查、机械性能试验及无损探伤记录。

（6）防腐绝缘层和绝热层的检查记录。

（7）设计变更通知单和施工技术协议等。

3.3.3　案例示范

1. 案例描述

总长为 255m 的中压燃气管道，为其编写燃气管道焊接、防腐、试压等工艺安装质量技术交底及安全要求。

2. 案例分析与实施

具体施工设计见图 3.3，燃气管道安装质量技术交底如下。

燃气管道安装质量技术交底

技术交底记录		编号	
工程名称	×××路(MZ)φ108mm×5mm 燃气无缝钢管工程		
分部工程名称		分项工程名称	燃气管道安装
施工单位	×××市政燃气工程公司	交底日期	××年×月×日

交底内容：

1. 工程概况

本工程为一条 12m 宽道路燃气管道敷设工程。燃气管道总长 255m，管道材质为无缝钢管，燃气管道设计压力为 0.4MPa，压力级制为中压 A 级。

2. 作业条件

（1）施工现场做好全封闭维护，沟槽开挖、管基砂垫层经过隐蔽工程验收合格。

（2）管道、管件、阀门、法兰等进场备料及进场试验。

（3）主要施工设备：轻型起重机及吊管设备、氩弧焊打底焊接设备、空气压缩机、压力表等到场。

3. 施工工艺流程注意事项

（1）排管对口。在管道安装前，首先在管沟边利用起吊设备，排列燃气钢管。燃气管道的排列要求满足焊接工艺的实施，对于要下管后进行的焊缝，可提前在管沟内开挖工作坑，工作坑便于焊接操作即可。

（2）管道焊接＋下管＋焊接。无缝钢管现场焊接工艺和下管工艺交叉进行。等厚对接焊口采用 V 形坡口，电弧焊条采用 E4303 型。所有焊接工人满足资质要求，对于焊缝检测要进行外观检测，无焊瘤、烧穿、咬边等缺陷，内部进行 100% 无损探伤检测，无夹渣、气孔、裂纹等内部缺陷为合格。

下管时必须轻吊轻放，避免损坏管材表面防腐层，同时保护砂基表面不受破坏。

（3）防腐质量检测。无缝钢管在焊接过程中造成的表面防腐层的破损，需在现场进行防腐处理，按施工说明首先进行表面除尘除锈，采用加强级防腐绝缘等级辅以牺牲镁阳极保护。对加强级防腐涂层进行外观检查及用电火花检验仪进行检测，以不闪现火花为合格。

（4）阀门、法兰的连接。现场阀门必须进行外观检测、强度试验及严密性试验后，方可与管道连接。阀门、法兰等附属设施设计压力必须选用高于管道设计压力的。

（5）吹扫试压。使用空压机首先对管道进行吹扫，注意管内不得有水，吹扫至端口白布无杂质灰痕为合格后，方可进行强度和严密性试压。

最后，按设计要求回填管沟，夯实土体。

4. 管道连接质量检测

（1）管道吹扫试压前须做好以下工作。

① 对管道接口外观进行认真检查，对焊缝进行外观检测及无损探伤检测，无缺陷为合格。

② 对管件逐一进行检查，特别是闸阀、排气阀要检查其完整性，启闭灵活性，有无破损现象，并是否处于开启状态，不合格的及时更换，未开启的及时开启。检查管端堵板的密闭性。

③ 试压所需的机械、设备是否配备齐全，人员是否到位，技术交底是否落实。

④ 对试压设备、压力表、排气阀门等检测器具进行功能检查，并进行试用，保证检测器具的功能满足试验要求。

（2）气压试验。

① 空压机在试验管端预留管口与燃气管连接好，并安装好压力表，开启空压机打压。

② 首先进行强度试验，试验时压力缓慢升高，达到强度试验压力 0.6MPa（表压）后稳压 1h，进行沿线检查（可用肥皂水查漏），以无渗漏、压力表无降压为合格。

③ 强度试验合格后进行气密性试验，试验压力为 0.46MPa（表压），达到试验压力后，保持一定时间，使介质温度、压力稳定后开始气密性试验，试验压力为 24h，若压力降小于 $\Delta P = 6.47T/d$，则气密性试验合格。

④ 管道试压合格后，将试验设备全部撤下，关闭阀门，封堵好管头，并对管端做好保护，防止管内进入杂物。

5. 安全文明施工措施

（1）管道施工安全技术措施。

① 必须按规定配置操作人员，操作人员应经过安全技术培训，经考试合格方可上岗且人员固定。

② 进入施工现场人员必须佩戴安全帽，否则不允许进入施工区域作业。

③ 基坑内作业时注意土壁的稳定性，特别是春天回暖，冻土开化，易造成塌方等重大安全事故，所以要随时观察边坡稳定，如发现有裂缝或可能有倾塌的征兆时，要立即撤离现场，并第一时间通知项目负责人，待安全险情排查后再继续施工。

续表

④ 打压过程中，一切无关人员一律不得靠近作业面，并配专人负责巡视。
⑤ 在沟槽内运输打压设备时，走专用通道，严禁从沟槽外向沟槽内直接投放或是手传，防止砸伤和损坏打压设备。
⑥ 打压段沟槽四周必须设置醒目的警示标志，要设置一定数量临时上下施工扶梯，最少不得少于2部。
⑦ 闸阀井、排气井等主要井口必须上盖，严禁开口，防止人员掉入发生磕碰、死伤。
⑧ 如需使用起重吊装设备下管施工时，应设专人指挥，指挥人员应站在起重机侧面，确认沟槽内人员已撤至安全位置，方可向司机发出向基坑内下管的指令。
⑨ 施工现场做好管材运输、码放，下管过程做好管材保护。
⑩ 焊接作业时，操作人员必须做好防护措施，非操作人员不得靠近焊接现场。
⑪ 一个焊缝焊接完成进行检查时，需经适当时间冷却焊缝温度降低后再进行，以免造成烫伤。
（2）临时用电安全技术措施。
① 施工用电系统按设计规定安装完成后，必须经电气工程技术人员检查验收，确认合格并形成文件后，方可申请送电。
② 施工现场一旦发生触电事故，必须立即切断电源，抢救触电人员。严禁在切断电源之前与触电人员接触。
③ 移动式发电机供电的用电设备，其金属外壳或底座，必须与发电机电源的接地装置有可靠的电气连接。打压电动机具必须由电工接线与拆卸，并随时检查机具、缆线和接头，确认无漏电。
④ 架空线路终端与电源变压器距离超过50m的配电箱，其保护零线应做重复接地。
⑤ 不得在输电线路下工作，不论在任何情况下，机械的任何部位与架空输电线路的最近距离都应符合安全操作规程要求。
⑥ 施工现场低压供电系统应设置总配电箱、分配电箱和开关箱，实行三级配电。
⑦ 电动工具应设置各自专用的开关箱，必须实行"一机一闸"制，严禁一个开关直接控制两台或两台以上用电设备。
⑧ 电动工具的外露金属部分必须做好接零或保护接地。
⑨ 施工照明必须搭设灯架，高度不得低于2m，并做好绝缘处理。在潮湿和易触及带电体场所的照明供电电压不应大于36V。
⑩ 在施工作业区、施工道路、临时设施设置足够的照明，其照明度不低于有关规定。
⑪ 施工用电设施的安装、拆卸和维护运行必须由电工负责，严禁非电工进行任何电气作业。
⑫ 夜间施工应有足够的照明。

审核人	交底人	接收交底人
×××	×××	×××

习 题

一、判断题

1. 焊接完成后，应进行无损探伤对焊缝进行检测。　　　　　　　　　　（　　）

2. 燃气管道的严密性试验时间为12h。　　　　　　　　　　　　　　（　　）

3. 不同壁厚的管子、管件对焊时，如两壁厚相差大于薄管壁厚的25%，或大于

3mm，必须对厚壁管端进行加工。 （　　）

二、单项选择题

1. 燃气管道在安装过程中需要进行压力试验，试验时所用的介质应是（　　）。

A. 空气 B. 氧气 C. 水 D. 氮气

2. 埋地燃气管道，当设计输气压力为 l.0MPa 时，其气密性试验压力为（　　）。

A.1.0MPa B.1.15MPa C.1.5MPa D.1.2MPa

3. 埋地燃气管道，必须回填土至管顶（　　）以上后才可进行气密性试验。

A.0.2m B.0.5m C.1.0m D.0.8m

4. 燃气管道的气密性试验持续时间一般不少于（　　），实际压力降不超过允许值为合格。

A.4h B.12h C.24h D.48h

5. 当室外燃气钢管的设计输气压力为 0.1MPa 时，其强度试验压力应为（　　）。

A.0.1MPa B.0.15MPa C.1.5MPa D.0.3MPa

6. 燃气管道在作强度试验时，试验压力为输气压力的 1.5 倍，但钢管不得低于（　　）MPa。

A.0.5 B.0.3 C.0.8 D.1.0

7. 燃气管道作强度试验时，当压力达到规定值后，应稳压（　　）。

A.3h B.2h C.1h D.4h

8. 燃气管道气密性试验，压力应根据管道设计输气压力而定，当设计输气压力 $P \leqslant$ 5kPa 时，试验压力为（　　）。

A.20kPa B.10kPa C.l5kPa D.25kPa

9. 燃气管道及其附件组装完成并试压合格后，应进行通球扫线，并不少于（　　）次。

A.2 B.3 C.4 D.5

10. 燃气管道及其附件组装完成并试压合格后，应进行通球扫线，每次吹扫管道长度不宜超过（　　）km。

A.5 B.4 C.3 D.6

三、多项选择题

1. 燃气管道做气密性试验需具备以下什么条件才可进行：（　　）。

A. 燃气管道全部安装完毕后

B. 燃气管道安装一段后

C. 燃气管道安装完毕，但不必回填

D. 埋地敷设时，必须回填至管顶 0.5m 以上

E. 其他试验完成后

2. 燃气管道做通球扫线的前提应该是燃气管道及其附件（　　）。

A. 回填完毕 B. 与干线连接 C. 安装完毕

D. 甲方验收合格 E. 试压合格

3. 下面关于燃气管道强度试验的叙述中正确的包括（　　）。

A. 试验压力为设计压力 1.5 倍

B. 钢管的试验压力不得低于 0.3MPa

C. 化工管的试验压力不得低于 0.5MPa

D. 当压力达到规定值后，应稳压 1h，然后用肥皂水对管道接口进行检查，全部接口均无漏气现象为合格

E. 若有漏气处，可带气维修，修复后再次试验，直至合格

4. 气密性试验压力根据管道设计输气压力而定，下面关于试验压力的叙述中正确的包括（　　）。

A. 当设计输气压力 $P<5$kPa 时，试验压力为 20kPa

B. 当设计输气压力 $P\geq5$kPa 时，试验压力为设计压力的 1.15 倍

C. 当设计输气压力 $P\geq5$kPa 时，试验压力为 20kPa

D. 当设计输气压力 $P\geq5$kPa 时，试验压力不得低于 0.1MPa

E. 燃气管道的气密性试验持续时间一般不少于 24h

5. 管道及其附件组装完成并试压合格后，应进行通球扫线，下面关于通球扫线的叙述中正确的包括（　　）。

A. 管道及其附件组装完成并试压合格后，应进行通球扫线，并不少于两次

B. 每次吹扫管道长度不宜超过 1km，通球应按介质流动方向进行，以避免补偿器内套管被破坏

C. 扫线结果可用贴有纸或白布的板置于吹扫口检查

D. 当球后的气体无铁锈脏物则认为合格

E. 通球扫线后将集存在阀室放散管内的脏物排出，清扫干净

【参考答案】

项目4

排水管道开槽施工

1. 能读懂市政排水管道工程施工图纸，会对图纸中材料用量进行核算。
2. 能根据施工图纸与现场实际条件选择和制定排水管道工程施工方案。
3. 能按照施工规范对常规排水管道工程关键工序进行施工操作。
4. 能根据施工图纸和施工实际条件编写一般排水管道工程施工技术交底。
5. 能根据市政工程质量验收方法及验收规范进行排水管道分项工程的质量检验。

项目导读

本项目从识读排水管道施工图纸开始，介绍排水管道系统组成、管道布置要求、排水管材种类、管道附属构筑物布置及构造等；在熟悉施工图纸的基础上，按照排水管道开槽施工流程进行排水管道施工技术方案编制，模拟管道安装；最后进行管道施工质量检查与验收。整个项目由浅入深介绍排水管道施工技术，直接体验管道施工的真实过程。

排水管道开槽施工流程如图4.1所示。

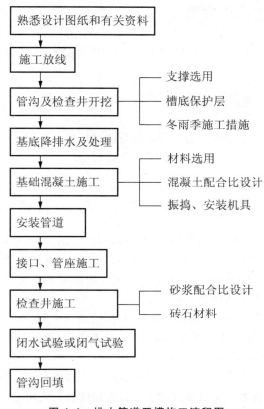

图 4.1　排水管道开槽施工流程图

任务 4.1　排水管道施工图识读

4.1.1　任务描述

工作任务

识读排水管道施工图,见《市政工程施工图案例图集》,完成工程数量表核对和管道高程位置的复核。

具体任务如下。

(1)明确工程内容,了解本工程范围内污水和雨水管道的汇水走向,明确管材、接口及基础的类型。

(2)明确排水管道的平面位置,结合设计规范判断检查井和雨水口等附属构筑物的设置是否正确。

(3)初步复核工程材料用量情况。

(4)检查施工图中管道的管径及高程有无错误,核算管道覆土厚度是否满足要求。

工作手段

《室外排水设计规范[2014年版]》（GB 50014—2006）、《市政工程施工图案例图集》等。

成果与检测

（1）每位学生根据组长分工完成部分识读任务，每个小组完成一份识图任务单。
（2）采用教师评价和学生互评的方式打分。

4.1.2　相关知识

1. 城市排水系统简介

城市排水系统是处理和排除城市污水和雨水的工程设施系统，是城市公用设施的组成部分。城市污水包括生活污水和工业废水，由污水管道收集，送至污水厂处理后，排入水体或回收利用；雨水则一般由雨水管道收集后，就近直接排入水体。

1）城市排水系统的体制

城市污水和雨水可采用同一个排水管网系统来排除，也可采用各自独立的排水管网系统来排除。不同排除方式所形成的排水系统就称为排水体制，主要有合流制和分流制两种系统。

（1）合流制。合流制排水系统是将城市污水和雨水混合在同一套排水管道内排除的系统，又称一管制。其主要有直泄式合流制排水系统和截流式合流制排水系统。

① 直泄式合流制排水系统：就是将排除的混合污水不经处理直接就近排入水体，如图4.2所示，是最早出现的合流制排水系统，其特点是流路短、排水迅速，但由于大量未经处理的污水直接排入水体，使受纳水体遭受严重污染，现已不再采用。

② 截流式合流制排水系统：即在临河岸边建造一条截流主干管，在干管与截流主干管相交处设置溢流井，并在截留主干管下游设置污水厂。晴天和初降雨时所有污水都送至污水厂，随着降雨量的增加，雨水径流也增加，当混合污水的流量超过截流主干管的输水能力后，部分混合污水就经溢流井而直接排入水体，如图4.3所示。截流式合流制排水系统仍有部分混合污水未经处理直接排放，从而污染水体，目前多用于旧城改造中的排水系统。

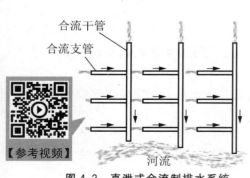

【参考视频】

图4.2　直泄式合流制排水系统

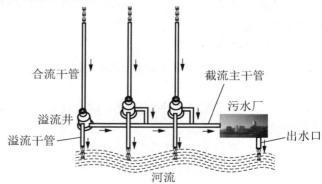

图4.3　截流式合流制排水系统

【参考视频】

（2）分流制。分流制排水系统是将城市污水和雨水分别在两套或两套以上各自独立的排水管道内排除的系统，又称多管制。其主要分为完全分流制和不完全分流制两种排水系统。

① 完全分流制排水系统：指有比较完善的污水管道及雨水管道，污水经处理后排放，雨水直接排放，如图4.4所示。

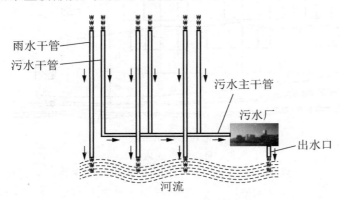

图4.4   完全分流制排水系统

② 不完全分流制排水系统：只具有污水排水管道，未建雨水排水管道，雨水沿天然地面、街道边沟、水渠等原有渠道系统排泄，或者为了补充原有渠道系统输水能力的不足而修建部分雨水道，待城市进一步发展再修建雨水排水系统转变成完全分流制排水系统，如图4.5所示。

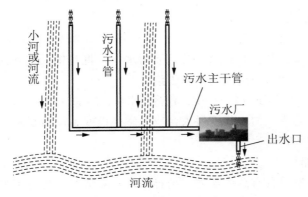

图4.5   不完全分流制排水系统

2）城市污水排水系统的组成

城市污水排水系统（图4.6），由下列几个主要部分组成。

（1）室内污水管道系统及设备。室内污水管道系统及设备的作用是收集生活污水并将其排送至室外居住小区污水管道中去。

（2）室外污水管道系统。室外污水管道系统包括居住小区污水管道系统、街道污水管道系统及管道系统上的附属构筑物（检查井、倒虹管等）。

（3）污水泵站及压力管道。污水泵站可分为解决低洼地的污水排放的局部提升泵站、解决管网的埋深的中途提升泵站，以及解决污水处理厂所需水头的终点泵站。

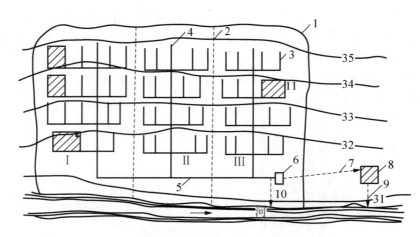

图 4.6 城市污水排水系统

Ⅰ，Ⅱ，Ⅲ—排水流域；

1—城市区界；2—排水流域分界线；3—支管；4—干管；5—主干管；6—总泵站；
7—压力管；8—城市污水处理厂；9—出水口；10—事故排出口；11—工厂

（4）污水处理厂。污水处理厂是指处理、回收利用污水、污泥的构筑物及其附属构筑物的综合体。

（5）污水出水口及事故排放口。污水排入水体的渠道和出口称为出水口，应位于河流下游。而事故排放口是指在污水排水系统的中途，在某些易于发生故障的地方所设置的辅助性出水渠。

3）雨水排水系统的组成

雨水排水系统主要包括以下部分

（1）建筑物的雨水管道系统：收集屋面及地面雨水，并将其排入室外的雨水管渠系统中去，包括天沟、雨水立管和房屋周围的雨水管沟。

（2）居住小区或工厂、街道雨水管道系统：包括雨水口、雨水检查井、支管、干管等。

（3）雨水泵站及压力管道：雨水径流量大，应尽量少设或不设雨水泵站。

（4）出水口及事故排放口。

4）排水管道系统的布置

排水管道系统布置应按照城市总体规划，结合当地实际情况，进行多方案技术经济比较。布置时应充分利用地形，采用重力流排除污水和雨水，要尽量用最短的管线、最快的速度把最大面积的污水或雨水送往污水处理厂或水体。

（1）污水管道的布置。污水主干管应尽可能设在地形低平位置，沿河布置。污水干管一般沿城市道路敷设，通常设在污水量大或地下管线较少一侧的人行道、绿化带或慢车道下。当道路宽度超过 50m 时，可考虑双侧布置，以减少过街管道，便于施工及养护管理。

（2）雨水管道的布置。雨水管道布置时要求雨水能顺畅及时地从城镇和厂区内排出去。进行雨水管渠系统布置时一般要考虑以下几个方面。

① 充分利用地形，就近排入水体。

② 结合街区及道路规划布置雨水管道。雨水管道应平行道路布设，且宜布置在人行道、绿化带或慢车道下。若道路宽度大于 50m 时，可考虑在道路两侧分别设置雨水管。

③ 合理布置雨水口，以保证路面雨水排除通畅。雨水口布置应根据地形及汇水面积确定，一般在道路交叉口的汇水点，低洼地段、直线段一定距离内均应设置雨水口，如图4.7所示。

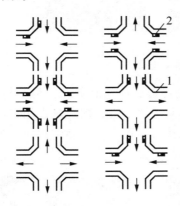

图4.7 雨水口布置
1—交叉口；2—雨水口

④ 合理选用出水口形式。当管道排入池塘或小河时，由于出水口的构造比较简单，造价不高，因此宜采用分散出水口式的管道布置形式，且就近排放。但当河流的水位变化很大，管道出口离水体较远时，出水口的构造比较复杂，造价较高，这时宜采用集中出水口式的管道布置形式。

⑤ 雨水管道采用明渠或暗管应结合具体条件确定。

⑥ 充分利用地形，选择适当的河湖水面和洼地作为调节池，以调节洪峰流量。

当地形平坦，为尽可能使通过雨水泵站的流量减少到最小，以节省泵站的工程造价和经常运转费用，宜在雨水进泵站前的适当地点设置调节池。在缺水地区还应考虑雨水的利用。

拓展讨论

党的二十大报告指出，坚持人民城市人民建、人民城市为人民，提高城市规划、建设、治理水平。近年来，随着气候变化，雨季城市内涝的现象时有发生，根据上文对城市排水系统的介绍，讨论城市排水系统对城市规划、建设、治理提出了哪些要求？

2. 常用的排水管材

常用的排水管材有以下几种。

1）钢筋混凝土管

钢筋混凝土管适用于排除雨水和污水，按其管口形式通常有承插管、企口管及平口管三种，如图4.8所示。

钢筋混凝土管的主要特点是制作方便、造价低、耗费钢材少，在室外排水管道中应用广泛；缺点是抵抗酸、碱浸蚀及抗渗性能较差、管节短、接头多、施工复杂，在地震区或淤泥土质地区不宜敷设。钢筋混凝土管可承受较大的内压，可在对管材抗弯、抗渗有要求，管径较大的工程中使用。

2）塑料排水管

塑料管具有表面光滑、水力条件好、水头损失小、耐腐蚀、不易结垢、重量轻、加工

承插管　　　　　　　企口管　　　　　　　平口管

图 4.8　混凝土管和钢筋混凝土管

接口方便、漏水率低等优点，因此在排水管道工程中已得到应用和普及。但塑料管质脆、易老化。常用的塑料排水管主要有埋地排水用聚乙烯双壁波纹管、埋地排水用聚乙烯中空缠绕结构壁管、埋地排水用硬聚氯乙烯双壁波纹管，接口采用承插、粘结和法兰连接，如图 4.9 所示。

埋地排水用聚乙烯双壁波纹管　埋地排水用聚乙烯中空缠绕结构壁管　埋地排水用硬聚氯乙烯双壁波纹管

图 4.9　塑料排水管

3）金属管

常用的金属排水管有铸铁管及钢管。室外重力流排水管道一般很少采用金属管，只有当排水管道承受高内压、高外压或对渗漏要求特别高的地方，如排水泵站的进出水管、穿越铁路和河道的倒虹管或靠近给水管道和房屋基础时，才采用金属管。在地震区或地下水位高、流砂严重的地区也可采用金属管。

4）大型排水渠道

一般情况下，当排水管渠设计直径大于 2m 时，可以在现场建造排水管渠。采用的材料有砖、石、混凝土块、钢筋混凝土块和钢筋混凝土等。采用钢筋混凝土时，要在施工现场支模浇制，采用其他几种材料时，在施工现场主要是铺砌或安装。施工材料的选择，应根据当地的供应情况，就地取材。

3. 排水管道的接口

排水管道是由若干管节连接而成的，管节之间的连接处称为管道接口。排水管道的不透水性和耐久性，在很大程度上取决于敷设管道时接口的质量。因此，要求管道接口应具有足够的强度、不透水性、能抵抗污水或地下水的浸蚀并具有一定的弹性。根据接口的弹性，一般可分为柔性、刚性和半柔半刚性三种接口形式。

1）柔性接口

柔性接口允许管道纵向轴线交错 3～5mm 或交错一个较小的角度，而不致引起渗漏。常用的柔性接口有石棉沥青卷材及橡胶圈接口。

（1）石棉水泥沥青卷材接口。如图 4.10 所示，石棉水泥沥青卷材接口一般适用于无地下水，地基软硬不均，沿管道轴向沉陷不均匀的无压管道上。

（2）橡胶圈接口。如图4.11所示，橡胶圈接口结构简单，施工方便，适用非常广泛。在土质较差、地基硬度不均匀或地震地区采用，具有独特的优越性。

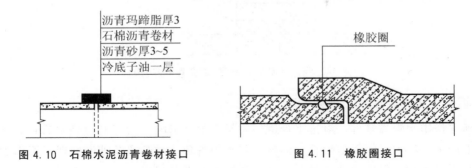

图 4.10　石棉水泥沥青卷材接口　　　　图 4.11　橡胶圈接口

2）刚性接口

刚性接口不允许管道有轴向的交错，但比柔性接口造价低，适于承插管、企口管及平口管的连接。

常用的刚性接口有水泥砂浆抹带接口和钢丝网水泥砂浆抹带接口。刚性接口抗震性能差，用在地基比较良好，有带形基础的无压管道上。

（1）水泥砂浆抹带接口。如图4.12所示，在管道接口处用1∶3～1∶2.5的水泥砂浆抹成半椭圆形或其他形状的砂浆带。这种接口形式对平口管、企口管及承插管均适用，造价低。常用于地基土质较好的雨水管或地下水位以上的污水支线上。

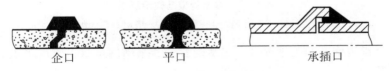

企口　　　　　　平口　　　　　　承插口

图 4.12　水泥砂浆抹带接口

（2）钢丝网水泥砂浆抹带接口。如图4.13所示，将抹带范围的管外壁凿毛，抹1∶3～1∶2.5水泥砂浆厚15mm，中间采用20号10mm×10mm钢丝网一层，两端插入基础混凝土中固定，上面再抹砂浆一层厚10mm。钢丝网水泥砂浆抹带的外形为梯形，宽约200mm，厚25～30mm，适用于地基土质较好的具有带形基础的雨水、污水管道。有些地区也采用钢筋细石混凝土抹带接口。

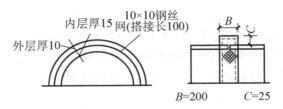

图 4.13　钢丝网水泥砂浆抹带接口（单位：mm）

3）半柔半刚性接口

半柔半刚性接口介于刚性接口及柔性接口之间，使用条件与柔性接口类似，常用预制套环石棉水泥（或沥青砂浆）接口，如图4.14所示。这种接口适用于地基较弱地段，在一定程度上可防止管道沿纵向不均匀沉陷而产生的纵向弯曲或错口，一般常用于污水管道。

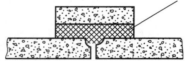

图 4.14　预制套环石棉水泥(或沥青砂浆)接口

4. 排水管道的基础

合理选择排水管道基础,对排水管道的质量有很大影响。为了避免排水管道在外部荷载作用下产生不均匀沉降而造成管道破裂、漏水等现象,对管道基础的处理应慎重考虑。

排水管道基础一般由地基、垫层、基础和管座四部分组成,如图 4.15 所示。

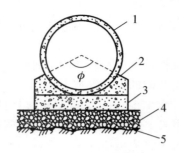

图 4.15　排水管道基础示意图

1—管道;2—管座;3—基础;4—垫层;5—地基

(1) 地基是指沟槽底的土壤部分。它承受管子和基础的重量、管内水重、管上土压力和地面上的荷载。

(2) 垫层是基础下面的部分,起加强地基的作用。地基土质较好、无地下水时也可不做垫层。

(3) 基础是指管子与地基间经人工处理过的或专门建造的设施,起传力的作用。

(4) 管座是管子下侧与基础之间的部分,设置管座的目的在于它使管子与基础连成一个整体,增加管子的刚度,减少变形。

以下介绍几种常见的排水管道基础。

1) 土弧基础

如图 4.16 所示,土弧基础是在原土上挖成弧形管槽(通常采用 90°弧形),管道安装在弧形槽内。它适用于无地下水且原土能挖成弧形的干燥土壤,管顶覆土厚度在 0.7～2.0m 的街坊污水管线或雨水管线,以及不在车行道下的次要管道及临时性管道。

2) 砂石基础

如图 4.17 所示,砂石基础是在挖好的弧形管槽上,用带棱角的粗砂填厚 200mm 的砂垫层。它适用于无地下水、坚硬岩石地区,管顶覆土厚度在 0.7～2.0m 的排水管道。

3) 混凝土枕基

如图 4.18 所示,混凝土枕基是只在管道接口处设置的管道局部基础。通常在管道接口下用混凝土做成枕状垫块。它适用于干燥土壤雨水管道及不太重要的污水支管上,常与素土基础或砂垫层基础同时使用。

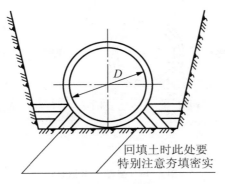

图 4.16 土弧基础

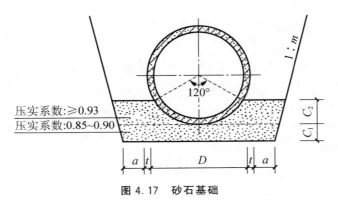

图 4.17 砂石基础

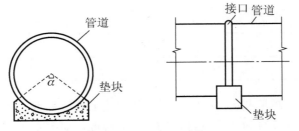

图 4.18 混凝土枕基

4）混凝土带形基础

混凝土带形基础是沿管道全长铺设的基础。按管座的形式不同可分为90°、135°、180°三种管座基础，如图4.19所示。

混凝土带形基础的整体性强，抗弯抗震性能好，适用于各种潮湿土壤，以及土质较差、地下水位较高和地基软硬不均匀的排水管道，无地下水时可在槽底原土上直接浇混凝土基础。有地下水时要在槽底铺卵石或碎石垫层，然后在上面浇混凝土基础。

当管顶覆土厚度在0.7～2.5m时采用90°管座基础；管顶覆土厚度在2.6～4.0m时采用135°管座基础；管顶覆土厚度在4.1～6.0m时采用180°管座基础。在地震区、流砂地带、土质特别松软、不均匀沉陷严重地段，最好采用钢筋混凝土带形基础。

5. 排水管渠系统上的附属构筑物

为保证排水系统的正常工作，在排水系统上还需设置一系列附属构筑物，如检查井、跌水井、雨水口、截流井、倒虹管、出水口、防潮门。

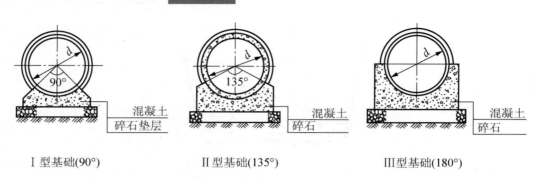

I 型基础(90°)   II 型基础(135°)   III 型基础(180°)

图 4.19　混凝土带形基础

1）检查井

为便于对管渠系统作定期检查、清通和连接上、下游管道，必须在管道适当位置上设置检查井。

检查井通常设在管道交汇处、转弯处、管径或坡度改变处、跌水处及直线管段上每隔一定距离处。检查井在直线管渠段上的最大间距一般宜按表 4-1 的规定取值。

表 4-1　检查井最大间距

管径或暗渠净高/mm	最大间距/m	
	污水管道	雨水（合流）管道
200～400	40	50
500～700	60	70
800～1000	80	90
1100～1500	100	120
1600～2000	120	120

检查井包括圆形、矩形和扇形三种类型。从构造上看三种类型的检查井基本相似，主要由井底（包括井基）、井身和井盖（包括井盖座）等构成，如图 4.20 所示。

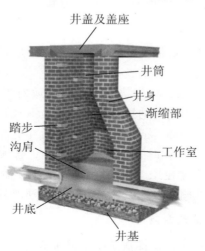

井盖及盖座
井筒
井身
渐缩部
踏步
沟肩
工作室
井底
井基

图 4.20　检查井构造图

（1）井底（包括井基）。检查井井底一般采用混凝土铺成，井基采用混凝土。为使水流流过检查井时阻力较小，井底宜设半圆形或弧形流槽。检查井井底各种流槽的平面形式如图 4.21 所示。管渠养护经验说明，每隔一定距离，雨水检查井井底做成落底 0.3～0.5m 的沉泥槽，对管渠的清淤是有利的。

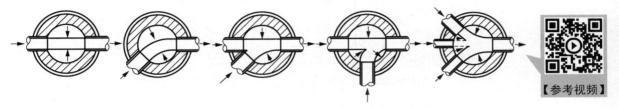

图 4.21 检查井底流槽的形式

在地基松软或不均匀沉降地段，检查井与管渠接口处常发生断裂，因此应采取防止不均匀沉降的措施。

（2）井身。检查井井身的材料可采用砖、石、混凝土或钢筋混凝土。国外多采用钢筋混凝土预制，近年来，我国已开始采用混凝土预制检查井，但目前仍然多采用砖砌，以水泥砂浆抹面。井身的平面形状一般为圆形，但在大直径管道的连接处或交汇处，可做成方形、矩形或扇形。

井身的构造与是否需要工人下井有密切关系。不需要下人的浅井，构造很简单，一般为直壁圆筒形；需要下人的井在构造上可分为井室、收口段和井筒三部分，如图 4.22 所示。井室是养护人员养护时下井进行临时操作的地方，不应过分狭小，其直径不能小于 1m，其高度在埋深许可时宜为 1.8m。为降低检查井造价，缩小井室尺寸，井筒直径一般比井室小，但为了工人检修出入安全与方便，其直径不应小于 0.7m。井筒与井室之间可采用锥形收口段连接，收口段高度一般为 0.6～0.8m，也可以用钢筋混凝土盖板衔接井筒与井室，井筒则砌筑在盖板上。图 4.23 所示为 ϕ1000mm 圆形盖板式砖砌雨水检查井结构图。

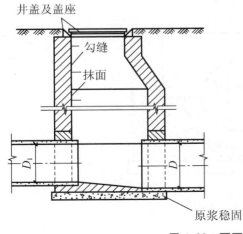
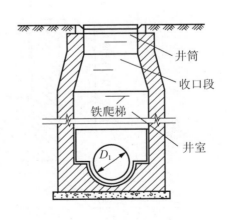

图 4.22 可下人的检查井（收口式）

接入检查井的支管（接入管或连接管）管径大于 300mm 时，支管数不宜超过 3 条。

（3）井盖。位于车行道的检查井，必须在任何车辆荷重下，确保井盖、井盖

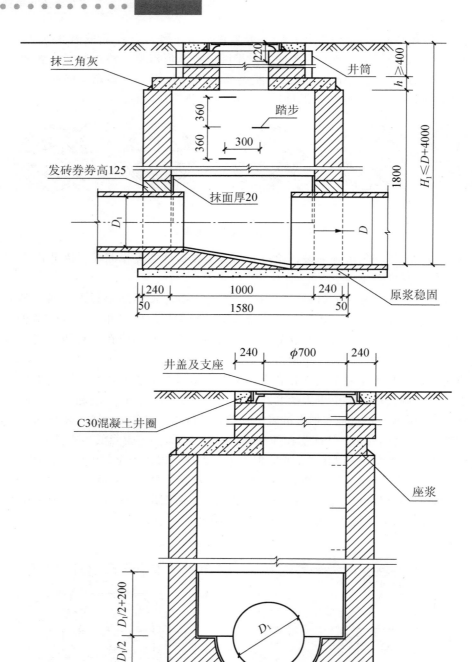

图 4.23　雨水检查井(盖板式)　(单位：mm)

座牢固安全，同时应具有良好的稳定性，防止车速过快造成井盖振动。

检查井井盖一般采用铸铁或钢筋混凝土材料，在车行道上一般采用铸铁。井盖座采用铸铁、钢筋混凝土或混凝土材料制作，如图 4.24 所示。

检查井井盖同时应具有防盗功能，保证井盖不被盗窃丢失。

位于路面上的井盖，宜与路面持平；位于绿化带内的井盖，不宜低于地面。

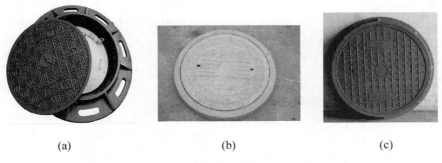

(a)   (b)   (c)

图 4.24　井盖及井盖座
（a）球墨铸铁井盖；（b）玻璃钢井盖；（c）复合井盖

2）跌水井

当检查井内衔接的上下游管渠的管底标高跌落差大于 1m 时，为消减水流速度，防止冲刷，在检查井内应有消能设施，这种检查井称为跌水井。目前常用的跌水井有竖管式和阶梯式等，如图 4.25 所示。

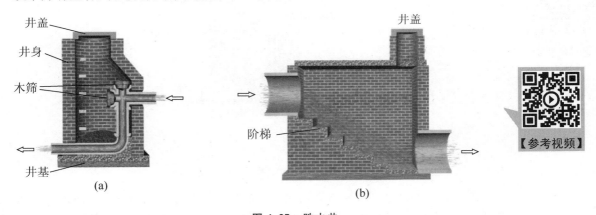

图 4.25　跌水井
（a）竖管式；（b）阶梯式

当管道中流速过大及遇有障碍物必须跌落通过处、管道布置在地形陡峭的地区并垂直于等高线布置且按设计坡度将要露出地面处，则必须设置跌水井，但在管道转弯处不宜设置。

3）雨水口

雨水口是雨水管渠上或合流制管渠上收集雨水的构筑物。街道路面上的雨水先经由雨水口通过连接管流入排水管渠。

雨水口的设置，应保证能迅速、有效地收集地面雨水，常设置在交叉路口、路侧边沟的一定距离处，以及没有道路边石的低洼地方，防止雨水漫过道路造成道路及低洼地区积水而妨碍交通。

在路侧边沟上及路边低洼地点，雨水口的设置间距还要考虑道路的纵坡和路边石的高度。道路上雨水口间隔距离宜为 25～50m(视汇水面积大小定)，当道路纵坡大于 0.02 时，雨水口的间距可大于 50m，在低洼和易积水的地段，应根据需要增加雨水口的数量。

雨水口的进水箅一般用铸铁制成，按一个雨水口设置的井箅数量多少，可分单箅、双箅、多箅雨水口。按进水箅在街道上设置位置可分为平箅式雨水口、立箅式雨水口和联合式雨水口，如图 4.26 所示。

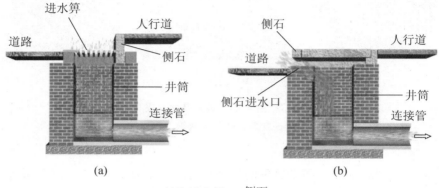

【参考视频】

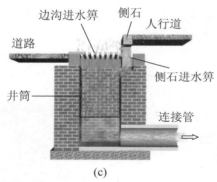

图 4.26 雨水口

(a) 平箅式；(b) 立箅式；(c) 联合式

雨水口的井筒采用砖砌或钢筋混凝土制成，深不宜大于 1m(有冻胀地区可适当加大)，井底根据需要可设置沉泥槽，如图 4.27 所示。遇到特殊情况需要浅埋时，应采取加固措施。

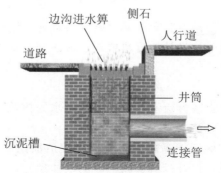

图 4.27 带沉泥槽的雨水口

雨水口以连接管与街道排水管渠的检查井相连。连接管长度不宜超过 25m。在同一连接管上串联的雨水口不宜超过 3 个。

雨水口以连接管与街道排水管渠的检查井相连。若排水管直径大于 800mm，也可在连接管与排水管连接处不另设检查井，而设连接暗井。

4）截流井

在截流式合流制排水系统中，通常在合流管渠与截流干管的交汇处设置截流井，截流井是截流干管上最重要的构筑物。常见的截流井有截流槽式、溢流堰式和跳越堰式，如图 4.28 所示。

5）倒虹管

排水管道在穿越河道、铁路等地下障碍物时，管道不能按照原有坡度埋设，而是以下凹的折线方式从障碍物下通过，这种管道称为倒虹管。倒虹管包括：进水井、下行管、平行管、上行管和出水井等部分，如图 4.29 所示。有时为了施工方便，也可用直管穿越的方式代替折线方式。

【参考视频】

在进行倒虹管设计时应注意以下几个方面。

（1）确定倒虹管的路线时，应尽可能与障碍物正交通过，以缩短倒虹管的长度，并应符合与该障碍物相交的有关规定。

（2）选择通过河道的地质条件好的地段、不易被水冲刷地段及埋深小的部位敷设。

（3）穿过河道的倒虹管一般不宜少于两条，通过谷地、旱沟或小河的倒虹管可采用一条。

（4）倒虹管水平管的管顶距规划的河底一般不宜小于 1.0m，通过航运河道时，应与当地航运管理部门协商确定，并设有标志，遇到冲刷河床应采取防冲措施。

（5）倒虹管宜设置事故排出口。

（6）倒虹管的进、出水井内应设闸槽或闸门，检修室净高宜高于 2m。进、出水井较深时，井内应设检修台，其宽度应满足检修要求。

污水在倒虹管内的流动是依靠上、下游管道中的水位差（进、出水井的水位高差）进行的，该高差用来克服污水流经倒虹管的阻力损失，要求进、出水井的水位高差要稍大于全部阻力损失值，其差值一般取 0.05～0.10m。

6）出水口

排水管渠出水口是排水系统的终点构筑物，污水由出水口向水体排放。出水口的位置和出水口的形式，根据污水水质、水体流量、水位变化幅度、水流方向、波浪状况、地形变迁和气候特征等因素确定。

常见出水口形式有淹没式出水口和非淹没式出水口，为使污水与河水较好混合，同时为避免污水沿滩流泻造成环境污染，因此污水出水口一般采用淹没式，如图 4.30 所示，即出水管的管底标高低于水体的常水位。雨水出水口主要采用非淹没式，即出水管的管底标高高于水体最高水位以上或高于常水位以上。

常见的出水口有江心分散式、一字式和八字式，如图 4.31 所示。出水口与水体岸边连接处采取防冲加固措施，以砂浆砌块石做护墙和铺底，在冻胀地区，出水口应考虑用耐冻胀材料砌筑，出水口的基础必须设在冰冻线以下。

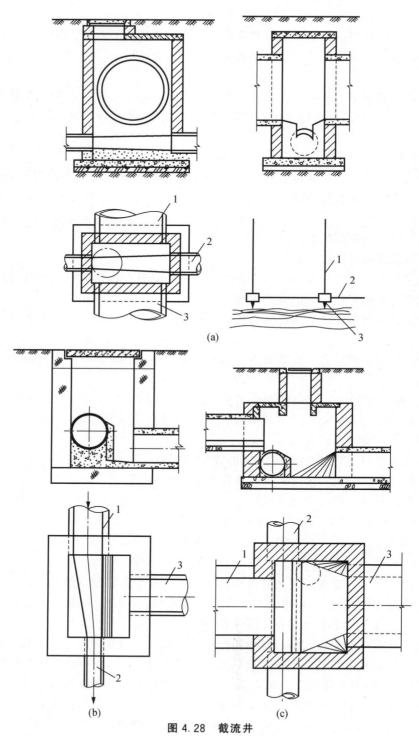

图 4.28 截流井

（a）截流槽式；（b）溢流堰式；（c）跳跃堰式

1—合流管道；2—截流干管；3—排出管道

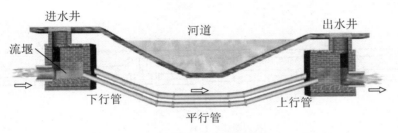

【参考视频】

图 4.29 倒虹管

进水井　河道　出水井
流堰
下行管　平行管　上行管

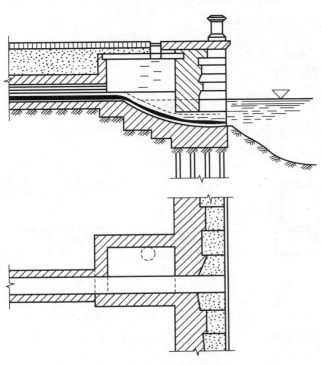

图 4.30 淹没式出水口

7）防潮门

临海城市的排水管道往往受潮汐影响，为防止海水倒灌，在排水管道出口上游的适当位置安装有防潮门的检查井，如图4.32所示。临河城市的排水管渠，为防止高水位时河水倒灌，有时也采用防潮门。

防潮门一般用铁制，略带倾斜地安装在井中上游管段的出口处，防潮门只能单向启开。当排水管渠中无水或水位较低时，防潮门靠自重密闭。当上游排水管渠来水时，水流顶开防潮门排入水体。涨潮时，防潮门靠下游潮水压力密闭，使潮水不会倒灌入排水管渠中。

此外，设置了防潮门的检查井井口，应高出最高潮水位或最高河水位，井口密封，以防止潮水或河水从井口倒灌入市区。为使防潮门工作安全有效，必须加强维护管理，经常去除防潮门上的防潮杂物。

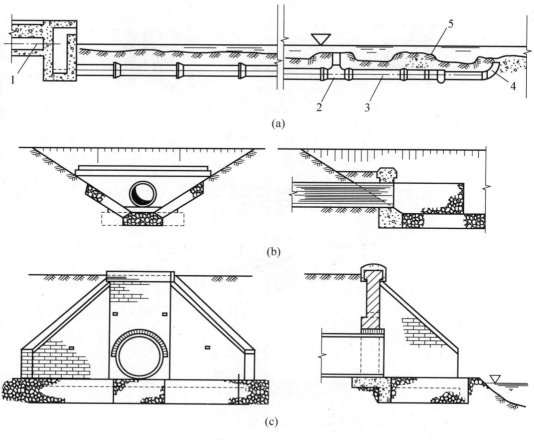

图 4.31 出水口

（a）江心分散式；（b）一字式；（c）八字式

1—进水管渠；2—T 形管；3—渐缩管；4—弯头；5—石堆

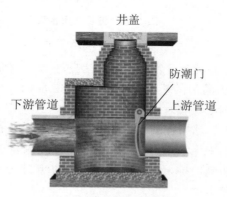

图 4.32 装有防潮门的检查井

6. 排水管道的允许最小覆土厚度

排水管道内壁底部到设计地面的垂直距离，称为埋设深度。管道外壁顶部到地面的距离，称为覆土厚度，如图 4.33 所示。同一管径的管道，采用的管材、接口和基础形式均相同，但若其埋深不同，则管道单位长度的工程费用会相差较大。因此，合理地确定管道埋设深度对于降低工程造价是十分重要。显然，在满足技术条件下，排水管道埋深越小越好，但管道最小覆土厚度应满足下列三个要求。

（1）必须防止管道内的污水冰冻和因土壤冰冻膨胀而损坏管道。

（2）必须防止管壁因地面荷载而受到破坏。

管道的最小覆土厚度与管道的强度、荷载大小及覆土的密实程度有关。我国相关规范规定，在车行道下，管道最小覆土厚度一般不小于 0.7m，在非车行道下可以适当减小。

（3）必须满足街区排水连接管衔接的要求。

城市排水管道多为重力流，所以管道必须有一定的坡度。在确定下游管道埋深时，应考虑上游管道接入的要求。

上述三个不同因素下得到的最大值就是该管道的允许最小覆土厚度或最小埋深。

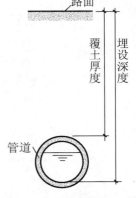

图 4.33　排水管道的覆土厚度

除考虑管道的最小埋深外，还应考虑最大埋深。埋深愈大，则造价愈高。管道的最大埋深应根据技术经济指标及施工方法而定，一般在干燥土壤中，最大埋深不超过 7~8m，在多水、流砂、石灰岩地层中，一般不超过 5m。

7. 排水管道的衔接

上、下游排水管道在检查井中衔接时应遵循两个原则：一是尽可能抬高下游管段的高程，以减小管道的埋深，降低造价；二是避免在上游管段中形成回水而造成淤积。

排水管道常用的衔接方法有水面平接和管顶平接。

水面平接是指下游管段的起端水面标高与上游管段的终端水面标高相同。

管顶平接是指下游管段的起端管顶标高与上游管段的终端管顶标高相同。

注意，无论在任何情况下，下游管段的起端水面标高不得高于上游管段的终端水面标高；下游管段的管底标高不得高于上游管段的管底标高。

8. 排水管道施工图纸与识读

1）排水管道施工图纸

排水管道施工图纸根据输送流体的不同，一般分为污水管道施工图和雨水管道施工图。一套完整的施工图纸包括图纸目录、施工说明、排水管道平面图、排水管道纵断面图、管位图、排水结构施工图纸等。

（1）排水管道平面图。排水管道平面图比例尺一般常用 1:1000~1:500，图上要求标明干管、主干管的长度、管径、坡度，标明检查井的准确位置及污水管道与其他地下管线或构筑物交叉点的具体位置、高程等，图上还应有图例、主要工程项目表和施工说明，如图 4.34 所示。

（2）排水管道纵断面图。排水管道纵断面图反映污水或雨水管道沿线的高程位置，它是和平面图相对应的。采用比例尺一般横向 1:1000~1:500，纵向 1:100~1:50。图上用双竖线表示检查井，且应标出沿线支管接入处的位置、管径、高程等。在剖面图的下方有一表格，表格中列出检查井号、管道长度、管径、坡度、原地面标高、设计路面

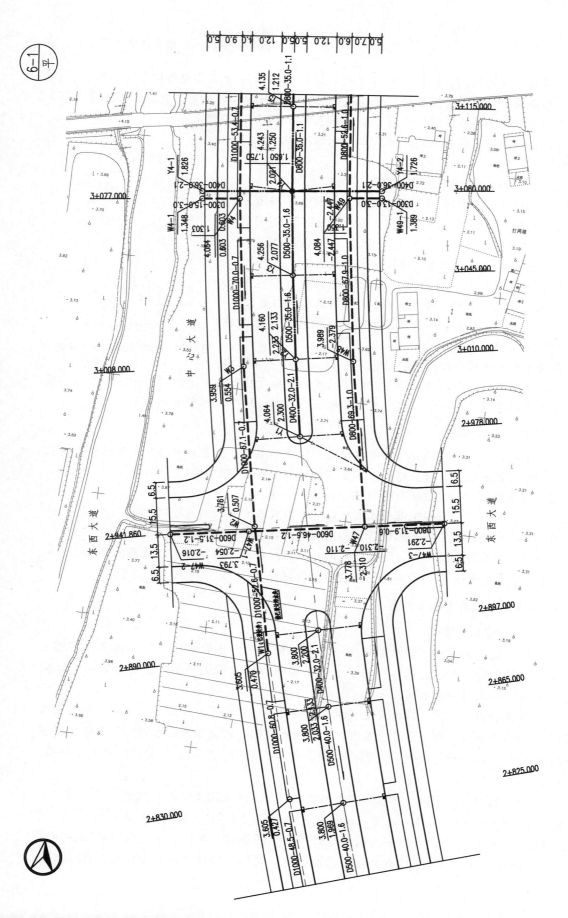

图4.34 排水管道平面图（比例1：1000）

说明：本图管径以毫米计，其余以米计。

标高、管内底标高、埋深、管道材料等。如图 4.35 所示为雨水管道纵断面图。

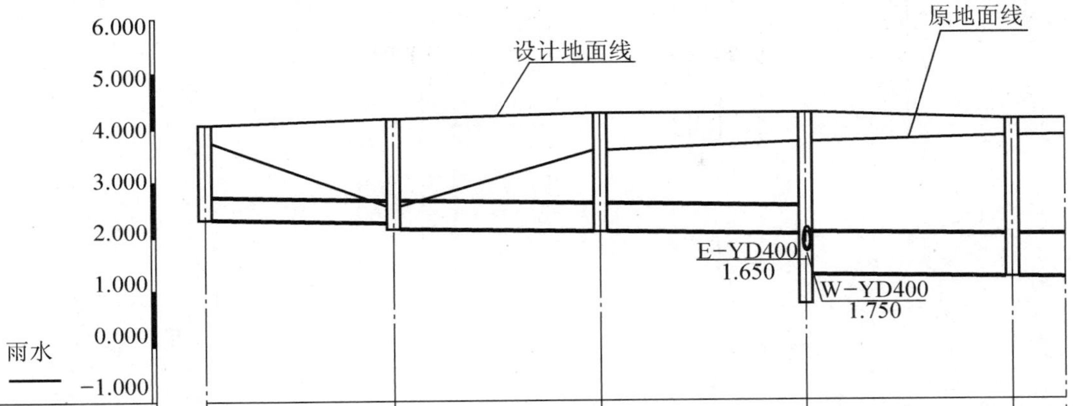

自然地面标高	3.695	2.530	3.554	3.697	3.850 / 3.617
设计路面标高	4.064	4.160	4.256	4.243	4.135 / 4.119
设计管内底标高	2.300	2.233 / 2.133	2.077 / 2.077	2.021 / 1.250	1.212 / 1.212 / 1.207
管径及坡度		2.10‰ D400	1.60‰ D500	1.60‰ D500	1.10‰ D800 / 1.10‰ D800
平面距离		32.0	35.0	35.0	35.0 / 5.0
检查井编号及尺寸	Y1(1100×1100)	Y2(1100×1100)	Y3(1100×1100)	Y4(1100×1250)	Y5(1100×1250)
管道覆土深	1.364	1.527 / 1.527	1.679 / 1.679	1.722 / 2.193	2.123 / 2.123 / 2.112
道路桩号	2+978.000	3+010.000	3+045.000	3+080.000	3+115.000 / 3+120.000

图中标注：设计地面线、原地面线、E-YD400 1.650、W-YD400 1.750；纵坐标（雨水）：6.000、5.000、4.000、3.000、2.000、1.000、0.000、-1.000

图 4.35　雨水管道纵断面图(横向比例 1:1000；纵向比例 1:100)

（3）管位图。管位图比例尺一般常用 1:200～1:100，图上要求标明一条道路下面各种管线的平面具体位置、高程等，图上还应有图例和施工说明，如图 4.36 所示。

（4）排水结构施工图纸。其主要指各种附属构筑物结构图纸，一般采用地方标准或者按《排水检查井(含 2003 年局部修改版)》(02S515、02(03)S515)、《雨水口(只出单行本)》(05S518)等选用。

2）施工图识读方法和内容

正确的看图方法是关键，看图步骤如下。

（1）先看目录。了解图纸张数等信息，按照图纸目录检查各类图纸是否齐全，有无错误，标准图是哪一类。把它们查全准备在手边以便可以随时查看。

（2）看排水施工说明。了解工程内容和排水体制；了解管材、接口及基础的类型；了解施工方法和技术要求。

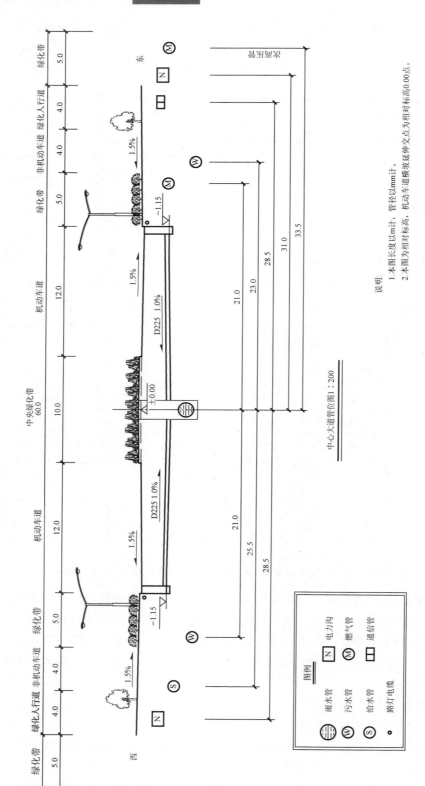

中心大道管位图1：200

图4.36 管位图（比例1：200）

说明：
1. 本图长度以m计，管径以mm计。
2. 本图为相对标高，机动车道横坡延伸交点为相对标高0.00点。

（3）看管位图、平面图和纵断面图。了解排水管道的水流走向，熟悉施工图中管道的位置和相互关系、检查井和雨水口附属结构的设置情况，核对工程量，检查施工图中有无错误，各图之间有无矛盾，是否有漏项。

（4）看排水结构图纸。结构图主要是指检查井、雨水口、倒虹管等设施的施工详图，以及管道基础图等。许多管道附属设施的工程做法大样都有标准图集可利用，有的地区还可以选用地区级标准图集。

3）施工图的识读重点

施工图的识读重点如下。

（1）工程数量表的核对。图纸识读时，根据平面图进行工程数量表的核对，明确各种不同类型、规格、材料的管道长度及各种不同规格检查井、雨水口等附属构筑物的数量。

（2）管道的高程位置的复核。图纸识读时，根据纵断面图对管道的高程位置进行复核，判断管道的覆土厚度是否满足要求，如不满足是否有相应的措施。碰到与其他管道或构筑物交叉的时候，要复核其交叉点处各种管道的高程等。

往往施工的全过程中，一张图纸要看好多次。所以看图纸时先应抓住总体，抓住关键，循序渐进地看才能把图记住。

4.1.3 案例示范

1. 案例描述

完成《市政工程施工图案例图集》中 K2+890.000～K3+115.000 道路配套排水管道平面、纵断面、管位施工图识读，具体任务如下。

（1）明确工程内容，了解本工程范围内污水和雨水管道的汇水走向，明确管材、接口及基础的类型。已知本工程为中心大道北延伸工程（K2+890.000～K3+115.000）全长为 125m 的配套雨污水管道工程。

【参考图文】

（2）结合设计规范判断检查井和雨水口等附属构筑物的设置是否正确。

（3）初步复核雨水管道工程材料用量情况，填写表 4-2。

表 4-2　工程材料一览表

序号	名称	规格	材料	单位	数量
复核结果					

（4）复核施工图中雨水管道的高程有无错误，核算管道覆土厚度是否满足要求，填写表 4-3。

表 4-3　管道高程及覆土厚度一览表

序号	管段编号	管长 L/m	管径 D/mm	坡度 i/‰	起点检查井地面标高/m	终点检查井地面标高/m	起点管内底标高/m	终点管内底标高/m	起点覆土厚度/m	终点覆土厚度/m
复核										

2. 案例分析与实施

案例分析与实施内容如下。

(1) 本工程内容：中心大道北延伸工程(K2+890.000~K3+115.000)全长为 125m 的配套雨污水管道工程，采用雨污分流制。其中本工程范围内污水汇水走向如图 4.37 所示，雨水汇水走向如图 4.38 所示。

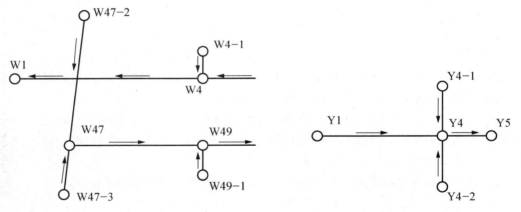

图 4.37　污水汇水走向　　　　　　　图 4.38　雨水汇水走向

根据排水施工说明及排水结构总说明可知如下信息。

① 本工程管材：D225、D300mm 及覆土小于 4m 的 D400mm 采用 UPVC 管；覆土大于 4m 的 D400mm 及 D500~D1000mm 采用钢筋混凝土管。

② 本工程管道接口形式采用橡胶圈接口。

③ 本工程基础的类型：D225、D300、D400mm UPVC 管采用砂基础；D500、D600、D1000mm 管采用钢筋混凝土基础。

(2) 判断检查井和雨水口等附属构筑物的设置是否正确。

①《室外排水设计规范》(GB 50014—2006)规定：检查井的位置，应设在管道交汇处、转弯处、管径或坡度改变处、跌水处及直线管段上每隔一定距离处；检查井在直线管段的最大间距一般宜按规定取值，具体也可参见表 4-1。

由此可判断本工程中检查井位置设置准确，间距在最大间距范围之内。

②《室外排水设计规范》（GB 50014—2006）规定：雨水口间距宜为25～50m，连接管串联雨水口个数不宜超过3个，雨水口连接管长度不宜超过25m。

本工程中检查井 Y1～Y5 所连接的雨水口间距最长约为35m，雨水口连接管最大长度为17m，均在允许范围之内。

③ 识读《市政工程施工图案例图集》第 91 页水-05 中排水管道平面图，核算工程材料用量，填写表 4-4。检查井尺寸一般根据所连接管段管径来定，雨水落底井尺寸可适当放大。

表 4-4　K2+890.000～K3+115.000 段管道工程材料一览表

序号	名称	规格/mm	材料	单位	数量
1	雨水管	D225	UPVC 管	m	170
2	雨水管	D400	UPVC 管	m	104
3	雨水管	D500	钢筋混凝土管	m	70
4	雨水管	D800	钢筋混凝土管	m	35
5	雨水检查井	1100×1100	砖砌井	座	5
6	雨水检查井	1100×1250	砖砌井	座	2
7	雨水口	510×390	砖砌井	个	10
复核结果			（略）		

④ 识读《市政工程施工图案例图册》水-05 排水管道平面图、水-06 雨水管道纵断面图，已知各检查井地面标高、起点管内底标高，复核施工图中雨水管道高程有无错误，核算管道覆土厚度是否满足要求，填写表 4-5。

表 4-5　管道高程及覆土厚度一览表

序号	管段编号	管长 L/m	管径 D/mm	坡度 i/‰	起点检查井地面标高/m	终点检查井地面标高/m	起点管内底标高/m	终点管内底标高/m	起点覆土厚度/m	终点覆土厚度/m
1	Y1～Y2	32	400	2.1	4.064	4.160	2.300	2.233	1.339	1.502
2	Y2～Y3	35	500	1.6	4.160	4.256	2.133	2.077	1.472	1.624
3	Y3～Y4	35	500	1.6	4.256	4.243	2.077	2.021	1.624	1.667
4	Y4-1～Y4	36	400	2.1	—	4.243	1.826	1.750	—	1.968
5	Y4-2～Y4	36	400	2.1	—	4.243	1.726	1.650	—	2.168
6	Y4～Y5	35	800	1.1	4.243	4.135	1.250	1.212	2.128	2.058
复核	根据计算结果，判断图纸高程计算无错误； 覆土满足要求。									

分析：

$$终点管内底标高 = 起点管内底标高 - 管长 L \times 坡度 i$$
$$覆土厚度 = 检查井地面标高 - 管内底标高 - 管壁厚度 - 管径$$

核算雨水管道高程及覆土厚度，已知各管段参数见表 4-5。

Y1～Y2：已知该管段采用 UPVC 管，壁厚为 25mm。则各项计算如下：

终点管内底标高＝2.300m－32m×2.1‰＝2.233m

起点覆土厚度＝(4.064－2.3－0.025－0.4)m＝1.339m

终点覆土厚度＝(4.160－2.233－0.025－0.4)m＝1.502m

以上计算结果和图纸进行复核，可以判断高程计算正确。

根据《室外排水设计规范》(GB 50014—2006)规定：管顶最小覆土深度，应根据管材强度、外部荷载、土壤冰冻深度和土壤性质等条件，结合当地埋管经验确定。管顶最小覆土深度宜为人行道下 0.6m，车行道下 0.7m。可以判断覆土满足要求。

Y2～Y3：已知该管段采用钢筋混凝土管，壁厚为 55mm，各项计算见表 4-5。

本次设计中管道连接均采用管顶平接，因管段 Y1～Y2 与 Y2～Y3 管径不同，故管段 Y2～Y3 起点管内底标高＝2.233m－(500－400)m/1000＝2.133m。

各项计算结果与图纸核对均无错误，覆土满足要求。

Y4-1～Y4：已知该管段采用 UPVC 管，壁厚为 25mm，各项计算见表 4-5。

各项计算结果与图纸核对均无错误，覆土满足要求。

Y4-2～Y4：已知该管段采用 UPVC 管，壁厚为 25mm，各项计算见表 4-5。

各项计算结果与图纸核对均无错误，覆土满足要求。

Y4～Y5：已知该管段采用钢筋混凝土管，壁厚为 65mm，各项计算见表 4-5。

因与 Y4～Y5 连接的是来自上游的三条管段，考虑水流能顺利接入下游管段，故管段 Y4～Y5 在与上游管段连接时必须与埋设最低的管段连接，即与管段 Y4-2～Y4 连接，考虑两段管段管径的不同，其起点管内底标高＝1.650m－(800－400)m/1000＝1.250m。

各项计算结果与图纸核对均无错误，覆土满足要求。

 拓展讨论

党的二十大报告指出，推进新型工业化，加快建设制造强国、质量强国、航天强国、交通强国、网络强国、数字中国。以建设成为高水平社会主义现代化城市为目标的雄安新区，除了被称为"海绵城市"的城市排水系统，还有哪些领域体现了建设制造强国、质量强国、交通强国、网络强国等指导思想？

4.1.4 拓展知识

世界主要城市排水系统一览(摘自腾讯新闻)

巴黎下水道：年均十多万人参观

近代下水道的雏形脱胎于法国巴黎。今天的巴黎下水道总长超过 2300km，规模远超巴黎地铁，是世界上最负盛名的下水道，也是世界上唯一可供参观的地下排水系统。从 1867 年世博会开始，陆续有外国元首前来参观，现在每年有十多万人来参观学习，如图 4.39 所示。

巴黎的下水道处于地面以下 50m，水道纵横交错，密如蛛网，下水道四壁整洁，管道通畅，地上没有一点脏物，干净程度可与巴黎街道相媲美，不会闻到一丁点儿腥臭味。而且，下水道宽敞得出人意料：中间是宽约 3m 的排水道，两旁是宽约 1m 的供检修人员通行的便道。

还有一连串数字可以说明这一排水体系的发达：约 2.6 万个下水道盖、6000 多个地下蓄水池、1300 多名专业维护工……

随着城市人口的增长，巴黎的工程师们还修建了 4 条直径为 4m、总长为 34km 的排水渠，以便通过净化站对雨水和废水进行处理，处理过的水一部分排到郊外或者流入塞纳河，另一部分则通过非饮用水管道循环使用。

【参考视频】

图 4.39　巴黎下水道

日本的"地下神殿"：东京下水道

1992 年日本大兴土木，建设了巨型分洪工程——"首都圈外郭放水路"，该工程堪称世界最先进的排水系统，它全程使用计算机遥控。

该巨型分洪工程是一条位于地下 50m 处，全长 6.3km、直径 10.6m 的隧道，隧道连接着东京市内长达 15700km 的城市下水道，如图 4.40 所示。

日本首都东京的地下排水标准是"五至十年一遇"（一年一遇是每小时可排 36mm 雨量，北京市排水系统设计的是一至三年一遇），最大的下水道直径在 12m 左右。

【参考视频】

图 4.40　东京下水道

伦敦下水道：切断霍乱源头

如果一个城市的排水系统出了问题，那么不仅是水浸街、水淹车的问题，还有可能导致流行病肆虐，这就是当年伦敦的下水道系统落后所带来的警示。

伦敦如今使用的下水道系统建于 150 多年前。1856 年，英国的设计师开始研究设计伦敦的下水道系统，而此时英法联军正在中国发动第二次鸦片战争。

谁也不会想到，150 多年前的伦敦竟是一个垃圾遍地、臭气冲天、霍乱横行的城市。1848—1849 年间，伦敦死于霍乱的人数超过 1.4 万人。人们想当然地认为，像那段时间此起彼伏的其他流行病一样，霍乱也是因为空气污染引起的，而没有意识到真正的根源是水源污染。

1849 年，霍乱疫情结束后，英国首都污水治理委员会任命约瑟夫·巴瑟杰为测量工程师，以确定城市排水系统未来如何改进。

1856 年，巴瑟杰建议将所有的污水直接引到泰晤士河口，全部排入大海，

但他的设计方案连续 5 次被否决。1858 年夏天，伦敦市内的臭味达到有史以来最严重的程度，伦敦市政当局迫于压力才同意了巴瑟杰的改造方案。

伦敦地下排水系统改造工程 1859 年正式动工，1865 年完工，实际长度达到 2000km。工程完成当年，伦敦的全部污水都被排往大海。

不少人担心地下被挖空的伦敦会不会坍塌，为了解决这个问题，工程部门特地研制了新型高强度水泥，用这种水泥制造了 3.8 亿块混凝土砖，构成了坚固的下水道，如图 4.41 所示。

由于将污水与地下水隔开，伦敦下水道改造意外地解决了导致霍乱的水源问题。从此以后，伦敦再也没有发生过霍乱。

图 4.41　伦敦下水道

罗马下水道：2500 年后仍在使用

说起城市排水的文明史，必须从古罗马说起。古罗马下水道建成 2500 年后，现代罗马仍在使用。

公元前 6 世纪左右，伊达拉里亚人使用岩石所砌的渠道系统，将暴雨造成的洪流从罗马城排出。渠道系统中最大的一条截面为 3.3m×4m，从古罗马城广场通往台伯河。

公元 33 年，罗马的营造官清洁下水道时，曾乘坐一叶扁舟在地下水道中游历了一遍，足见下水道是多么宽敞，如图 4.42 所示。

图 4.42　罗马下水道

习 题

一、判断题

1. 最早出现的合流制排水系统是将泄入其中的污水和雨水不经处理而直接就近排入水体。其缺点是污水未经处理即行排放，使受纳水体遭受严重污染。　　　　　　（　　）

2. 分流制排水系统是将生活污水、工业废水和雨水分别在两个或两个以上各自独立的管渠内排除的系统。　　　　　　　　　　　　　　　　　　　　　　　　（　　）

3. 合流制排水系统，其优点是污水能得到全部处理；管道水力条件较好；可分期修建。主要缺点是降雨初期的雨水对水体仍有污染。　　　　　　　　　　　　　　（　　）

4. 我国新建城区一般采用合流制排水系统。　　　　　　　　　　　　　　（　　）

5. 雨水管道布置时要充分利用地形，就近排入水体。　　　　　　　　　　（　　）

6. 雨水口布置应根据地形及汇水面积确定，一般在道路交叉口的汇水点，低洼地段、直线段一定距离内均应设置雨水口。　　　　　　　　　　　　　　　　　　（　　）

7. 混凝土带形基础适用于土质较差、地下水位较高和地基软硬不均匀的排水管道。

　　　　　　　　　　　　　　　　　　　　　　　　　　　　　　　　　（　　）

8. 柔性接口允许管道纵向轴线交错 3～5mm 或交错一个较小的角度，而不致引起渗漏。

　　　　　　　　　　　　　　　　　　　　　　　　　　　　　　　　　（　　）

9. 混凝土枕基是沿管道全长铺设的基础。　　　　　　　　　　　　　　　（　　）

10. 污水管道的埋设深度是指管道外壁顶部到地面的距离。　　　　　　　（　　）

11. 污水管道的覆土厚度是指管道内壁底部到地面的垂直距离。　　　　　（　　）

12. 为使水流流过检查井时阻力较小，污水检查井井底不宜设置流槽。　　（　　）

二、单项选择题

1. 城市排水体制可分为（　　　）和分流制两种。

A. 合流制　　　　　　　B. 满流制　　　　　　　C. 非满流制　　　　　　　D. 混流制

2. 以下排水系统体制中，常用于老城区改造的是（　　　）。

A. 分流制排水系统　　　　　　　　　　B. 直流式合流制排水系统

C. 完全分流制排水系统　　　　　　　　D. 截流式合流制排水系统

3. 下列排水系统体制中，设有完整、独立的雨水排水管道系统的是（　　　）。

A. 完全分流制排水系统　　　　　　　　B. 直流式合流制排水系统

C. 不完全分流制排水系统　　　　　　　D. 截流式合流制排水系统

4. 最早出现的（　　　）排水系统是将泄入其中的污水和雨水不经处理而直接就近排入水体。其缺点是污水未经处理即行排放，使受纳水体遭受严重污染。

A. 集流制　　　　　　　B. 截流制　　　　　　　C. 合流制　　　　　　　D. 分流制

5.（　　　）排水系统是将生活污水、工业废水和雨水排泄到同一个管渠内排除的系统。

A. 合流制　　　　　　　B. 分流制　　　　　　　C. 集流制　　　　　　　D. 截流制

6. 生活污水、工业废水、雨水一起排向截流干管，晴天与初雨时水全部输送到污水厂，初雨后的水，当水量超过一定数时，其超量部分通过溢流井排入水体。这种排水体制叫（　　）排水体制。

  A. 不完全分流   B. 直泄式合流   C. 全处理合流   D. 截流式合流

  7.（　　）排水系统是将生活污水、工业废水和雨水分别在两个或两个以上各自独立的管渠内排除的系统。

  A. 合流制   B. 分流制   C. 集流制   D. 截流制

  8. 我国新建城区一般采用（　　）排水系统。

  A. 集流制   B. 截流制   C. 合流制   D. 分流制

  9. 为便于对管渠系统作定期检查、清通和连接上、下游管道，必须在管道适当位置上设置（　　）。

  A. 水封井   B. 检查井   C. 跌水井   D. 截流井

  10. 雨水口以连接管与街道排水管渠的检查井相连；连接管长度不宜超过（　　）m；在同一连接管上串联的雨水口不宜超过（　　）个。

  A. 10　2   B. 15　2   C. 20　3   D. 25　3

  11. 排水管渠（　　）是排水系统的终点构筑物，污水由此向水体排放。

  A. 出水口   B. 防潮门   C. 污水泵站   D. 雨水口

  12. 对排水管渠材料的要求有（　　）。

  A. 有足够强度   B. 抗腐蚀

  C. 不透水、内壁光滑   D. 以上均是

  13. 下列关于出水口叙述正确的是（　　）。

  A. 出水口的位置和型式，应根据受纳污水水质、流量、水位、气候特征等因素确定

  B. 出水口与水体岸边联接处采取防冲加固措施

  C. 在冻胀地区，出水口应考虑用耐冻胀材料砌筑，出水口的基础必须设在冰冻线以下

  D. 以上说法均正确

  14. 下列不是管道基础的组成部分的是（　　）。

  A. 地基   B. 基础   C. 管座   D. 沙土

  15. 承插（　　）接口结构简单，施工方便，适用非常广泛。在土质较差、地基硬度不均匀或地震地区采用，具有独特的优越性。

  A. 钢筋混凝土抹带   B. 水泥砂浆抹带

  C. 橡胶圈   D. 焊接

  16. 倒虹管水平管的管顶距规划的河底一般不宜小于（　　）m。

  A. 0.5   B. 0.8   C. 1.0   D. 1.5

  17. 已知 DN500 污水管道的埋设深度为 2.1m，如不计管壁厚度，则管道的覆土厚度为（　　）m。

  A. 1.0   B. 1.5   C. 1.7   D. 1.6

  18. 为了养护管理方便，提出了最小管径的规定，街道下的市政管道最小管径为（　　）。

  A. 200mm   B. 300mm   C. 150mm   D. 400mm

  19. 下列影响排水管道最小覆土厚度的因素中错误的是（　　）。

  A. 必须考虑各种管道的交叉

B. 必须防止管内污水冰冻和因土壤冰冻膨胀而损坏管道

C. 必须防止管道被地面上行驶的车辆所形成的活荷载压坏

D. 必须满足管道支管的接入

20. 下列接口中属于柔性接口的是（　　）。

A. 水泥砂浆街口　　　　　　　　　B. 钢丝网水泥砂浆接口

C. 橡胶圈接口　　　　　　　　　　D. 石棉水泥套环接口

21. 下列关于检查井设置位置述说错误的为（　　）。

A. 管道交汇、转弯　　　　　　　　B. 尺寸或坡度改变

C. 水位跌落　　　　　　　　　　　D. 直线管段20m间隔处

22. 排水管道基础（　　）指管子与基础间的设施，使管子与基础称为一体，以增加管道的刚度。

A. 地基　　　　B. 基础　　　　C. 钢筋　　　　D. 管座

23. 埋地排水用硬聚氯乙烯双壁波纹管的管道一般采用（　　）。

A. 素土基础　　　　　　　　　　　B. 素混凝土基础

C. 砂砾石垫层基础　　　　　　　　D. 钢筋混凝土基础

三、多项选择题

1. 排水工程是指（　　）并排放污水、废水和雨水的整套工程设施。

A. 收集　　　　B. 运输　　　　C. 处理

D. 利用　　　　E. 排放

2. 城市排水系统服务对象按来源不同分为（　　）。

A. 生活污水　　　B. 工业废水　　　C. 降水

D. 综合污水　　　E. 临时污水

3. 合流制排水系统可分为（　　）。

A. 截流式　　　　B. 半截流式　　　C. 直泄式

D. 完全分流式　　E. 不完全分流式

4. 检查井由（　　）几部分构成。

A. 连接支管　　　B. 井底及基础　　C. 井身

D. 井筒　　　　　E. 井盖及井盖座

5. 混凝土管管口形式有（　　）。

A. 承插式　　　　B. 企口式　　　　C. 平口式

D. 焊接式　　　　E. 法兰式

6. 当钢筋混凝土排水管道敷设于土质松软、地基沉降不均匀或地震地区，管道接口宜采用柔性接口，下列（　　）接口均比较适用。

A. 石棉沥青卷材　B. 橡胶圈　　　　C. 预制套环石棉水泥

D. 水泥砂浆抹带　E. 焊接

7. 检查井通常设在（　　）以及直线管段上每隔一定距离处。

A. 转弯处　　　　B. 管道交汇处　　C. 管径改变处

D. 跌水处　　　　E. 坡度改变处

8. 排水管道根据接口的弹性，一般可分为( )三种接口形式。

A. 柔性   B. 黏性   C. 刚性

D. 半柔半刚性   E. 砂性

9. 排水管渠材料( )

A. 必须具有足够的强度、刚度、稳定性

B. 能抵抗污水中杂质的冲刷和磨损作用

C. 内壁整齐光滑，使水流阻力尽量小

D. 有足够的长度、接头少

E. 内壁尽量粗糙

10. 地基是指沟槽底的土壤部分，它承受( )及地面上的荷载。

A. 管子和基础的重量   B. 管内水重

C. 管上土压力   D. 浮力

E. 内壁尽量粗糙

11. 雨水口的构造包括( )三部分。

A. 盖板   B. 进水箅   C. 井筒

D. 连接管   E. 井盖

【参考答案】

任务 4.2   施工放线

4.2.1   任务描述

工作任务

结合《市政工程施工图案例图集》，进行排水管道施工放线。

具体任务如下：计算管道中心线控制桩放设数据并现场定位。

工作手段

《给水排水管道工程施工及验收规范》（GB 50268—2008）、《市政工程施工图案例图集》、全站仪、函数计算器、钢尺等。

成果与检测

（1）每位学生根据组长分工完成任务测量放线。

（2）采用教师评价和学生互评的方式打分。

4.2.2   相关知识

1. 施工测量

沟槽开挖施工前，应首先进行测量，以便绘制出能反映现状资料的地形条状图及管道纵向断面图。施工测量的任务有两个：一是把图纸上设计的管道先测设到地面上，按设计的意图去指导管道的施工；二是把已施工的管道情况反映到竣工图纸上，作为资料归档，并用它指导管道的日常维护检修工作。

由于地面沉降、地震或以往竣工资料的精确度，往往造成原始测量数据的变动，因此，施工测量应符合下列规定。

（1）施工前，建设单位应组织有关单位向施工单位进行现场交桩。

（2）临时水准点和管道轴线控制桩的设置应便于观测且必须牢固，并应采取保护措施。开槽铺设管道的沿线临时水准点每200m不宜少于1个。

（3）管道轴线控制桩、高程桩，应经过复核方可使用，并应经常校核。

（4）已建管道、构筑物等与本工程衔接的平面位置和高程，开工前应校测。

1）施工放线

沟槽施工放线就是根据施工图上管道起点、终点和转折点的设计坐标，计算出这些点与附近控制点和固定建筑物之间的关系；然后根据这些关系，把这些点用桩固定在地面上，并且进行挂点。为了避免出错，每个点都要进行校核。

在标定管道起点、终点和转折点之前，首先要了解设计管道的走向和已有控制点的分布情况，并结合实际地形考虑上述每一个点的具体方位。

当管道的中线位置在地面上确定以后，可开始量距和测定转折角的工作。沿管道走向每个检查井中心位置钉一桩，称为井位桩，在特殊地点还可以在两井间加桩。由于管道开槽时井位桩会被挖除，因此需在沟边线外设置保护桩。

2）沟槽高程控制

施工中管沟纵断面的高程控制，可采用井位桩标出挖深和立坡度板的方式解决，也就是在地面上放出管中线后，就可根据中线位置，以管沟开挖深度定出的开槽宽度在地面上撒灰线标明开挖边线。在沿线井位桩上标注井号和挖深。

当沟槽挖至一定深度时，在井位桩位置设立横跨沟槽的坡度板，坡度板可直接埋设在地面上，并用仪器校测管中线，在各个坡度板上用小钉标定其位置，并在坡度板上做出高程标记，标明挖深。为了施工中的校核容易，在坡度板上钉一块立板，立板上钉一个坡度钉，要使各钉至沟底的高度一致。利用坡度板施工时，应经常检查管道坡度板有无移位的迹象。

2. 施工放线步骤

1）熟悉管道施工图

施工放线前，应熟悉设计图纸，明确设计要求，弄清管线位置和长度的起、止点和转折点；构筑物（检查井、阀门井）的平面位置、高程及构筑物的编号；管线主要点位的坐标及高程等。

2）现场踏勘

踏勘时要深入现场，了解场地环境，按管线平面图找出管道在地面上的位置，检查设计阶段测设的各种定位标志是否齐全，能否满足施工放线的需要。如果点位太少或被毁，应了解场区控制点分布情况，进行补测。

3）管线定位测量

管线主点定位测量中，新建管道与原有管道衔接时，以原有管道为准；厂房外管道与厂房内管道衔接时，以厂房内管道为准。管道定位测量的允许偏差，应符合《给水排水管

道工程施工及验收规范》（GB 50268—2008)的规定，并应满足国家现行标准《工程测量规范(附条文说明)》（GB 50026—2007)和《城市测量规范》（CJJ/T 8—2011)的有关规定。

因为挖方时管道中线上各桩将被挖掉，所以挖方前要引测中线控制桩和井位控制桩。

（1）引测中线控制桩。引测中线控制桩的方法如图 4.43 所示，即在中线端点作中线的延长线，定出中线控制桩，一般应设置在最外侧井位 5m 以外。

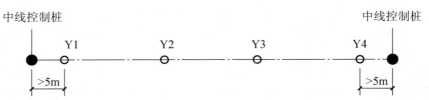

图 4.43　引测中线控制桩

（2）引测井位控制桩。引测井位控制桩的方法如图 4.44 所示。在每个井位垂直于中线引测出井位控制桩。控制桩应设在不受施工干扰、引测方便、易于保存的地方；一般应设置在管沟边线 1m 以外。控制桩至中线的距离应为整米数，以便于控制桩恢复点位。为防止控制桩毁坏，一般要设双桩。

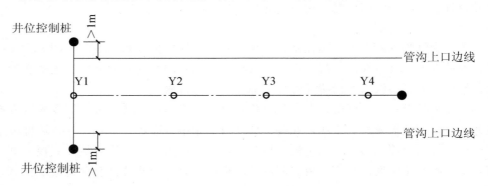

图 4.44　引测井位控制桩

4.2.3　案例示范

1. 案例描述

结合《市政工程施工图案例图集》，确定水-05 施工管段 Y17～Y21 管中心线控制桩桩位。

具体任务如下。

（1）根据设计图纸计算出中线桩的测设数据。

（2）根据测设数据采用点位测设的方法把中线桩测设在地面上。

2. 案例分析与实施

1）拟定测设方案及计算测设数据

雨水管中心线与道路中心线重合，依据所选段落确定中线控制桩位置，一般选在施工范围以外的整桩号位。如果管线为直线段，中间检查井可在施工中直接量距定位即可；如果为曲线段，需要将所有检查井用坐标定位。

（1）Y17 与 Y21 的桩号分别为 K3＋523.39 与 K3＋670，选定中心线控制桩桩位：K3＋510、K3＋680。

（2）依据图纸雨水管中心线方向坐标计算 K3＋510、K3＋680 两控制桩坐标。

① 已知雨水管中心线两个方向坐标：南侧取桩号 K3＋361.385 点 $X_s＝74114.074$，$Y_s＝22732.066$，北侧取桩号 K4＋005.247 点 $X_n＝74754.368$，$Y_n＝22664.374$，计算雨水管中心线坐标方位角：

$$\alpha＝\arctan(22664.374－22732.066)/(74754.368－74114.074)＝353°57'54''$$

② 推算 K3＋510、K3＋680 两控制桩坐标：

K3＋510： $X＝74114.074＋148.615×\cos353°57'54''＝74261.865$

$Y＝22732.066＋148.615×\sin353°57'54''＝22716.441$

K3＋680： $X＝74114.074＋318.615×\cos353°57'54''＝74430.923$

$Y＝22732.066＋318.615×\sin353°57'54''＝22698.568$

（3）依据已知基准点计算中心线控制桩放设数据：

Ⅱ-137： $X＝74288.233$ 　　　 $Y＝22629.496$

Ⅲ-48： $X＝74395.953$ 　　　 $Y＝22645.943$

① K3＋510 点：以Ⅱ-137 为测站，Ⅲ-48 为后视，如图 4.45 所示。

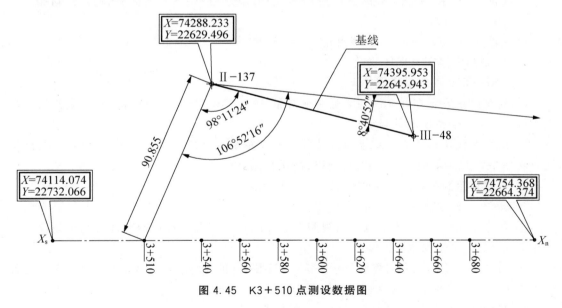

图 4.45 K3＋510 点测设数据图

$$D＝\sqrt{[(74261.865－74288.233)^2＋(22716.441－22629.496)^2]}\ \text{m}＝90.855\text{m}$$

基线方位角： $\alpha＝\arctan(22645.943－22629.496)/(74395.953－74288.233)＝8°40'52''$

直线Ⅱ-137－K3＋510 坐标方位角： $\alpha＝\arctan(22716.441－22629.496)/(74261.865－74288.233)＝106°52'16''$

直线Ⅱ-137－K3＋510 与基线夹角：$106°52'16''－8°40'52''＝98°11'24''$

② K3＋680 点：以Ⅲ-48 为测站，Ⅱ-137 为后视，如图 4.46 所示。

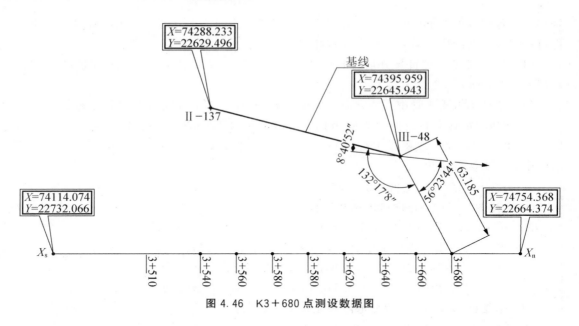

图4.46 K3+680点测设数据图

$D = \sqrt{[(74430.923 - 74395.953)^2 + (22698.568 - 22645.943)^2]}$ m = 63.185m

基线方位角：$\alpha = 8°40'52'' + 180° = 188°40'52''$

直线Ⅲ-48—K3+680坐标方位角：$\alpha = \arctan(22698.568 - 22645.943)/(74430.923 - 74395.953) = 56°23'44''$

直线Ⅲ-48—K3+680与基线夹角：$\alpha = 188°40'52'' - 56°23'44'' = 132°17'08''$

2）绘制测设简图及现场放设

（1）K3+510点放设步骤如下。

① 将全站仪安置在Ⅱ-137点，后视照准Ⅲ-48点，记录读数；顺时针转动全站仪，拨动106°52'16''，全站仪水平制动。

② 沿全站仪望远镜方向移动目标棱镜，找到距离Ⅱ-137点90.855m的位置，在该位置打入木桩，并在木桩上打入铁钉，铁钉露出桩面2～3cm。

③ 将棱镜重新架设于目标点（铁钉），校核距离。

（2）K3+680点放设步骤如下。

① 将全站仪安置在Ⅲ-48点，后视照准Ⅱ-137点，记录读数；顺时针转动全站仪，拨动132°17'08''，全站仪水平制动。

② 沿全站仪望远镜方向移动目标棱镜，找到距离Ⅲ-48点63.185m的位置，在该位置打入木桩，并在木桩上打入铁钉，铁钉露出桩面2～3cm。

③ 将棱镜重新架设于目标点（铁钉），校核距离。

习 题

一、判断题

1. 地面点到大地水准面的铅垂距离称为绝对高程，地理学上称为海拔，工程上叫标高。   （   ）

2. 管道轴线控制桩、高程桩，应经过复核方可使用，并应经常校核。 （   ）

3. 由于管道开槽时井位桩会被挖除，因此需在沟边线外设置保护桩。 （   ）

二、单项选择题

1.（   ）应设在不受施工干扰、引测方便、易于保存的地方；一般应设置在管沟边线 1m 以外。

　　A. 井位控制桩　　　　B. 沟槽边线　　　　C. 坡度板　　　　D. 高程点

2. 水准仪的视线高是指望远镜中心到（   ）。

　　A. 地面的距离　　　　　　　　　　　　B. 地面铅垂距离

　　C. 水准点的铅垂距离　　　　　　　　　D. 大地水准面的铅垂距离

三、多项选择题

1.（   ）的设置应便于观测且必须牢固，并应采取保护措施。

　　A. 临时水准点　　　　B. 坡度板　　　　　C. 管道轴线控制桩

　　D. 观测点　　　　　　E. 水准仪

2. 施工测量时应符合下列规定：（   ）。

　　A. 施工前，建设单位应组织有关单位向施工单位进行现场交桩；

　　B. 临时水准点和管道轴线控制桩的设置应便于观测且必须牢固，并应采取保护措施。开槽铺设管道的沿线临时水准点每 200m 不宜少于 1 个

　　C. 管道轴线控制桩、高程桩，应经过复核方可使用，并应经常校核

　　D. 已建管道、构筑物等与本工程衔接的平面位置和高程，开工前应校测

　　E. 管道轴线控制桩、高程桩，应经过复核方可使用，后期不用应再次校核

3. 管道施工测量主要是控制管道的（   ）。

　　A. 长度　　　　　　　B. 宽度　　　　　　C. 中线

　　D. 高程　　　　　　　E. 坐标

【参考答案】

任务 4.3　沟槽开挖与支护

4.3.1　任务描述

工作任务

　　结合《市政工程施工图案例图集》，查阅《给水排水管道工程施工及验收规范》（GB 50268—2008），完成排水管道沟槽开挖与支护方案。

　　具体任务如下。

　　（1）确定沟槽开挖断面形式。

　　（2）计算沟槽开挖断面尺寸，确定沟槽底部开挖标高，初步确定开挖土方量。

　　（3）绘制沟槽开挖断面图。

　　（4）沟槽土方开挖技术交底。

《给水排水管道工程施工及验收规范》（GB 50268—2008）、《市政工程施工图案例图集》等。

（1）每位学生根据组长分工完成部分管段沟槽开挖任务。

（2）采用教师评价和学生互评的方式打分。

4.3.2 相关知识

1. 沟槽断面形式的确定

在市政管道开槽法施工中，根据开挖处的土的种类、地下水水位、管道断面尺寸、管道埋深、施工排水方法及施工环境等来确定沟槽开挖断面形式。常用的沟槽断面形式有直槽、梯形槽、混合槽和联合槽等，如图 4.47 所示。

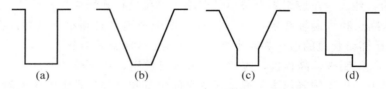

图 4.47 沟槽断面形式
（a）直槽；（b）梯形槽；（c）混合槽；（d）联合槽

1）直槽（免支撑）

在无地下水的天然湿度土壤中开挖沟槽时，如沟深不超过下列规定，沟壁可不设边坡，开挖成直槽。

填实的砂土和砾石土：1m；

亚砂土和亚黏土：1.25m；

黏土：1.5m；

特别密实的土：2m。

直槽还适用于工期短、深度较浅的小管径工程，在地下水位以下采用直槽时则要考虑支撑。

2）梯形槽（大开槽）

当土壤具有天然湿度，构造均匀，无地下水，水文地质条件良好，挖深 5m 以内时可采用梯形槽，应用较广泛。

3）混合槽

当槽深较大时宜分层开挖成混合槽。人工挖槽时，每层深度以不超过 2m 为宜，机械开挖则按机械性能确定。

4）联合槽

联合槽适用于两条或两条以上的管道埋设在同一沟槽内的情况。

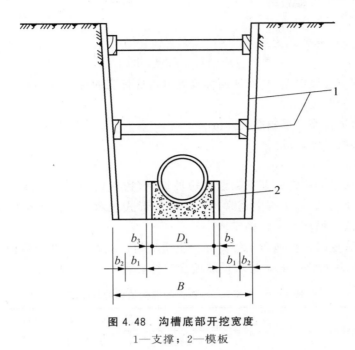

图 4.48 沟槽底部开挖宽度

1—支撑；2—模板

2. 沟槽断面尺寸的确定

1）底宽

沟槽底部开挖宽度如图 4.48 所示，其计算公式为

$$B = D_1 + 2(b_1 + b_2 + b_3) \tag{4-1}$$

式中 B——沟槽底宽，mm；

D_1——管道结构的外缘宽度，mm；

b_1——管道一侧的工作面宽度，mm；

b_2——沟槽一侧的支撑厚度，一般取 150～200mm；

b_3——现浇混凝土或钢筋混凝土管道一侧模板的厚度，mm。

工作面宽度 b_1 的确定，应根据管道结构、管道断面尺寸及施工方法，每侧工作面宽度应符合表 4-6 要求。

表 4-6 管道一侧的工作面宽度 b_1　　　　　　单位：mm

管道结构的外缘宽度 D_1	管道一侧的工作面宽度 b_1	
	非金属管道	金属管道
$D_1 \leqslant 500$	400	300
$500 < D_1 \leqslant 1000$	500	400
$1000 < D_1 \leqslant 1500$	600	600
$1500 < D_1 \leqslant 3000$	800	800

注：1. 槽底需设排水沟时，工作面宽度（b_1）应适当增加；

2. 管道有现场施工的外防水层时，每侧工作面宽度宜取 800mm。

2）沟槽挖深

沟槽开挖深度计算公式为

$$H = H_1 + t + h_1 + h_2 \qquad (4\text{-}2)$$

式中　H_1——管道埋设深度（自然地面标高到管内底标高的距离），m；

　　　t——管壁厚度，m；

　　　h_1——管道管座及基础厚度，m；

　　　h_2——垫层厚度，m。

3）边坡坡率

为了保持沟槽壁的稳定，要有一定的边坡坡率（边坡铅垂方向上高度与坡面水平方向上的投影长度的比值），在工程上通常以 1∶m 的形式表示。沟槽边坡坡率一般应根据土壤种类、施工方法、槽深等因素确定。

采用大开槽开挖时，在地质条件良好、土质均匀，地下水位低于沟槽底面高程，且开挖深度在 5m 以内不加支撑时，边坡最陡坡度应符合表 4-7 的规定。

表 4-7　深度在 5m 以内的沟槽边坡的最陡坡度

土的类别	最大边坡坡率(1∶m)		
	坡顶无荷载	坡顶有静载	坡顶有动载
中密的砂土	1∶1.00	1∶1.25	1∶1.50
中密的碎石类土（充填物为砂土）	1∶0.75	1∶1.00	1∶1.25
硬塑的轻亚黏土	1∶0.67	1∶0.75	1∶1.00
中密的碎石类土（充填物为黏土）	1∶0.50	1∶0.67	1∶0.75
硬塑的亚黏土、黏土	1∶0.33	1∶0.50	1∶0.67
老黄土	1∶0.10	1∶0.25	1∶0.67
软土（经井点降水后）	1∶1.00	—	—

注：1. 当有成熟施工经验时，可不受本表限制。

2. 在软土沟槽坡顶不宜设置静载或动载；需要设置时，应对土的承载力和边坡的稳定性进行验算。

4）沟槽上口宽度

以应用最为广泛的梯形沟槽为例，梯形沟槽上口宽计算公式为

$$W = B + 2 \times \frac{H}{(1\colon m)} \qquad (4\text{-}3)$$

式中　W——梯形槽上口宽度，m；

　　　B——沟槽底宽，m；

　　　H——沟槽挖深，m；

　1∶m——沟槽边坡坡率，m。

3. 沟槽土方量计算

为编制工程预算及施工计划，在开工前和施工过程中都要计算土方量。沟槽土方量的计算可采用平均断面法，其计算步骤如下。

（1）划分计算段。将沟槽纵向划分成若干段，分别计算各段的土方量。每段的起点一般为沟槽坡度变化点、沟槽转折点、断面形状变化点、地形起伏突变点等处。

（2）确定各计算段沟槽断面形式和面积。

（3）各计算段土方量计算。

如图 4.49 所示，其计算公式为

$$V = \frac{F_1 + F_2}{2} \cdot L \tag{4-4}$$

式中　V——计算段的土方量，m^3；

L——计算段的沟槽长，m；

F_1、F_2——计算段两边横断面面积，m^2。

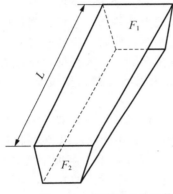

图 4.49　沟槽土方量计算

4. 沟槽的土方开挖与运输

1）沟槽土方开挖方法

沟槽土方开挖可采用人工开挖、机械开挖等方法。凡有条件的应尽量采用机械开挖。

（1）人工开挖。沟槽深度在 3m 以内，可直接采用人工开挖。超过 3m 应分层开挖，每层的深度不宜超过 2m。

（2）机械开挖。在沟槽土方开挖中，常用液压式单斗反铲挖掘机，其特点是操作灵活、切力大、机构简单，而且能比较准确地控制挖土深度，如图 4.50 所示。

【参考视频】

图 4.50　液压式单斗反铲挖掘机

2）土方运输

土方运输按作业范围可分为场内运输与场外运输。场内运输一般指边挖边运或挖填平衡调配。场外运输一般指多余土运往场外指定的地点，当市区内施工中，街道不允许存土，须外运待回填时再运回。

余土外运应尽量采用汽车运输与机械挖土配合施工，以减少二次装载搬运。搞好土方平衡调配，尽量减少土方外运，以降低施工费用。

3）土方开挖细则

挖槽前应认真熟悉图纸，结合现场水文、地质情况，合理确定开挖顺序。了解核实地下及地上构筑物及施工环境等情况。合理地确定沟槽断面和适合的开挖方法，并制定必要的安全措施，还应进行书面技术交底，技术交底的交接双方均要签字。技术交底内容包括底宽、沟底高程、边坡坡度、支撑形式、安全注意事项等。

沟槽若与原地下管线相交叉或在地上建筑物、电杆、测量标志等附近挖槽时，应采取相应加固措施。如遇电讯、电力、给水等管线时，应会同有关单位协调解决。

当管道需穿越道路时，应组织安排车辆、行人绕行，设置明显标志。在不宜断绝交通或绕行时，应根据道路的交通量及最大通行荷载，架设施工临时便桥，并应积极采取措施，加快施工进度，尽早恢复交通。

沟槽开挖应按施工技术交底进行，机械开挖应留置 20cm 人工修整，即使是人工开挖在雨季施工也应留 20cm 到工序开始施工前才开挖，以免遇雨泡槽。弃土应堆放至沟槽上口边缘外 0.8m 以外，最好 1.0～1.2m 以外，堆土高度不要超过 1.5m。且不得掩埋消火栓、管道闸门、雨水口、测量标志及各种地下管道的井盖，并不得妨碍其正常使用。不得靠近房屋、墙壁推土。

相邻沟槽开挖时，应遵循先深后浅的施工顺序。土方开挖不得超挖，防止对基底土的扰动。

沟槽开挖深度较大时，应分层开挖，每层深度不超过 2m；多层沟槽（联合槽、混合槽）层间应留台。台宽：放坡开槽时不小于 0.8m，直槽时不小于 0.5m，安装井点设备时（一般多级井点会使用）不小于 1.5m。

施工期间，应根据实际情况铺设临时管道或开挖排水沟，以解决施工排水和防止地面水、雨水流入沟槽。沟槽内的积水，应采取措施及时排除，严禁在水中施工作业。当施工地区含水层为砂性土或地下水位较高时，应采用人工降低地下水位法，使地下水位降至基底以下 0.5～1.0m 后开挖。

人工开挖时如发现两侧沟壁有开裂、沉降等危险征兆，特别是在雨后，要及时采取措施，或令操作人员暂时撤离。

4）沟槽质量检查

沟槽开挖好后在做管道垫层及基础前应进行验槽。验槽时施工单位、设计单位、建设单位、监理单位均应参加，必要时还要有勘察单位参加。验槽主要是检验槽底工程地质情况，如槽底土层与设计文件有较大出入时，应会同勘察、设计单位协商解决。此外，还要检查沟槽的平面位置、断面尺寸及槽底高程。验槽合格，应填写书面验槽记录，各参与方均应进行隐蔽工程验收签字。

5. 沟槽支撑

沟槽的支撑是防止施工过程中槽壁坍塌的一种临时有效的挡土结构，是一项临时性施工安全技术措施，如图 4.51 所示。

图 4.51　沟槽的支撑

支撑可减少挖方量，缩小施工占地面积，减少拆迁，又可保证施工安全。但支撑增加了材料消耗，有时甚至影响后续工序的操作。

1）支撑的适用范围

支撑的荷载就是原土和地面荷载所产生的侧土压力。在沟槽开挖施工中，往往由于下述几方面的原因，而必须采用适当的方法对沟槽进行支撑，使槽壁不致坍塌。

（1）施工现场狭窄而沟槽土质较差，深度较大时。

（2）开挖直槽，土层地下水较多，槽深超过 1.5m，并采用表面排水方法时。

（3）沟槽土质松软有坍塌的可能，或需晾槽时间较长时，应根据具体情况考虑支撑。

（4）沟槽槽边与地上建筑物的距离小于槽深时，应根据情况考虑支撑。

（5）为减少占地对构筑物的基坑、施工操作工作坑等采用的临时性基坑维护措施，如顶管工作坑内支撑、基坑的护壁支撑等。

2）支撑结构基本要求

（1）牢固可靠。支撑应做强度和稳定校核。所用的材料的质地和规格尺寸应合格。

（2）在保证施工安全的前提下，尽可能节约材料，尽可能采用工具式支撑代替木支撑。

（3）支撑型式应便于支设和拆除，并便于后续工序的操作。

（4）支撑后，沟槽中心线每侧净宽不小于施工设计的规定。

（5）横撑不应妨碍下管和稳管。

3）支撑类型

常见的沟槽支撑形式有横撑、竖撑及板桩撑等类型，地下构筑物基坑开挖时多采用锚杆护坡、灌注桩或其他类型的支撑。沟槽支撑的形式与方法，应根据土质、工期、施工季节、地下水情况、槽深及开挖宽度、地面环境等因素确定。

（1）横撑式。

开挖较窄的沟槽，多用横撑式土壁支撑。横撑式土壁支撑根据挡土撑板的不同，分为间断式和连续式两种，如图 4.52、图 4.53 所示。间断式支撑适用于黏性土无地下水、挖深较大、地面上建筑物靠近沟槽的情况。连续式支撑适用于土质较差，有轻度流砂现象及挖掘深度为 3～5m 的沟槽。

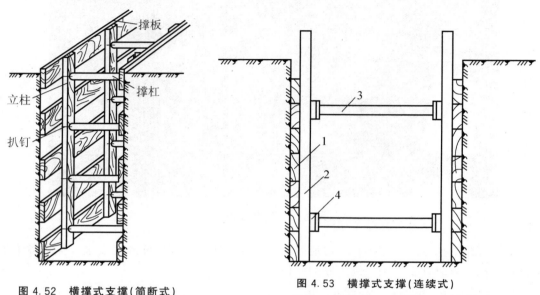

图 4.52　横撑式支撑(简断式)

图 4.53　横撑式支撑(连续式)
1—撑板；2—纵梁；3—撑杠；4—木楔

（2）竖撑式。

竖撑式支撑一般为密撑，如图 4.54 所示。它适用于土质较差，有地下水或有流砂及挖土深度较大时采用。其特点是支撑和拆撑方便。

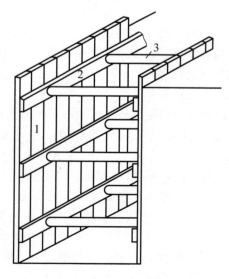

图 4.54　立板密撑
1—撑板；2—横梁；3—撑杠

撑板分木撑板和钢制撑板。金属撑板由钢板焊接于型钢上拼成，型钢间用型钢连系加固，如图 4.55 所示。横梁和立柱一般用木材制作，有时也用型钢制作（槽钢、工字钢）。

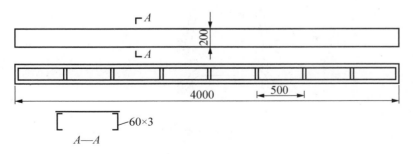

图 4.55　金属撑板

撑杠为木撑杠和工具式撑杠。工具式撑杠支设方便安全可靠，并可节约木材。可根据沟槽宽度选用适宜长度的圆套管，其构造如图 4.56 所示。

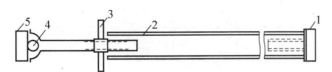

图 4.56　工具式撑杠

1—撑头板；2—圆套管；3—带柄螺母；4—球铰；5—撑头板

（3）板桩撑。

板桩撑适用于沟槽开挖深度较大、地下水丰富、有流砂现象或砂性饱和土层。板桩在沟槽开挖之前用打桩机打入土中。因此，板桩支撑在沟槽开挖及其以后各项工序施工中，始终起安全保护作用。桩板的啮合和深入槽底一定长度能有效地防止流砂渗入沟槽。

板桩分为木板桩和钢板桩两类。

常用的钢板桩有槽钢和工字钢，有时也使用特制的钢板桩，如拉森钢板桩作为一种新型建材，目前在大型管道铺设中使用较多。拉森钢板桩施工速度快、费用低，具有很好的防水功能，如图 4.57 所示。钢板桩的断面形式多种多样，如图 4.58 所示。钢板桩的长度应根据沟槽挖深选用，弯曲的钢板桩，应经矫正后方可使用。

【参考视频】

图 4.57　拉森钢板桩

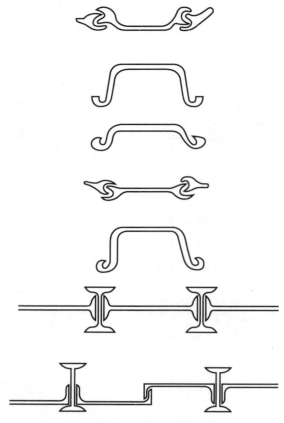

图 4.58　钢板桩的断面形式

4）支撑的支设、倒撑与拆除

支撑的支设、倒撑与拆除内容如下。

（1）沟槽支撑与要求。沟槽需支撑时，当沟槽开挖到一定深度后，铲平槽壁开始支撑，支撑前先校测沟槽开挖断面是否符合要求的宽度。将撑板均匀紧贴于槽壁，再将立柱或横梁紧贴撑板，然后将撑杠支设在纵梁或横梁上。撑板、横梁或立柱、撑杠必须彼此间相互垂直，紧贴靠实，并应用扒锯钉、木楔、木托等将其固定，保证相互间牢固可靠。

撑板支撑的横梁、立柱和撑杠的布置应符合下列规定。

① 撑杠必须支承横梁或立柱；每根横梁或立柱不得少于 2 根撑杠；撑杠的水平间距一般宜为 1.5～2.0m。当管节长度大于撑杠的水平间距时，应安排下管的位置，并加强支撑。

② 撑杠的垂直间距一般不宜大于 1.5m。槽底撑杠的垂直间距不宜超过 2.5m。横撑长度稍差时，可在两端或一端用木楔打紧或钉木垫板。当撑杠长度超过 4m 时，应考虑加斜撑。

撑板的安装应符合下列规定。

① 撑板应与沟槽槽壁紧贴。当有空隙时，宜用土填实；撑板垂直方向的下端应达到沟槽槽底；横排撑板应水平，立排撑板应垂直，撑板板端应整齐；密撑的撑板接缝应严密。

② 采用横排撑板支撑时，若遇有地下钢管或铸铁管横穿沟槽，管道下面的撑板上缘应紧贴管道安装，管道上面的撑板下缘距管道顶面不宜小于10cm。

③ 当立排撑板底端高于挖掘时槽底面时，边挖边用大锤将撑板一一打下，应保证槽挖多深撑板下多深。每挖深0.4～0.8m，将撑板打下一次，撑板打至槽底或排水沟底为止。撑板每打下1.2～1.5m，再加一道撑杠。

④ 应支撑的沟槽随挖槽随支撑。雨季施工时不得空槽过夜。

沟槽支撑在下列情况下应加强。

① 距建筑物、地下管线或其他设施较近；施工便桥的桥台部位；地下水排除不彻底时；雨季施工；其他情况。

② 沟槽土方开挖及后续各项施工过程中应经常检查支撑情况。如发现撑杠有弯曲、松动、劈裂或位移等迹象时，必须及时加固或倒换撑杠。雨季及春季解冻时期应加强检查。人员上下沟槽，严禁攀登支撑。承托翻土板的撑杠必须加固。翻土板的铺设应平整，并且与撑杠的联结必须牢固。

(2) 倒撑。施工过程中，更换立柱和撑杠位置的过程称为倒撑。例如，当原支撑妨碍下一工序进行时；原支撑不稳定时；一次拆撑有危险时或因其他原因必须重新安设支撑时，均应倒撑。

(3) 板桩的支设及要求。

① 板桩的支设是用打桩机将板桩打入沟槽底以下。

② 钢板桩支撑可采用槽钢、工字钢或定型钢板桩；钢板桩支撑按具体条件可设计为悬臂、单锚或多层撑杠的钢板桩，并通过计算确定其入土深度和横撑的位置与断面。

【参考视频】

③ 钢板桩的平面布置形式，宜根据土质和沟槽深度等情况确定。稳定土层采用间隔排列；不稳定土层、无地下水时采用平排；有地下水时采用咬口排列。

④ 合理选择打桩方式、打桩机械和流水分段划分，保证打入后的板桩有足够的刚度且板桩面平直，板桩间相互啮合紧密，对封闭式板桩墙要封闭合拢。

⑤ 钢板桩支撑采用槽钢作横梁时，横梁与钢板桩之间的孔隙应用木板垫实，并将钢板桩与横梁和撑杠联结牢固。

⑥ 打钢板桩的方法，通常采用单层打入法、双层围檩、插桩法和分段复打法等。

⑦ 当板桩内的土方开挖后，一般应在基坑或沟槽内设横梁、撑杠来加强支撑强度。若沟槽或基坑施工中不允许设撑杠时，可在桩板顶端设横梁，用水平锚杆将其固定。

(4) 支撑的拆除。沟槽或基坑内的各项施工全部完成后，应将支撑拆除。拆除支撑作业的基本要求如下。

① 拆除支撑前应对沟槽两侧的建筑物、构筑物、沟槽槽壁及两侧地面沉降、裂缝、支撑的位移、松动等情况进行检查。如果需要应在拆除支撑前采取加固措施，防止发生事故。

② 根据工程实际情况制定拆撑具体方法、步骤及安全措施等实施细则。进行技术交底，确保施工顺利进行。

③ 横排撑板支撑拆除应按自下而上的顺序进行。当拆除尚感危险时，应考虑倒撑。用撑杠将上半槽加固撑好，然后将下半槽撑杠、撑板依次拆除，还土夯实后，用同样方法继续再拆除上部支撑，还土夯实。

④ 立排撑板支撑和板桩的拆除时，宜先填土夯实至下层撑杠底面，再将下层撑杠拆除，而后回填至半槽后再拆除上层撑杠和撑板。最后用倒链或吊车将撑板或板桩间隔进行拔出，所遗留孔洞及时用砂灌实(可冲水助沉)。对控制地面沉降有要求时，宜采取边拔桩边注浆的措施。

⑤ 拆除支撑时，应继续排除地下水。

⑥ 尽量避免或减少材料的损耗。拆下的撑板、撑杠、横梁、立柱、板桩等材料应及时清理，并整齐堆放待用。

4.3.3 案例示范

1. 案例描述

结合《市政工程施工图案例图集》，查阅《给水排水管道工程施工及验收规范》(GB 50268—2008)，完成 Y3～Y4 管段沟槽开挖与支护方案。

具体任务如下。

(1) 确定沟槽开挖断面形式。

(2) 计算沟槽开挖断面尺寸，确定沟槽底部开挖标高，初步确定开挖土方量，填写表 4-8。

表 4-8　沟槽开挖断面尺寸计算一览表

序号	管段编号	管长/m	基础类型	沟槽底宽/m	起点挖深/m	终点挖深/m	边坡坡率(1:m)	起点沟槽上口宽度/m	终点沟槽上口宽度/m	起点沟槽底部标高/m	终点沟槽底部标高/m	土方量/m³
1												
2												

(3) 绘制沟槽开挖断面图。

(4) 沟槽土方开挖技术交底。

2. 案例分析与实施

案例分析与实施内容如下。

(1) 确定沟槽开挖断面形式。根据施工图设计，本雨水管道采用大开挖施工，沟槽开挖深度在 2.0m 左右，土质多为粉质黏土，开挖深度相对较浅，宜采用直接放坡开挖方案进行施工，采用梯形断面形式开挖。

(2) 计算沟槽开挖断面尺寸，确定沟槽底部开挖标高，初步确定开挖土方量，填写表 4-9。已知本管段为钢筋混凝土管，管径 D500mm，管壁厚 55mm，管长 35m，采用钢筋混凝土基础，基础结构宽 1080mm，管道管座及基础厚度为 165mm，垫层厚度 100mm。见《市政工程施工图案例图集》D200～D1500mm 承插管 135°钢筋混凝土基础图管道基础结构图，如图 4.59 所示。

① 根据公式(4-1)计算沟槽底宽：$B = D_1 + 2(b_1 + b_2 + b_3) = (1080 + 2 \times 400)$mm $= 1.88$m

② 根据公式(4-2)计算沟槽挖深：

Y3 处：$H = H_1 + t + h_1 + h_2 = (3.554 - 2.077)$m $+ 0.055$m $+ 0.165$m $+ 0.1$m $= 1.797$m

Y4 处：$H = H_1 + t + h_1 + h_2 = (3.697 - 2.021)$m $+ 0.055$m $+ 0.165$m $+ 0.1$m $= 1.996$m

③ 沟槽挖土的边坡系数根据土质及挖深确定 1 : 0.33。

④ 根据公式(4-3)计算沟槽上口宽度：

Y3 处：$W = B + 2 \times \dfrac{H}{(1 : m)} = 1.88$m $+ 2 \times \dfrac{1.797}{(1 : 0.33)} = 3.066$m

Y4 处：$W = B + 2 \times \dfrac{H}{(1 : m)} = 1.88$m $+ 2 \times \dfrac{1.996}{(1 : 0.33)} = 3.197$m

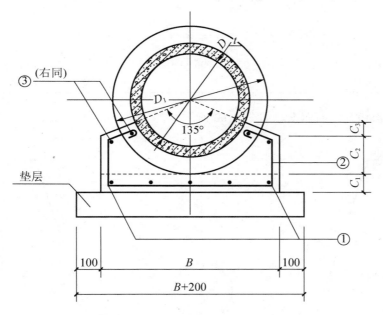

D/mm	D'/mm	D_1/mm	t/mm	B/mm	C_1/mm	C_2/mm	C_3/mm
200	260	365	30	465	60	86	47
300	380	510	40	610	70	129	54
400	490	640	45	740	80	167	60
500	610	780	55	880	80	208	66
600	720	910	60	1010	80	246	71
800	930	1104	65	1204	80	303	71
1000	1150	1346	75	1446	80	374	79
1200	1380	1616	90	1716	80	453	91

图 4.59 D200～D1500mm 承插管 135°钢筋混凝土基础图管道基础结构图

⑤ 沟槽底部开挖标高＝自然地面标高－挖深，即

Y3 处：沟槽底部开挖标高＝（3.554－1.797）m＝1.757m

Y4 处：沟槽底部开挖标高＝（3.697－1.996）m＝1.701m

⑥ 根据根据公式（4-4）计算沟槽土方量：

$$V = \frac{F_1 + F_2}{2} \cdot L = \frac{(3.066 + 1.88) \times 1.797 \times \frac{1}{2} + (3.197 + 1.88) \times 1.996 \times \frac{1}{2}}{2} m^2 \times 35m$$

$$= 166.4 m^3$$

表 4-9 沟槽开挖断面尺寸计算一览表

序号	管段编号	管长/m	基础类型	沟槽底宽/m	起点挖深/m	终点挖深/m	边坡坡率(1:m)	起点沟槽上口宽度/m	终点沟槽上口宽度/m	起点沟槽底部标高/m	终点沟槽底部标高/m	土方量/m³
1	Y3～Y4	35	钢筋混凝土	1.88	1.797	1.996	1:0.33	3.066	3.197	1.757	1.701	166.4

（3）绘制沟槽开挖断面图，如图 4.60 所示。

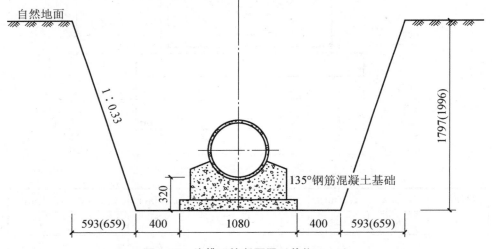

图 4.60 沟槽开挖断面图（单位：mm）

（4）沟槽土方开挖技术交底，如下所示。

沟槽土方开挖技术交底

技术交底记录		编号	
工程名称	中心大道 Y3～Y4 雨水管道		
分部工程名称	土方工程	分项工程名称	沟槽土方开挖

施工单位	×××市政工程公司	交底日期	××年×月×日

交底内容：

　　开槽施工区为 Y3—Y4 雨水管道沟槽，土层主要成分为粉砂土，土质松软，沟槽截面尺寸为上底宽 3.066(3.197)m，下底宽 1.88m，挖深为 1.797(1.996)m，边坡坡率为 1∶0.33。沟槽开挖断面如图 4.60 所示。

　　1. 作业条件

　　(1) 施工区域内的地上、地下障碍物拆除，管线等构筑物改移或保护完毕。

　　(2) 用白灰撒出开槽上口线、中线、下口线。

　　2. 施工方法、工艺

　　(1) 放线。用白灰撒出开槽上口线、中线、下口线，并随时保持灰线清晰。

　　(2) 开挖。采用机械分段开挖，从管道下游 Y4 到上游 Y3 采用挖掘机开挖土方，随挖随运，同时修整边坡。

　　(3) 清底。在基底高程以上预留 20cm 人工清底。开挖沟槽土方不得超挖，局部超挖时，处理方法需经设计部门同意。

　　3. 质量要求

　　(1) 基本要求。沟槽基底的土质必须符合设计要求，并严禁扰动。

　　(2) 允许偏差，见表 4-10。

表 4-10　沟槽开挖的允许偏差

序号	检查项目	允许偏差/mm	检验数量 范围	点数	检验方法
1	槽底高程	±20	两井之间	3	用水准仪测量
2	槽底中线每侧宽度	不小于规定	两井之间	6	挂中线用钢尺量测，每侧计3点
3	沟槽边坡	不陡于规定	两井之间	6	用坡度尺量测，每侧计3点

　　4. 安全文明施工措施

　　(1) 沟槽下作业人员，要戴安全帽。

　　(2) 严禁作业期间施工人员在沟槽内休息，上下沟槽走安全梯。

　　(3) 挖土必须自上而下分层进行，严禁掏洞挖土。

　　(4) 槽边安设护栏，护栏高度为 1.2m。

　　(5) 在各类管线 2m 范围内全部采用人工开挖，不得机械作业。

　　(6) 槽边堆土高度不超过 1.5m，且距槽口边缘不宜小于 0.8m，保持边坡稳定。

　　(7) 施工中如发现文物或古墓时等，应妥善保护，立即报请当地有关部门处理后，方可继续施工。

　　(8) 土方施工中遇到敷设地上或地下管道、电缆的地段，向项目相关负责人报告，待事先取得有关管理部门的书面同意后，制定保护措施，防止损坏管线。

　　(9) 施工便道硬化处理，运土车辆及槽边堆土覆盖防扬尘。

审核人	交底人	接收交底人
×××	×××	×××

一、判断题

1. 沟槽支撑是施工中的临时挡土措施，故只要支撑方便就可以。　　　　　（　　）

2. 沟槽宽度＝管道结构外缘宽度＋两边支撑宽度＋两边工作面宽度。　　（　　）

3. 沟槽若与原地下管线相交叉或在地上建筑物、电杆、测量标志等附近挖槽时，应采取相应加固措施。　　　　　　　　　　　　　　　　　　　　　　　　（　　）

4. 沟槽开挖弃土应掩埋消火栓、管道闸门、雨水口、测量标志以及各种地下管道的井盖，起到保护作用。　　　　　　　　　　　　　　　　　　　　　　　（　　）

5. 相邻沟槽开挖时，应遵循先浅后深的施工顺序。　　　　　　　　　　　（　　）

6. 土方开挖不得超挖，防止对基底土的扰动。　　　　　　　　　　　　　（　　）

7. 沟槽的支撑是防止施工过程中槽壁坍塌的一种临时有效的挡土结构，是一项临时性施工安全技术措施。　　　　　　　　　　　　　　　　　　　　　　　（　　）

8. 沟槽或基坑内的各项施工全部完成后，应将支撑拆除。　　　　　　　　（　　）

9. 拆除支撑时，应停止排除地下水。　　　　　　　　　　　　　　　　　（　　）

10. 横排撑板支撑拆除应按自下而上的顺序进行，当拆除尚感危险时，应考虑倒撑。
　　　　　　　　　　　　　　　　　　　　　　　　　　　　　　　　　　（　　）

二、单项选择题

1. 沟槽开挖的底宽的质量要求为（　　　　）。

A. 不小于底宽　　　　　　　　　　B. 中心线每侧的净宽不小于底宽的一半

C. ±10mm　　　　　　　　　　　　D. ±20mm

2. 沟槽用机械开挖，常用的机械是（　　　　）。

A. 多斗挖土机　　　　　　　　　　B. 单斗正向挖土机

C. 单斗反向挖土机　　　　　　　　D. 合瓣铲挖土机

3. 在各种沟槽支撑中（　　　　）是安全度最高的支撑。

A. 横撑　　　　　　B. 横排密撑　　　　　　C. 竖撑　　　　　　D. 板桩撑

4. 以下关于沟槽开挖错误的是（　　　　）。

A. 槽底原状地基土不得扰动

B. 槽底不得受水浸泡或受冻

C. 机械开挖至设计高程，整平

D. 槽底土层为杂填土、腐蚀土时，应全部挖除并按设计要求进行地基处理

5. 开挖沟槽的弃土，堆在沟槽两侧的堆土高度不得大于（　　　　）。

A. 1.0m　　　　　　B. 1.5m　　　　　　C. 1.8m　　　　　　D. 2.0m

6. 关于沟槽开挖下列说法错误的是（　　　　）。

A. 当沟槽挖深较大时，应按每层 3m 进行分层开挖

B. 采用机械挖槽时，沟槽分层的深度按机械性能确定

C. 人工开挖多层沟槽的层间留台宽度：放坡开槽时不应小于 0.8m，直槽时不应小于

0.5m，安装井点设备时不应小于1.5m

    D. 槽底原状地基土不得扰动

    7. 管道沟槽底部的开挖宽度的计算公式为 $B = D_1 + 2(b_1 + b_2 + b_3)$，则 D_1 代表：（　　）。

    A. 管道结构或管座的内缘宽度

    B. 管道结构或管座的外缘宽度

    C. 管道一侧的工作面宽度

    D. 管道一侧的支撑厚度

    8. 采用机械挖槽时，沟槽分层的深度应按（　　）确定。

    A. 机械数量   B. 挖斗容量   C. 降水类型   D. 机械性能

    9. 在相同条件下，沟槽开挖时下列（　　）的坡度最缓。

    A. 中密的碎石类土   B. 中密的砂土

    C. 粉质黏土   D. 老黄土

    10. 沟槽开挖深度较大时，应分层开挖，每层深度不超过（　　）m。

A. 1.5   B. 2   C. 2.5   D. 3

    三、多项选择题

    1. 选择沟槽断面通常要考虑（　　）施工方法及施工环境。

    A. 土的种类   B. 地下水的情况   C. 沟槽深度

    D. 沟槽形状   E. 管道大小

    2. 下列管道开槽的施工要求正确的是（　　）。

    A. 槽底局部扰动或受水浸泡时，宜用混凝土回填

    B. 在沟槽边坡稳固后设置供施工人员上下沟槽的安全梯

    C. 槽底原状地基土不得扰动，机械开挖时槽底预留 200～300mm 土层由人工开挖、整平

    D. 人工开挖沟槽的槽深超过3m时应分层开挖，每层的深度不超过2m

    E. 采用机械挖槽时，沟槽分层的深度应按机械性能确定

    3. 给水排水管道采用开槽施工时，沟槽断面可采用直槽、梯形槽、混合槽等形式，下列规定中正确的是（　　）。

    A. 合槽施工时应注意机械安全施工

    B. 不良地质条件，混合槽开挖时，应编制专项安全技术施工方案，采取切实可行的安全技术措施

    C. 沟槽外侧应设置截水沟及排水沟，防止雨水浸泡沟槽，且应保护回填土源

    D. 沟槽支护应根据沟槽的土质、地下水位、开槽断面、荷载条件等因素进行设计；施工单位应按设计要求进行支护

    E. 开挖沟槽堆土高度不宜超过 2.5m，且距槽口边缘不宜小子 1.0m

    4. 管道基础采用天然地基时，地基因排水不良被扰动时，应将扰动部分全部清除，可回填（　　）。

    A. 卵石   B. 级配碎石   C. 碎石

    D. 低强度混凝土   E. 砂垫层

5. 在沟槽开挖施工中，往往由于下述（　　）的原因，而必须采用适当的方法对沟槽进行支撑，使槽壁不致坍塌。

A. 施工现场狭窄而沟槽土质较差，深度较大时

B. 开挖直槽，土层地下水较多，槽深超过 1.5m，并采用表面排水方法时

C. 沟槽土质松软有坍塌的可能，或需晾槽时间较长时，应根据具体情况考虑支撑

D. 沟槽槽边与地上建筑物的距离小于槽深时，应根据情况考虑支撑

E. 为减少占地对构筑物的基坑、施工操作工作坑等采用的临时性基坑维护措施，如顶管工作坑内支撑，基坑的护壁支撑等

6. 沟槽断面的形式有（　　）。

A. 直槽　　　　　B. 梯形槽　　　　C. 圆形槽

D. 混合槽　　　　E. 联合槽

【参考答案】

任务 4.4　沟槽施工降排水

4.4.1　任务描述

工作任务

结合《市政工程施工图案例图集》，查阅《给水排水管道工程施工及验收规范》（GB 50268—2008），完成排水管道沟槽施工降排水方案编制。

具体任务如下。

（1）确定沟槽施工降排水方法。

（2）进行排水系统平面布置和竖向布置。

（3）计算降排水量、选择抽水机械。

（4）降排水施工技术交底。

工作手段

《给水排水管道工程施工及验收规范》（GB 50268—2008）、《市政工程施工图案例图集》等。

成果与检测

（1）每位学生根据组长分工完成部分管段沟槽施工降排水任务。

（2）采用教师评价和学生互评的方式打分。

4.4.2　相关知识

开挖沟槽或基坑时，有时会遇到地下水，如不进行排除，不但影响正常施工，还会扰动地基，降低承载力或造成边坡坍塌等不良事故。

施工排水一般包括地面雨水和地下水的排除。施工现场雨水的排除，主要利用地面坡度设置沟渠，将地面雨水疏导它处，防止沟槽开挖过程中地面水流入沟槽内，造成槽壁塌方、漂管事故；地下水的排除一般是开挖沟槽前，使地下水降低至沟槽槽底地基基面以下不小于 0.5m，以保证槽底始终处于疏干状态，地基不被扰动。本任务主要以地下水排除为主。

施工排水方法常用有集水井法和人工降低地下水位法。

【参考视频】

1. 集水井排水法

集水井排水也称明沟排水，其排水系统组成如图 4.61 所示。在开挖沟槽内先挖出排水沟，将沟槽内的地下水流入排水沟，再汇集到集水井内，然后再用水泵将水排除。

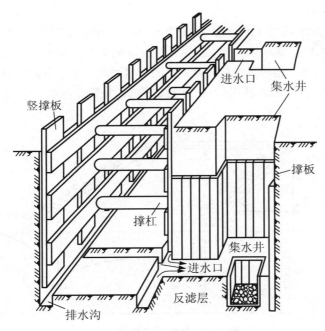

图 4.61　明沟排水系统

1）集水井

集水井一般布置在沟槽一侧，距沟槽底边 1.0～2.0m，每座井的间距与含水层的渗透系数、出水量的大小有关，一般间距为 50～80m。

集水井井底应低于沟槽底 1.5～2.0m，保持有效水深 1.0～1.5m，并使集水井水位低于排水沟内水位 0.3～0.5m 为宜。

集水井应在开挖沟槽之前先施工。集水井井壁可用木板密撑、直径 600～1250mm 的钢筋混凝土管、竹材等支护一般带水作业，挖至设置深度时，井底要铺设约 0.3m 厚的卵石或碎石组成反滤层，防止井底涌砂，造成集水井四周坍塌。

2）排水沟

当沟槽开挖接近地下水位时，视槽底宽度和土质情况，在槽底中心或两侧挖出排水沟，使水流向集水井。排水沟断面尺寸一般为 30cm×30cm。排水沟底低于槽底 30cm，以 0.3%～0.5% 坡度坡向集水井。排水沟结构依据土质和工期长

短，可选用放置缸瓦管、填卵石或者用木板支撑等形式，以保证排水畅通。

集水井明沟排水法，施工简单，所需设备较少，是目前工程中常用的一种施工排水方法。

2. 人工降低地下水位法

在非岩性的含水层内钻井抽水，井周围的水位就会下降，并形成倒伞状漏斗，如果将地下水降低至槽底以下，即可干槽开挖。这种方法称为人工降低地下水位法。

人工降低地下水位的方法有：轻型井点、深井井点、喷射井点、管井井点、电渗井点等。选用时应根据地下水的渗透性能、地下水水位、土质及所需降低的地下水位深度等情况确定。

1）轻型井点

轻型井点系统适用于含水层为砂性土（粉砂、细砂、中砂、亚黏土、亚砂土等），渗透系数在 1～80m/d，尤其是 2～50m/d 的土层，降水效果显著，降低水位为 3～7m，是目前工程施工中使用较广泛的降水系统，现已有定型的成套设备。

（1）轻型井点系统由滤水管（也称过滤管）、井管、弯联管、总管、抽水设备等组成，如图 4.62 所示。

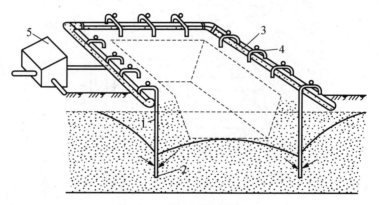

图 4.62 轻型井点系统

1—井管；2—滤水管；3—总管；4—弯联管；5—抽水设备

① 滤水管（过滤管）。滤水管一般用直径为 38～50mm，长度为 1～2m 的镀锌钢管制成。管壁上钻直径为 5mm 的孔眼呈梅花状布置，孔眼间距为 30～40mm，过滤管外壁包扎滤网，防止颗粒（砂）进入，其滤网的材料和网孔规格，可根据含水层颗粒粒径和地下水水质而定，一般可用黄铜丝网、铁丝网、不锈钢网、尼龙丝网、玻璃丝网、筛绢（生丝布）等。滤网一般包裹两层，内层滤网网眼为 30～50 个/cm²；外层滤网网眼为 3～10 个/cm²。为了使水流畅通，滤水管与滤网间用 10 号铁丝绕成螺旋形将其隔开。过滤管下端用管堵封闭，有时还安装沉砂管，以使地下水夹带的砂粒沉积在沉砂管内。滤水管的构造如图 4.63 所示。

② 井管。井管为不设孔眼的镀锌钢管，管径与滤水管相同，并与滤水管用管箍连接。

③ 弯联管。为了安装方便，弯联管通常采用加固橡胶管，内有螺旋形钢丝，

以使井管与总管沉陷时有伸缩余地且起支撑管内壁作用,以防止软管在真空下被压扁,橡胶管套接长度应大于10cm,外用夹子箍紧不得漏气。有时也可用透明的聚乙烯塑料管,以便随时观察井管的上水是否正常。用金属管件作为弯联管,其气密性好,但安装不方便。

④ 总管。总管一般采用直径为150mm的钢管,每节长为4~6m。管壁上焊有直径与井管相同的短管,用于弯联管与总管的连接。短管的间距应等于井管的布置间距。不同土质和降水要求所计算的井管间距各不相同。因此,总管上的短管间距通常按井管间距的模数选定,一般为0.8~1.5m,总管与总管之间采用法兰连接。

⑤ 抽水设备。轻型井点抽水设备有自引式、真空式和射流式三种。

自引式抽水设备是用离心泵直接连接总管抽水,其地下水位降深仅为2~4m,适宜于降水深度较小的情况下采用。

真空式抽水设备的地下水位降落深度为5.5~6.5m。真空式抽水设备组成较复杂,占地面积大,现在一般不用。

射流式抽水设备如图4.64所示。该装置具有体积小、设备组成简单、使用方便、工作安全可靠、地下水位降落深度较大等特点,因此被广泛采用。射流式抽水设备技术性能见表4-11。

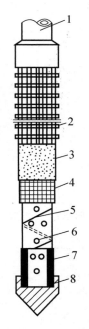

图4.63　滤水管构造

1—井管;2—粗铅丝保护网;3—粗滤网;
4—细滤网;5—铁丝;6—管壁上的滤水孔;
7—钢管;8—铁头

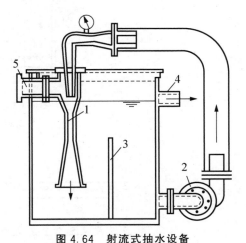

图4.64　射流式抽水设备

1—射流器;2—加压泵;3—隔板;
4—排水口;5—接口

表4-11　射流式抽水设备技术性能

项　　目	型　　号			
	QJD-45	QJD-60	QJD-90	JS-45
抽水深度/m	9.6	9.6	9.6	10.26

续表

项 目	型 号			
	QJD-45	QJD-60	QJD-90	JS-45
排水量/(m³/h)	45	60	90	45
工作水压力/MPa	≥0.25	≥0.25	≥0.25	>0.25
电机功率/kW	7.5	7.5	7.5	7.5
外形尺寸/mm(长×宽×高)	1500×1010×850	2227×600×850	1900×1680×1030	1450×960×760

（2）井点系统布置及要求。

布置井点系统时，应将所有需降低地下水的范围都包括在设计圈内，即在主要构筑物基坑和沟槽附近。

井点系统的布置形式，对长条形的沟槽，井点系统可成线状布置，布置在沟槽的一侧或两侧，其外延长度应超过沟槽两端，一般为沟槽宽度的 1～2 倍。双排井点系统如图 4.65 和图 4.66 所示。

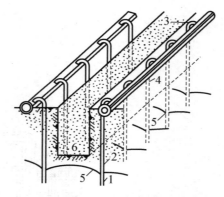

图 4.65　双排井点系统图

1—滤水管；2—井管；3—弯联管；4—总管；5—降水曲线；6—沟槽

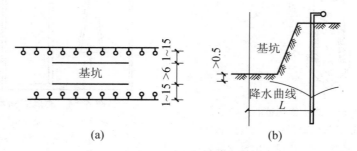

图 4.66　双排线状井点布置图

（a）平面图；（b）剖面图

如是单排条状布置，在条件许可时，可将井点自基槽端部外延 10～15m，如图 4.67 所示。

当槽底宽小于 2.5m，地下水位降深不大于 4.5m 时，可采用单排井点，并布置在地下水补水方向上游一侧，如图 4.68 所示。基坑降水时，根据基坑尺寸，一般采用环状布置，如图 4.69 所示。

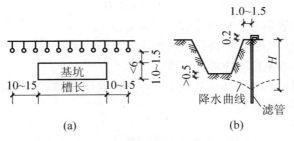

图 4.67   单排线状井点布置图

（a）平面图；（b）剖面图

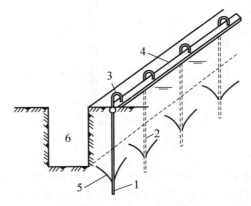

图 4.68   单排井点系统图

1—滤水管；2—井管；3—弯联管；4—总管；5—降水曲线；6—沟槽

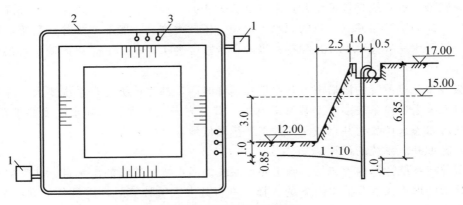

图 4.69   环状井点布置图

1—抽水设备；2—排水总管；3—弯井管

① 井管平面定位。井管距离沟槽或基坑上口外缘一般不小于 1.0m，以防井点局部漏气破坏真空，影响施工，但亦不宜太大，以免影响降低地下水效果。井点间距一般为 0.8～1.6m，在总管末端及转角处应适当加密布置。

② 总管的布置。总管一般布置在井管的外侧。为了保证降水深度，一般情况下，总管位于原地下水位以上 0.2～0.3m。

③ 井管的埋没深度 H（不包括滤水管）如图 4.70 所示，其计算公式为

$$H \geqslant H_1 + h + iL \tag{4-5}$$

式中 H_1——井管设置顶端到槽（坑）底的距离，m；

      h——槽（坑）中心底面至降落后的地下水水位距离，一般取 0.5～1.0m；

      L——井管中心至槽坑中心的距离，m；

      i——水力坡度，对于环形井点为 1：10，对于双排线状井点为 1：8，对于单排线状井点为 1：4。

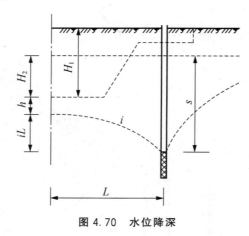

图 4.70 水位降深

轻型井点系统所能降低的地下水位一般为 3.5～4.0m，最高达 5.5～6.5m。当要求地下水位降低深度超过此限值时，也可采用多级轻型井点系统逐级降低地下水位。多级轻型井点系统的下级抽水设备应设在上级井点系统抽水后的稳定水位以上，而且下级井点系统是在上级井点系统已把水位降落，土方挖掘至该阶平台后才设置。

多级轻型井点系统是按轻型井点系统计算方法分层计算的。第一层井点系统降落后的地下水位，即为第二层井点计算的原地下水位，依此类推。一般下一级井点系统的降水深度较上一级降水深度递减 0.5m 左右。每阶平台宽度为 1.0～1.5m，以此确定每层沟槽的上口尺寸。

多级轻型井点系统的沟槽土方开挖量和预降时间，都比单级井点系统要大，并且多级轻型井点系统需要设备较多，安装管理麻烦，其土方开挖较大。当降水深度要求较大时，有条件的应考虑采用喷射井点或深井井点系统降低地下水位。

（3）轻型井点系统的计算。

轻型井点系统计算内容包括：确定井点系统的涌水量、井管的出水量、井管的个数与间距、井管的埋没深度及抽水设备的选择。进行井点系统计算时，应具备下列有关资料：地质剖面图（包括含水层厚度、不透水层厚度和埋深、地下水位线或等水位线）；含水层土壤颗粒组成的天然湿度；饱和含水量、土的渗透系数等。

① 涌水量计算。实际上井点系统是各单井之间相互干扰的井群，井点系统的涌水量，显然要较数量相等的互不干扰的单井的各井涌水量总和要小。但是在工程上为了满足应用的要求，应按环形闭合圈计算，即当开挖非圆形基坑或线形管沟时，将其换成假想圆形，其假想圆的半径称假想半径。所以，以多个井管所封闭的环圈作为一口井，即以井圈假想半径代替单井井径进行涌水量计算。计算公式为

$$Q = \frac{1.366K(2H_0 - S)S}{\lg R - \lg X_0} \tag{4-6}$$

式中 Q——井群总的涌水量，m^3/d；

K——渗透系数，m/d，一般在现场实测得到；

S——水位降深值，m；

H_0——含水层有效带深度，m；

R——抽水量影响半径，m；

X_0——井群的假想半径，m。

式(4-6)称为裘布依公式。裘布依公式中有关参数的确定如下。

渗透系数 K：一般应在现场打观察井实测取得较为可靠。当含水层不是均一土质时，渗透参数 K 可按各层不同渗透系数的土厚度加权平均计算得到。

轻型井点影响半径 R 可由以下途径获得：影响半径 R 可在现场测定；按经验公式计算；采用经验数据。最常用的是按经验公式进行计算，即

$$R = 1.95S\sqrt{H_0 \cdot K} \tag{4-7}$$

式(4-7)称为库萨金经验公式，式中 R、S、H_0、K 同上。

三种确定影响半径 R 的方法中，采用观测井直接观测较为准确。单井的影响半径要比井点系统的影响半径小。因此，由单井抽水试验测定的影响半径是偏于安全的。用经验公式和经验数据确定的影响半径误差较大，不精确。

井点环围面积的半径 X_0 根据井点位置的实际尺寸确定。当基坑形状为非圆形时，可将环围面积简化为假想圆形，对于管道的沟槽工程，假想半径 X_0，一般可按式（4-8）计算：

$$X_0 = \frac{L}{4} \tag{4-8}$$

式中 L——同时降水的沟槽长度，L 值越大即同时间降水的长度越大，则井点系统长度越大，当 $L > 1.5R$ 时，宜取 $L = 1.5R$ 为一段进行计算。

含水层有效带深度 H_0，可通过勘探得到，也可参见表 4-12 的计算式。

表 4-12 H_0 计算式

$\dfrac{S}{S+L_r}$	0.2	0.3	0.5	0.8
H_0	$1.3(S+L_r)$	$1.5(S+L_r)$	$1.7(S+L_r)$	$1.85(S+L_r)$

注：表中 L_r 为滤水管长度；S 为水位下降值。

水位降深 S 可按式（4-9）估算：

$$S = H_2 + h + i \cdot L \tag{4-9}$$

式中 H_2——原地下水水位至槽基底面距离，m。

上述各参数求出后，即可利用裘布依公式(4-6)计算出需要降水范围内井点系统的涌水量。

② 井管出水量计算、井管的数量与间距。

每个井管极限出水量由式（4-10）计算：

$$q = 20\pi d L_r \sqrt{K} \qquad (4\text{-}10)$$

式中　q——每个井管的涌水量，m^3/d；

　　　d——滤水管直径，m；

　　　L_r——滤水管长度，m；

　　　K——渗透系数，m/d。

井管的个数由下式计算：

$$n = 1.1 \frac{Q}{q} \qquad (4\text{-}11)$$

式中　n——井管个数；

　　　Q——井点系统的涌水量，m^3/d。

井管数量确定后，便可根据井点系统布置方式计算出井点管的间距 D，即

$$D = \frac{L}{n} \qquad (4\text{-}12)$$

式中　L——井管排列的总管长度，m；

　　　n——井管个数。

井点间矩一般应控制在 $D = 5 \sim 10\pi d$，井管布置过密，将会影响井管的出水量。

③ 抽水设备的选择。抽水设备的选择应根据井点系统的涌水量及所需扬程来确定，在考虑水泵流量时应将计算的涌水量增加 $10\% \sim 20\%$，因为开始运行时的涌水量比稳定时的涌水量大。一个井点机组带动的井点数，根据水泵性能、含水层土质、降水深度、水量及水泵进水点高程一般可按 $50 \sim 80$ 个井点布置。

（4）井点系统施工、运转和拆除。

轻型井点系统施工内容包括：冲沉井管、安装总管和抽水设备等。

井管的冲沉可根据施工条件及土层情况选用。当土质较松软时，宜采用高压水冲孔后，沉设井管。当土质比较坚硬时，采用回转钻或冲击钻冲孔沉设井管。此外还有射水法等。

以下主要介绍高压水套管冲沉设井管法。

高压水套管冲沉井管如图 4.71 所示。套管用直径 $300 \sim 400mm$、长 $6 \sim 8m$ 钢管，底端呈锯齿形，水枪放在套管内。水枪为直径 $50 \sim 75mm$ 的钢管，下端呈锥形缩口（称为喷嘴），缩口直径为 $20mm$，可在喷嘴周围安装切片，以便切土。由高压泵提供高压水，经喷嘴在土层中冲孔。施工操作如下：用自行式起重机起吊水枪和套管，对准孔位垂直插入。启动高压水泵将高压水压入冲水管从喷嘴喷出。冲孔时，水枪应保持垂直，在土层中冲出井孔，水枪随之深入土中，冲孔孔径应为井管外径加 2 倍管外滤层厚度，滤层厚度宜为 $10 \sim 15cm$。冲孔深度应比滤水管深 $50cm$ 以上，而且滤水管的顶部高程，宜为井管处设计动水位以下不小于 $0.2m$。水枪冲至设计深度后应停留在原位，继续稍冲片刻，使底层泥浆随水浮出，减少泥浆沉淀。而后切断水源迅速提出水枪，立即下沉井管，井管应垂直居中放入孔中，放至规定深度后，应进行固定以防止沉落；随即用滤料在井管与孔壁之间均匀地灌入；灌入时可用竹杆在孔内上下抽动的方法，使滤料均匀下沉。为防止将砂灌入井管内，应将井管管口封堵。随滤料的填入将套管慢慢拔

【参考视频】

出。其灌砂量应根据冲孔孔径和深度计算确定，并应使砂完全包住滤网过滤管，灌填高度应高出地下静水位，井孔应用黏土封填，一般封顶厚度不小于0.8m。

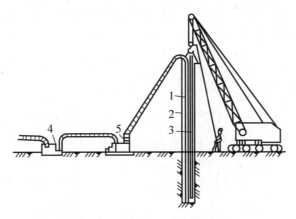

图4.71 高压水套管冲沉井管
1—水枪；2—套管；3—井管；4—水槽；5—高压水泵

井管下沉后应及时进行检查。当砂灌入井孔时，有泥浆从管口冒出，或者将水注入管内很快下渗，则可认为此根井管冲孔、下沉、灌砂合格。即可进行试抽水，以清水为合格。

井点系统全部安装完毕后，需进行试抽，以检查系统运行是否良好和降水效果。试抽应在井点系统排除清水后才能停止。

井管施工应注意的事项：

① 井管、滤水管、总管、弯联管均应逐根检查，管内不得有污垢、泥砂等杂物；

② 过滤管孔应畅通，滤网应完好，绑扎牢固，下端装有丝堵时应拧紧；

③ 每组井点系统安装完成后，应进行试抽水，并对所有接头逐个进行检查，如发现漏气现象，应认真处理，使真空度符合要求；

④ 选择好滤料级配，严格回填，保证有较好的反滤层；

⑤ 井壁管长度偏差不应超过±100mm，井管安装高程的偏差也不应超过±100mm。

井点系统使用过程中，应经常检查各井点出水是否澄清，滤网是否堵塞造成"死井"现象，并随时作好降水记录。如有接头漏气和"死井"，应查明原因立即处理，防止停电及机械故障导致泡槽等事故。待沟槽回填土夯实至原来的地下水位以上不小于50cm时，方可停止排水工作。在降水范围内若有建筑物、构筑物，应事先做好观测工作，并采取有效的保护措施，以免因基础沉降过大影响建筑物或构筑物的安全。

井点系统的拆除，是在排水工作停止后进行的。用起重机拔出井管时，若拔井管困难，可用高压水进行冲洗后再拔。为了防止用吊车拔管造成井管损坏，可将拔管器套在井管上用吊车拔管。拔出后的井管过滤管应检修保养；井点孔一般用砂石填实；地下静水位以上部分，可用黏土填实。

2）深井井点

深井井点适用于涌水量大，降低地下水较深的砂类土质，其降水的深度可达50m。

深井井点系统的主要设备由深井泵或深井潜水泵和井管、滤管等所组成，如图4.72所示。其中井管可以是钢管、铸铁管等，直径一般在200mm以上，长度根据实际井深确定；滤管安装在井管的下部，长度为3m左右，采用钢管打孔，孔径为8~12mm，沿滤管外壁纵向焊接直径为 6～8mm 的钢筋作为垫筋，外缠 12 号镀锌钢丝，缠丝间距可取1.5～2.5mm，垫筋应使缠丝距滤管外壁 2～4mm，在滤管的下端装沉砂管，长度 1～2m；抽水设备一般选用深井泵，也可选用潜水泵；出水管为排除地下水之用，一般选用钢管，管径根据抽水设备的出水口而定。

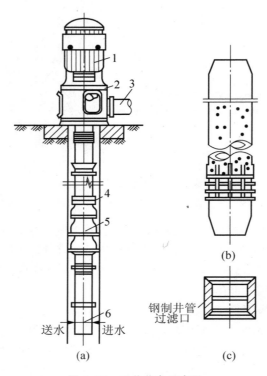

图 4.72　深井井点示意图
（a）深井泵抽水系统；（b）滤网骨架；（c）滤管大样
1—电机；2—泵座；3—出水管；4—井管；5—泵体；6—滤管

深井井点一般沿基坑（槽）外围每隔一定距离设一个，间距为 10～50m，每个井点设置一台水泵。深井井点应设观测井，运行过程中，应经常对地下水的动态水位及排水量进行观测并作记录，一旦发现异常情况，应及时找出原因并排除故障。

深井井点使用完毕后，应及时拔出，冲洗干净，检修保养，供再次使用，拔除井管后的井孔应立即回填密实。

3）喷射井点

喷射井点最大降水深度可达 15～20m。适用于地下水渗透系数为 1～50m/d 的情况，当要求地下水位降深超过单级轻型井点降水能力时，可采用喷射井点。根据工作介质不同，喷射井点分为喷气井点和喷水井点，我国较多采用喷水井点。

喷射井点系统主要由喷射井点、高压水泵及管路等设备组成。在井管内安装喷射器。高压水泵运行时工作压力为 0.7～0.8MPa。其抽升的地下水流入循环水箱。一部分水作为高压泵的工作用水；而另一部分则排放。

4）管井井点

在土的渗透系数大（$K \geqslant 20$m/d），地下水量大的土层中，宜采用管井井点。管井井点是沿基坑周围每隔一定距离(20~50m)设置一个管井,每个管井单设一台水泵不断抽水来降低地下水位,降水深度3~15m。管井井点系统由滤水井管、吸水管、抽水机等组成,滤水井管的过滤部分,可用钢筋焊接骨架外包孔眼为1~2mm的滤网,长2~3m,井管部分宜用直径150~250mm的钢管或其他竹、木、棕麻袋、混凝土等材料制成。吸水管宜用直径为50~100mm的胶皮管或钢管,其底端应沉入管井抽吸时最低水位以下。管井井点采用离心式水泵或潜水泵抽水。

5)电渗井点

对于渗透系数$K<0.1$m/d的土层(如黏土、淤泥、砂质黏土等),宜采取电渗井点。

电渗井点的原理源于电动试验。在含水的细颗粒土中,插入正、负电极并通以直流电后,土颗粒从负极向正极移动,水由正极向负极移动。这样把井点沿沟槽外围埋入含水层中作为负极,导致弱渗水层中的黏滞水移向井点中,然后用抽水设备将水排除,使地下水位下降。

4.4.3 案例示范

1. 案例描述

结合配套教材《市政工程施工图案例图集》,查阅《给水排水管道工程施工及验收规范》(GB 50268—2008),完成 Y3~Y4 雨水管道沟槽施工降排水方案,具体任务如下。

(1)确定沟槽施工降排水方法。

(2)进行排水系统平面布置和竖向布置。

(3)计算降排水量、选择抽水机械。

(4)进行降排水施工技术交底。

2. 案例分析与实施

案例分析与实施内容如下。

(1)确定沟槽施工降排水方法。

根据地质报告,对于本工程而言,管道基础处于较强透水土层中,沟槽地下水位较高,最高地下水位标高为2.55m,地下水较为丰富,土质以粉质砂土为主,拟定本工程采用轻型井点降水。

(2)进行排水系统平面布置和竖向布置。

分析:沟槽降水,应根据沟槽宽度、地下水水量、水位降深,采用单排或双排布置。当槽底宽小于2.5m,地下水位降深不大于4.5m时,可采用单排井点,并布置在地下水上游。

根据任务单元4.3.3计算结果,可知沟槽底宽为1.88m,沟槽深按照最大挖深设计取1.996m,地下水位降深较小,拟采用单排井点降水。

① 平面布置。井管距离沟槽或基坑上口外缘一般小于1.0m,其平面布置图如图4.73所示。

② 竖向布置。竖向布置图如图4.74所示。

井点降水深度,考虑抽水设备的水头损失以后,一般不超过6m。

井点管的埋没深度 $H \geqslant H_1 + h + iL = 1.996\text{m} + 0.5\text{m} + (1/4) \times 3.54\text{m} = 3.381\text{m}$。其中 h 取 0.5m;单排井点降水其水力坡度 i 取 1:4;L 取 3.54m。

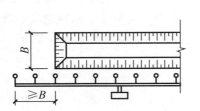

图 4.73 平面布置图

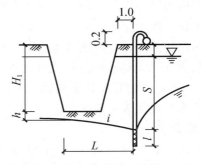

图 4.74 竖向布置图（单位：m）

采用 6m 长井管，直径 50mm，滤管长 1m。井管外露地面 0.2m，埋入土中 5.8m 大于 3.381m，符合埋深要求。按无压非完整井线状井点系统计算。

（3）计算降排水量、选择抽水机械。

① 涌水量计算：

$$Q = \frac{1.366K(2H_0 - S)S}{\lg R - \lg X_0}$$

其中，取 $K = 10.0$。

水位降深值：$S = 2.55 - 1.701 + 0.5 + (1/4) \times 3.54 = 2.234\text{m}$

$$\frac{S}{S + L_r} = \frac{2.234}{2.234 + 1} = 0.69$$

查表 4-12，得含水层有效带深度：$H_0 = 1.66(S + L_r) = 1.66(0.849 + 1)\text{m} = 3.069\text{m}$

$$R = 1.95S\sqrt{H_0 K} = 1.95 \times 0.849\sqrt{3.069 \times 10}\text{m} = 9.17\text{ m}$$

$$X_0 = \frac{L}{4} = 35\text{m}/4 = 8.75\text{m}$$

$$Q = \frac{1.366K(2H_0 - S)S}{\lg R - \lg X_0} = \frac{1.366 \times 1.0(2 \times 3.069 - 0.849) \times 0.849}{\lg 9.17 - \lg 8.75}\text{m}^3/\text{d} = 340.93\text{m}^3/\text{d}$$

② 井管出水量计算、井管的数量与间距。

每个井管极限出水量计算公式为

$$q = 20\pi d L_r \sqrt{K}$$

其中，滤水管直径 d 取 50mm。

$$q = 20\pi d L_r \sqrt{K} = 20 \times 3.14 \times 0.05 \times 1 \times \sqrt{10}\text{ m}^3/\text{d} = 9.9\text{m}^3/\text{d}$$

井管的个数为

$$n = 1.1\frac{Q}{q} = 1.1 \times \frac{340.93}{9.9} \approx 38\text{（根）}$$

井管的间距：$D = \frac{L}{n} = \frac{35}{38}\text{m} \approx 1.0\text{m}$

根据涌水量、渗透系数、井点数量与间距，以及施工经验，选用真空泵，一个井点机组带动的井点数按 40 个井点布置。

（4）轻型井点降水施工技术交底，如下所示。

轻型井点降水施工技术交底

技术交底记录		编号	
工程名称			
分部工程名称	管道主体结构工程	分项工程名称	轻型井点降水
施工单位	×××市政有限公司	交底日期	年 月 日

交底内容:

井点降水施工区为Y3～Y4雨水管道沟槽,采用单边降水,土层主要成分为粉砂土,井管埋设距离沟槽边1.0m,埋设深度大于3.4m,井管个数为40根,间距1.0m。

1. 作业条件

1) 施工机具

(1) 管:ϕ38～55mm,壁厚为3.0mm的无缝钢管或镀锌管,长2.0m左右,一端用厚为4.0mm的钢板焊死,在此端1.4m长范围内,在管壁上钻ϕ15mm的小圆孔,孔距为25mm,外包两层滤网,滤网采用编织布,外部再包一层网眼较大的尼龙丝网,每隔50～60mm用10号铅丝绑扎一道,滤管另一端与井管进行连接。

(2) 井点管:ϕ38～55mm,壁厚为3.0mm的无缝钢管或镀锌管。

(3) 连接管:透明管或胶皮管,与井管和总管连接,采用8号铅丝绑扎,应扎紧以防漏气。

(4) 总管:ϕ75～102mm钢管,壁厚为4.0mm,用法兰盘加橡胶垫圈连接,防止漏气、漏水。

(5) 抽水设备:根据设计配备离心泵、真空泵或射流泵,以及机组配件和水箱。

(6) 移动机具:自制移动式井架(采用旧设备振冲机架)、牵引力为6t的绞车。

(7) 凿孔冲击管:ϕ219mm×8mm的钢管,其长度为10m。

(8) 水枪:ϕ50mm×5mm无缝钢管,下端焊接一个ϕ16mm的枪头喷嘴,上端弯成大约直角,且伸出冲击管外,与高压胶管连接。

(9) 蛇形高压胶管:压力应达到1.50MPa以上。

(10) 高压水泵:100TSW-7高压离心泵,配备一个压力表,作下井管之用。

2) 材料

选用粗砂与豆石,不得采用中砂,严禁使用细砂,以防堵塞滤管网眼。

3) 技术准备

详细查阅工程地质勘察报告,了解工程地质情况,分析降水过程中可能出现的技术问题及采取的措施。

凿孔设备与抽水设备检查。

4) 平整场地

为了节省机械施工费用,不使用履带式吊车,采用碎石桩振冲设备自制简易井架,因此场地平整度要高一些,设备进场前进行行场地平整,以便于井架在场地内移动。

2. 施工方法、工艺

1) 井管埋设

根据建设单位提供的测量控制点,测量放线确定井点位置,然后在井位先挖一个小土坑,深大约500mm,以便于冲击孔时集水、埋管时灌砂,并用水沟将小坑与集水坑连接,以便排泄多余水。

用绞车将简易井架移到井点位置,将套管水枪对准井点位置,启动高压水泵,水压控制在0.4～0.8MPa,在水枪高压水射流冲击下套管开始下沉,并不断地升降套管与水枪。一般含砂的黏土,按经验套管落距在1000mm之内,在射水与套管冲切作用下,大约在10～15min之内,井管可下沉10m

市政管道工程施工

续表

左右；若遇到较厚的纯黏土时，沉管时间要延长，此时可增加高压水泵的压力，以达到加速沉管的速度。冲击孔的成孔直径应达到 300～350mm，保证管壁与井管之间有一定间隙，以便于填充砂石，冲孔深度应比滤管设计安置深度低 500mm 以上，以防止冲击套管提升拔出时部分土塌落，并使滤管底部存有足够的砂石。

凿孔冲击管上下移动时应保持垂直，这样才能使井点降水井壁保持垂直，若在凿孔时遇到较大的石块和砖块，会出现倾斜现象，此时成孔的直径也应尽量保持上下一致。

井孔冲击成型后，应拔出冲击管，通过单滑轮，用绳索提起井管插入井孔，井管的上端应用木塞塞住，以防砂石或其他杂物进入，并在井管与孔壁之间填灌砂石滤层。该砂石滤层的填充质量直接影响轻型井点降水的效果，应注意以下几点。

（1）砂石必须采用粗砂，以防止堵塞滤管的网眼。

（2）滤管应放置在井孔的中间，砂石滤层的厚度应在 100mm 以上，以提高透水性，并防止土粒渗入滤管堵塞滤管的网眼。填砂厚度要均匀，速度要快，填砂中途不得中断，以防孔壁塌土。

（3）砂石滤层的填充高度，至少要超过滤管顶以上 1000～1800mm，一般应填至原地下水位线以上，以保证土层水流上下畅通。

（4）井点填砂后，井口以下 1.0～1.5m 用黏土封口压实，防止漏气而降低降水效果。

2）冲洗井管

将 ϕ15～30mm 的胶管插入井管底部进行注水清洗。应逐根进行清洗，避免出现"死井"。

3）管路安装

首先沿井管线外侧，铺设集水总管，并用胶垫螺栓把干管连接起来，主干管连接水箱水泵，然后拔掉井管上端的木塞，用胶管与总管连接好，再用 10 号铅丝绑好，防止管路不严漏气而降低整个管路的真空度。主管路的流水坡度按坡向泵房 5‰的坡度并用砖将主干管垫好。

4）检查管路

检查集水总管与井管连接的胶管的各个接头在试抽水时是否有漏气现象，发现漏气应重新连接或用油腻子堵塞，重新拧紧法兰盘螺栓和胶管的铅丝，直至不漏气为止。在正式运转抽水之前必须进行试抽，以检查抽水设备运转是否正常，管路是否存在漏气现象。为了观测降水深度，是否达到施工组织设计所要求的降水深度，在基坑两端各设置一个观测井点，以便于通过观测井点测量水位，并描绘出降水曲线。

在试抽时，应检查整个管网的真空度，应达到 550mmHg(73.33kPa)，方可正式投入抽水。

3. 质量要求

轻型井点管网全部安装完毕后进行试抽。当抽水设备运转一切正常后，整个抽水管路无漏气现象，可以投入正常抽水作业。开机 7d 后将形成地下水漏斗，并趋向稳定，土方工程可在降水 10d 后开挖。

4. 安全文明施工措施

（1）土方挖掘运输车道不设置井点，这不影响整体降水效果。

（2）在正式开工前，由电工及时办理用电手续，保证在抽水期间不停电。抽水应连续进行，特别是开始抽水阶段，时停时抽，会导致井管的滤网阻塞。同时由于中途长时间停止抽水，造成地下水位上升，会引起土方边坡塌方等事故。

（3）轻型井点应经常进行检查，其出水规律应"先大后小，先浑后清"。若出现异常情况，应及时进行检查。

（4）在抽水过程中，应经常检查和调节离心泵的出水阀门以控制流水量。

（5）真空度是轻型井点能否顺利进行降水的主要技术指标，现场设专人经常观测。若抽水过程中发现真空度不足，应立即检查整个抽水系统有无漏气环节，并应及时排除。

续表

（6）在抽水过程中，特别是开始抽水时，应检查有无井管淤塞的"死井"，可通过管内水流声、管子表面是否潮湿等方法进行检查。如"死井"数量超过10%，则严重影响降水效果，应及时采取措施，采用高压水反复冲洗处理。

（7）在打井点之前应勘测现场，采用洛阳铲凿孔，若发现场内有旧基础、隐性墓地等应及早上报。

（8）如黏土层较厚，沉管速度会较慢，如超过常规沉管时间时，可增大水泵压力，但不要超过1.5MPa。

（9）主干管流水坡度流向水泵方向。

（10）基坑周围上部应挖好水沟，防止雨水流入基坑。

（11）井点位置距坑边应大于1.0，以防止井点设置影响坑边土坡的稳定性。水泵抽出的水应按施工方案设置的明沟排出，离基坑越远越好，以防止渗下回流，影响降水效果。

（12）如场地黏土层较厚，将影响降水效果，因为黏土的透水性能差，上层水不易渗透下去。采取套管和水枪在井轴线范围之外打孔，用埋设井管相同成孔作业方法，井内填满粗砂，形成二至三排砂桩，使地层中上下水贯通。在抽水过程中，由于下部抽水，上层水由于重力作用和抽水产生的负压，上层水系很容易漏下去，将水抽走。

审核人	交底人	接收交底人

 习 题

一、判断题

1. 为防止浸水造成基底土的扰动，在开挖前应将地下水位降至槽底下0.5～1m，在施工过程中施工降水不能停止。（　　）

2. 井点管施工中，当井孔用水冲法成孔后，应拔出冲管，插入井点管并用黏土将井点管四周回填密实。（　　）

3. 采用明排水法降水，可防止流砂现象发生。（　　）

4. 在井点降水过程中，为减少井点管系统设备的损坏，当水位降低至沟槽（基坑）以下1m应暂停降水，待水位升高后，再开始降水。（　　）

5. 流砂的发生与动水压力大小和方向有关，因此在沟槽（基坑）开挖中，截断地下水流是防治流砂的唯一途径。（　　）

二、单项选择题

1. 开挖低于地下水位的沟槽（基坑）时，一般要将地下水降至开挖底面的（　　），然后再开挖。

A. 20cm　　　　B. 30cm　　　　C. 40mm　　　　D. 50mm

2. 单排井点降水时，井点应设在（　　）。

A. 水流的上游　　B. 水流的下游　　C. 基坑的中心　　D. 均可以

3. 下列（　　）土层中最有可能产生流砂。

A. 粉细砂　　　　B. 中砂　　　　C. 黏性土　　　　D. 卵石层

4. 某沟槽开挖土方，自然地面标高为3.50m，槽底标高－0.50m，槽底宽为4m，顶宽为5m，当选用6m长井点管时，槽底至降落后的地下水水位距离为（　　）。

A. 0.30～0.66m　　B. 0.385～0.66m　　C. 0.365～0.66m　　D. 0.5～1.0m

5. 下列轻型井点系统适用范围错误的是（　　）。

A. 粉砂、细沙　　　B. 中砂　　　　　C. 黏土　　　　　D. 砂质黏土

6. 井点管应布置在基坑或沟槽上口边缘外（　　）m处。

A. 1.5～2.0　　　B. 1.0～1.5　　　C. 0.8～1.0　　　D. 0.5～0.8

7. 下列不是人工降低地下水位的方法是（　　）。

A. 轻型井点　　　B. 明沟排水　　　C. 深井泵井点　　D. 喷射井点

8. 轻型井点系统采用（　　）抽吸地下水。

A. 离心泵　　　　　　　　　　B. 射流式真空抽水设备

C. 活塞泵　　　　　　　　　　D. 轴流泵

9. 当基坑宽＜2.5m，降水深度≯4.5m，一般可用（　　）。

A. 单排轻型井点　　B. 双排轻型井点　　C. 环形轻型井点　　D. 多层轻型井点

10. 施工降排水设计降水深度在基坑（槽）范围内不应小于（　　）。

A. 基坑（槽）底面处　　　　　B. 基坑（槽）底面以下0.2m

C. 基坑（槽）底面以下0.3m　　D. 基坑（槽）底面以下0.5m

三、多项选择题

1. 人工降低地下水位作用有（　　）。

A. 防治流砂　　　B. 防止边坡塌方　　C. 防止坑底管涌

D. 保持坑底地干燥　　　　　　E. 增加地基土承载力

2. 井点管施工时，应按（　　）来操作。

A. 井点管、滤水管及总管弯联管均应逐根检查管内不得有污垢、泥砂等杂物

B. 过滤管孔应畅通，滤网应完好，绑扎牢固，下端装有丝堵时应拧紧

C. 每组井点系统安装完成后，应进行试抽水，并对所有接头逐个进行检查，如发现漏气现象，应认真处理，使真空度符合要求

D. 选择好滤料级配，严格回填，保证有较好的反滤层

E. 直接用黏土将井点管和孔壁之间填实

3. 明排降水法的组成包括（　　）。

A. 明沟　　　　　B. 进水口　　　　　C. 滤水管

D. 集水井　　　　E. 弯联管

【参考答案】

任务 4.5　管道基础施工

4.5.1　任务描述

工作任务

结合《市政工程施工图案例图集》，查阅《给水排水管道工程施工及验收规

范》（GB 50268—2008），完成排水管道基础施工，进行基础施工技术交底。

具体任务如下。

（1）识读管道基础图纸，进行钢筋工程量计算。

（2）管道基础钢筋制作绑扎。

工作手段

《给水排水管道工程施工及验收规范》（GB 50268—2008）、《市政工程施工图案例图集》等。

成果与检测

（1）每位学生根据组长分工完成部分管段基础施工任务。

（2）采用教师评价和学生互评的方式打分。

4.5.2　相关知识

常用的管道基础主要有土弧基础、砂石基础、混凝土枕基、混凝土带形基础等，各种基础的施工方法根据材料和作用的不同而不同，这里仅介绍砂石基础和混凝土带形基础的施工。

1. 砂石基础施工

管道沟槽验收合格后，应及时进行砂石基础的施工。

1）施工前的准备

施工前要先明确基础宽度及垫层顶部的高程，然后再恢复管道中心线，放出砂石基础的标高，合格后进行施工。

2）砂石的铺设

《给水排水标准图集——室外给水排水管道及附属设施（二）（2005 年合订本）》（S5（二））规定，砂石基础材料一般采用中、粗砂，也可采用天然级配砂石、碎石、石屑等地方材料，但其最大粒径不宜大于 25mm。投料时要检查原材料质量。

3）压实

将砂石按设计标高整平（可考虑松铺），压实工具采用蛙式夯，夯实 6～8 遍，砂石基础压实度不小于 90%，在管道基础支承角 2α 范围内的腋角部位，必须采用中粗砂或砂砾石回填密实，且厚度不得小于设计规定，压实度不小于 95%，具体如图 4.75 所示。

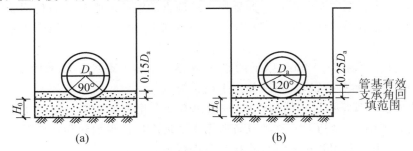

图 4.75　砂石基础

（a）90°砂石基础；（b）120°砂石基础

4）接口工作坑

管道基础在接口部位的工作坑，宜在铺设管道时随铺随挖（见图 4.76）。工作坑长度 L 按管径大小采用，宜为 $0.4\sim0.6m$，深度 h 宜为 $0.05\sim0.1m$，宽度 B 宜为管外径的 1.1 倍。在接口完成后，工作坑随即用砂回填密实。

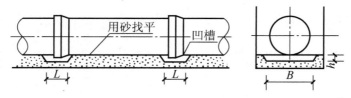

图 4.76　管道接口处的工作坑

2. 混凝土带形基础施工

混凝土带形基础是沿管道全长铺设的基础。施工时通常和安管一起按照平基、安管（稳管）、管座浇筑的顺序完成施工。混凝土基础的施工工艺流程为

基槽清理、验槽→混凝土垫层浇筑、养护→抄平、放线→基础底板钢筋制作、绑扎、支模板→钢筋、模板质量检查，清理→基础混凝土浇筑→混凝土养护→拆模。

1）清理及垫层混凝土浇筑

地基验槽完成后，清理表层浮土及扰动土，不得积水，立即进行垫层混凝土施工，必须振捣密实，表面平整，严禁晾晒基土。

2）钢筋加工

钢筋加工的内容如下。

（1）钢筋除锈。在自然环境中，钢筋表面容易生成铁锈，影响钢筋与混凝土共同受力工作，导致混凝土结构耐久性能下降，甚至导致结构构件完全破坏，因此，在进行钢筋加工之前首先进行除锈。

钢筋除锈的方法有多种，常用的有人工除锈、机械除锈和酸洗法除锈。

① 人工除锈。人工除锈的常用方法一般是用钢丝刷、砂盘、麻袋布等轻擦或将钢筋在砂堆上来回拉动除锈。

② 机械除锈。机械除锈机一般由钢筋加工单位自制，是由动力带动圆盘钢丝刷高速旋转，来清刷钢筋上的铁锈。

（2）钢筋调直。弯曲不直的钢筋在混凝土中不能与混凝土共同工作而易导致混凝土出现裂缝，以至于产生不应有的破坏。如果用未经调直的钢筋来断料，断料钢筋的长度不可能准确，从而会影响到钢筋成型、绑扎安装等一系列工序的准确性。钢筋调直的方法有以下两种。

① 手工调直。直径在 10mm 以下的盘条钢筋，在施工现场一般采用手工调直钢筋。对于直条粗钢筋一般弯曲较缓，可就势用手扳子扳直。

② 机械平直。其是通过钢筋调直机（一般也有切断钢筋的功能，因此通称钢筋调直切断机）实现的，如图 4.77 所示。这类设备适用于处理冷拔低碳钢丝和直径不大于 14mm 的细钢筋。粗钢筋可以利用卷扬机结合冷拉工序进行平直。

钢筋调直的操作要点主要有以下几个。

① 检查。工作前要先检查电气系统及其元件有无毛病，各种连接零件是否牢固可靠，

图 4.77　钢筋调直机

各传动部分是否灵活，确认正常后方可进行试运转。

② 试运转。首先从空载开始，确认运转可靠之后才可以进料、试验调直和切断。首先要将盘条的端头锤打平直，然后再将它从导向套推进机器内。

③ 试断筋。为保证断料长度合适，应在机器开动后试断三四根钢筋检查，以便出现偏差能得到提前的及时纠正（调整限位开关或定尺板）。

④ 安全要求。盘圆钢筋放入放圈架上要平稳，如有乱丝或钢筋脱架时，必须停车处理。操作人员不能离机械过远，以防发生故障时不能立即停车。

⑤ 安装承料架。承料架槽中心线应对准导向套、调直筒和剪切孔槽中心线，并保持平直。

⑥ 安装切刀。安装滑动刀台上的固定切刀，保证其位置正确。

⑦ 安装导向管。在导向套前部，安装 1 根长度约为 1m 的导向钢管，需调直的钢筋应先穿入该钢管，然后穿过导向套和调直筒，以防止每盘钢筋接近调直完毕时其端头弹出伤人。

（3）钢筋的切断。钢筋经调直后，即可按下料长度进行切断。钢筋切断前，应有计划，根据工地的材料情况确定下料方案，确保钢筋的品种、规格、尺寸、外形符合设计要求。切断时，精打细算，长料长用，短料短用，使下脚料的长度最短。切剩的短料可作为电焊接头的绑条或其他辅助短钢筋使用，力求减少钢筋的损耗。

① 切断前的准备工作。

复核：根据钢筋配料单，复核料牌上所标注的钢筋直径、尺寸、根数是否正确。

下料方案：根据工地的库存钢筋情况作好下料方案，长短搭配，尽量减少损耗。

量度准确：避免使用短尺量长料，防止产生累计误差。

试切钢筋：调试好切断设备，试切 1～2 根，尺寸无误后再成批加工。

② 切断方法。钢筋切断方法可分为人工切断与机械切断。

一般切断细钢筋可用钢筋断线钳，如图 4.78 所示。

图 4.78　钢筋断线钳

切断直径为 16mm 以下的 I 级钢筋可用手压切断器，图 4.79 所示为 SYJ – 16 型手动液压切断器。

常用的钢筋切断机械为钢筋切断机，其型号有 GQ12、GQ20、GQ25、GQ32、GQ35、GQ40、GQ50、GQ65 型，型号的数字表示可切断钢筋的最大公称直径，如图 4.80 所示。

图 4.79　SYJ – 16 型手动液压切断器　　　　图 4.80　钢筋切断机

③ 钢筋切断注意事项。

- 检查。使用前应检查刀片安装是否牢固，润滑油是否充足，并应在开机空转正常后再进行操作。
- 切断。钢筋应调直以后再切断，钢筋与刀口应垂直。
- 安全。断料时应握紧钢筋，待活动刀片后退时及时将钢筋送进刀口，不要在活动刀片已开始向前推进时向刀口送料，以免断料不准，甚至发生事故；长度在 30cm 以内的短料，不能直接用手送料切断；禁止切断超过切断机技术性能规定的钢材及超过刀片硬度或烧红的钢筋；切断钢筋后，刀口处的屑渣不能直接用手清除或用嘴吹，而应用毛刷刷干。

（4）钢筋弯曲成型。弯曲成型是将已切断、配好的钢筋按照施工图纸的要求加工成规定的形状尺寸。钢筋弯曲成型的顺序是：准备工作→划线→样件→弯曲成型。钢筋弯曲分为人工弯曲和机械弯曲两种。

① 准备工作。钢筋弯曲成型成什么样的形状、要求各部分的尺寸是多少，主要依据钢筋配料单，这是最基本的操作依据。

配料单是钢筋加工的凭证，是钢筋成型质量的保证，配料单内包括钢筋规格、式样、根数及下料长度等内容，主要按施工图上的钢筋材料表抄写，但是应特别注意：下料长度一栏必须由配料人员算好填写，不能照抄材料表上的长度。例如，表 4－13 中各号钢筋的长度是各分段长度累加起来的，配料单中钢筋长度则是操作需用的实际长度，要考虑弯曲调整值，成为下料长度。

表 4－13　×××工程钢筋材料表

编号	式样	规格	长度/mm	根数/根	总长/m	重量/kg
1	2980	φ18	2980	4	11.92	23.8
2	2400　600	φ16	3170	5	15.85	25.0

续表

编号	式样	规格	长度/mm	根数/根	总长/m	重量/kg
3	500 1200 620 1200 500 4000 580 560	φ20	8940	3	26.82	66.2

② 划线。在弯曲成型之前，除应熟悉待加工钢筋的规格、形状和各部尺寸，确定弯曲操作步骤及准备工具等之外，还需将钢筋的各段长度尺寸划在钢筋上。

精确划线的方法是，大批量加工时，应根据钢筋的弯曲类型、弯曲角度、弯曲半径、扳距等因素，分别计算各段尺寸，再根据各段尺寸分段划线。这种划线方法比较烦琐。现场小批量的钢筋加工，常采用简便的划线方法：即在划钢筋的分段尺寸时，将不同角度的弯折量度差在弯曲操作方向相反的一侧长度内扣除，划上分段尺寸线，这条线称为弯曲点线。根据弯曲点线并按规定方向弯曲生得到的成型钢筋，基本与设计图要求的尺寸相符。

图 4.81 所示为 D500mm 钢筋混凝土管道基础分布钢筋划线方法。图中各线段即钢筋的弯曲点线，弯制钢筋时即按这些线段进行弯制。弯曲角度须在工作台上放出大样。

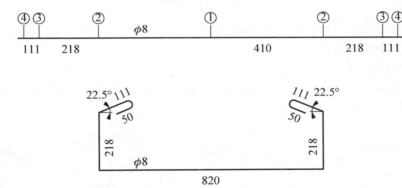

图 4.81　D500mm 钢筋混凝土管道基础分布钢筋划线方法

弯制形状比较简单或同一形状根数较多的钢筋，可以不划线，而在工作台上按各段尺寸要求，固定若干标志，按标准操作。此法工效较高。

③ 样件。弯曲钢筋划线后，即可试弯 1 根，以检查划线的结果是否符合设计要求。如不符合，应对弯曲顺序、划线、弯曲标志、扳距等进行调整，待调整合格后方可成批弯制。

④ 弯曲成型。手工弯曲成型应在工作台上进行。图 4.82 所示的卡盘由钢板底盘和扳柱组成。扳柱焊在底盘上，底盘需固定在工作台上。

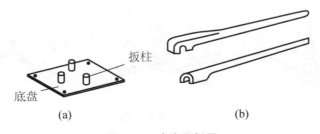

图 4.82　卡盘和扳子

（a）卡盘；（b）扳子

为了保证钢筋弯曲形状正确，弯曲弧准确，操作时扳子部分不碰扳柱，扳子与扳柱间应保持一定距离。扳距、弯曲点线和扳柱的关系如图 4.83 所示。手工弯曲操作时，扳子一定要托平，不能上下摆，以免弯出的钢筋产生翘曲。

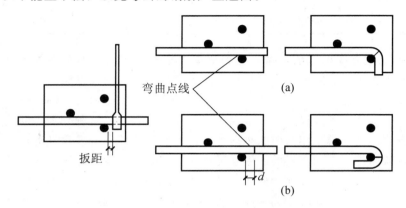

图 4.83　扳距、弯曲点线和扳柱的关系

（a）弯 $90°$；（b）弯 $180°$

机械弯曲成型可通过钢筋弯曲机的操作来完成。操作时，对操作人员应进行岗前培训和岗位教育，严格执行操作规程。

3）钢筋的绑扎

钢筋绑扎的常用工具有钢筋钩、小撬棍、起拱板子、绑扎架等，如图 4.84 和图 4.85 所示。

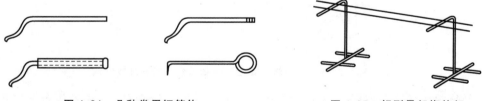

图 4.84　几种常用钢筋钩　　　　　　　　图 4.85　轻型骨架绑扎架

（1）绑扎的操作方法。绑扎钢筋是借助钢筋钩用铁丝把各种单根钢筋绑扎成整体网片或骨架。最常用的绑扎方法是一面顺扣绑扎法。

一面顺扣绑扎法是最常用的方法，具体操作如图 4.86 所示。绑扎时先将铁丝扣穿套钢筋交叉点接着用钢筋钩钩住铁丝弯成圆圈的一端，旋转钢筋钩，一般旋 1.5～2.5 转即可。铁丝扣要短，才能少转快扎。这种方法操作简便，绑点牢靠，适用于钢筋网、架各个部位的绑扎。

图 4.86　一面顺扣绑扎法

其他绑扎法还有兜扣、十字花扣、缠扣、反十字花扣、套扣、兜扣加缠等，其形式如图 4.87 所示。

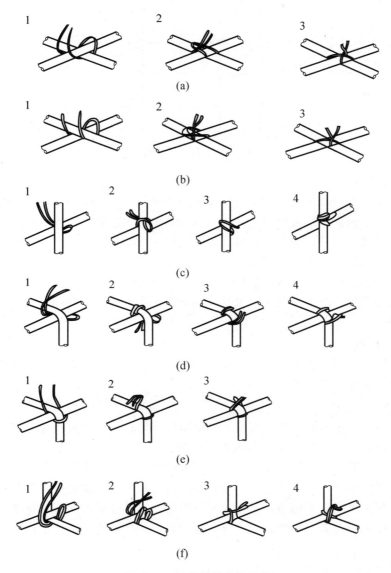

图 4.87 钢筋的其他绑扎法

（a）兜扣；（b）十字花扣；（c）缠扣；（d）反十字花扣；（e）套扣；（f）兜扣加缠

（2）钢筋绑扎的操作要点。

① 划线时应划出主筋的间距及数量，并标明箍筋的加密位置。

② 受力钢筋接头在同一截面（35d 区段内，且不小于 500mm），有接头的受力钢筋截面面积占受力钢筋总截面面积的百分率应符合相关规定。

③ 箍筋的转角与其他钢筋的交点均应绑扎，但箍筋的平直部分与钢筋的相交点可呈梅花式交错绑扎。箍筋的弯钩叠合处应错开绑扎。应交错绑扎在不同的架立钢筋上。

④ 绑扎钢筋网片采用一面顺扣绑扎法，在相邻两个绑点应呈八字形，不要互相平行

以防骨架歪斜变形，如图 4.88 所示。

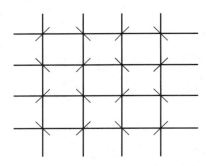

图 4.88　八字形绑点

4）模板安装与清理

钢筋绑扎及相关专业施工完成后应立即进行模板安装，模板采用组合钢模板或木模，利用钢管或木方加固。锥形基础坡度＞30°时，采用斜模板支护，利用螺栓与底板钢筋拉紧，防止上浮，模板上部设透气及振捣孔，坡度≤30°时，利用钢丝网（间距 30cm），防止混凝土下坠，上口设井字木控制钢筋位置。

不得用重物冲击模板，不准在吊帮的模板上搭设脚手架，保证模板的牢固和严密。同时清除模板内的木屑、泥土等杂物，木模浇水湿润，堵严板缝及孔洞，清除积水和模板内表面涂脱模剂。

5）混凝土搅拌

根据配合比及砂石含水率计算出每盘混凝土材料的用量。认真按配合比用量投料，严格控制用水量，搅拌均匀，搅拌时间不少于 90s。

6）混凝土浇筑

浇筑管道混凝土带形基础时，注意基础钢筋位置的正确，防止造成位移和倾斜。在浇筑开始时，先满铺一层 5～10cm 厚的混凝土并捣实，使钢筋网片的位置基本固定，然后对称浇筑。对于管座基础，应注意保持管座斜面坡度的正确。先浇筑管道基础，当基础达到一定强度后，下管安管，再浇筑管座，浇管座前应先将基础面凿毛洗净。浇筑管座时先用砂浆或细石混凝土填充管下腋角部位，并充满捣实，然后在管道两侧对称浇筑。为防止地基的不均匀沉降而引起基础断裂，造成管道接口漏水，基础施工要考虑留变形缝，内填柔性材料，缝的位置要与柔性接口位置一致。

混凝土浇筑安全注意事项：

（1）施工人员入现场必须进行入场安全教育，经考核合格后方可进入施工现场；

（2）作业人员进入施工现场必须戴合格安全帽，系好下颚带，锁好带扣；

（3）施工人员要严格遵守操作规程，振捣设备安全可靠；

（4）泵送混凝土浇筑时，输送管道头应紧固可靠，不漏浆，安全阀完好，管道支架要牢固，检修时必须卸压；

（5）使用溜槽、串桶时必须固定牢固，操作部位应设护身栏，严禁站在溜槽上操作。

7）混凝土振捣

采用插入式振捣器，插入的间距不大于振捣器作用半径的 1.25 倍。上层振捣棒插入下层 3～5cm，尽量避免碰撞钢筋、模板及预埋件、预埋螺栓，防止预埋件移位。

8）混凝土养护

已浇筑完的混凝土，常温下，应在12h左右覆盖和浇水。一般常温养护不得少于7d，特种混凝土养护不得少于14d。养护设专人检查落实，防止由于养护不及时而造成混凝土表面裂缝。

9）模板拆除

侧面模板在混凝土强度能保证其棱角不因拆模板而受损坏时方可拆模，拆模前设专人检查混凝土强度，拆除时采用撬棍从一侧顺序拆除，不得采用大锤砸或撬棍乱撬，以免造成混凝土棱角破坏。

4.5.3 案例示范

1. 案例描述

完成《市政工程施工图案例图集》中心大道雨水管道工程 Y3～Y4 基础施工用料计算，进行基础施工。

具体任务如下。

（1）识读 Y3～Y4 排水管道基础图，进行钢筋工程量计算，填写表4-14。

表4-14 钢筋工程量计算表（1）

管段编号	管径/mm	管长/m	基础类型	钢筋编号	规格	钢筋简图	单根长度/mm	根数/根	总长度/m	重量/kg

（2）识读 Y3～Y4 排水管道井底板与一节管道配筋图，进行钢筋工程量计算，填写表4-15。

表4-15 钢筋工程量计算表（2）

管段编号	管径/mm	管长/m	基础类型	钢筋编号	规格	钢筋简图	单根长度/mm	根数/根	总长度/m	重量/kg

（3）完成 Y3～Y4 管道基础钢筋制作。

2. 案例分析与实施

案例分析与实施内容如下。

（1）识读 Y3～Y4 排水管道基础图，进行钢筋工程量计算，填写见表4-16。

表 4-16　D500mm 排水管道基础钢筋工程量计算表(1)

管段编号	管径/mm	节长/m	基础类型	钢筋编号	规格	钢筋简图	单根长度/m	根数/根	总长度/m	重量/kg
Y3～Y4	500	5	135°钢筋混凝土基础	①	φ10	———	25.9	5	129.5	79.9
				②	φ8	⌐_⌐	1.581	131	207.1	81.81
				③	φ10	———	25.9	4	103.6	63.92

Y3～Y4 管道基础采用 135°钢筋混凝土基础，如图 4.89 所示，具体也可参照《市政工程施工图案例图集》结-26 D200～D1500mm 承插管 135°钢筋混凝土基础图。

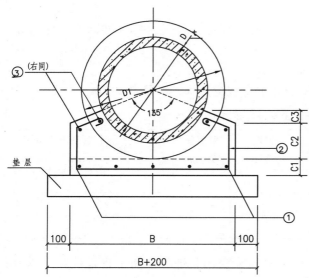

说明：1.本图尺寸以毫米计。

2.适用条件：

(1) 管顶覆土D200～D600为0.7～4.0m，D800～D1500为0.7～6.0m。

(2) 开槽埋设的排水管道。

(3) 地基为原状土。

3.材料 混凝土：C20；钢筋：φ为HPB235级钢，Φ为HRB335级钢。

4.主筋净保护层：下层为40mm，其他为30mm。

5.垫层 C10素混凝土垫层，厚100mm。

6.管槽回填土的密实度：管子两侧不低于95%，严禁单侧填高，管顶以上500mm内，不低于85%，管顶500mm以上按路基要求回填。

7.管基础与管必须结合良好。

8.当施工过程中需在C1层面处留施工缝时，则在继续施工时应将间歇面凿毛刷净，以使整个管基结为一体。

9.管道带形基础每隔15～20m断开20mm，内填沥青木丝板。

管 道 基 础

基础尺寸及材料表

D (mm)	D' (mm)	D1 (mm)	t (mm)	B (mm)	C1 (mm)	C2 (mm)	C3 (mm)	①	②	③ 单侧	每米管道基础工程量			
											C20基础 /m³	①筋长/m	②筋长/m	③筋长/m
200	260	365	30	465	60	86	47	2Φ10	φ8@200	1Φ10	0.070	2.00	4.105	2.00
300	380	510	40	610	70	129	54	3Φ10	φ8@200	1Φ10	0.112	3.00	5.450	2.00
400	490	640	45	740	80	167	60	4Φ10	φ8@200	2Φ10	0.169	4.00	6.740	4.00
500	610	780	55	880	80	208	66	5Φ10	φ8@200	2Φ10	0.224	5.00	8.005	4.00
600	720	910	60	1010	80	246	71	6Φ10	φ8@200	2Φ10	0.282	6.00	9.165	4.00
800	930	1104	65	1204	80	303	71	7Φ10	φ8@200	2Φ10	0.356	7.00	10.71	4.00
1000	1150	1346	75	1446	80	374	79	8Φ10	φ8@200	2Φ10	0.483	8.00	12.84	4.00
1200	1380	1616	90	1716	80	453	91	9Φ10	φ8@200	2Φ10	0.658	9.00	15.29	4.00
1500	1730	2008	115	2108	80	567	106	11Φ10	φ8@200	2Φ10	0.946	11.00	18.50	4.00

图 4.89　D200～D1500mm 承插管 135°钢筋混凝土基础图

本管段总长 35m，除去检查井（两端检查井尺寸均为 1100mm×1100mm）及井外第一节(设每节管长 4m，共 2 节)后，中段基础长度为 35－1.1－4×2＝25.9（m）。

① 号钢筋。

单根长度：25.9m；

根数：5 根。

② 号钢筋。

单根长度：0.88m－2×0.03m＋(0.08＋0.208－0.03－0.04)m×2＋(0.066/sin22.5°－2×0.03＋6.25×0.08)×2＝1.581m

根数：25.9/0.2＋1＝131 根。

③ 号钢筋。

单根长度：25.9m；

根数：4 根。

注意：取一个节段计算时不考虑钢筋保护层，分布筋根数计算时也不需加 1。

（2）识读 Y3～Y4 排水管道井外第一节管道配筋图，进行钢筋下料长度计算，填写见表 4－17。

表 4－17 D500mm 排水管道基础钢筋工程量计算表(2)

管段编号	管径/mm	节长/m	基础类型	钢筋编号	规格	钢筋简图	单根长度/m	根数/根	总长度/m	重量/kg
Y3～Y4	500	4	135°钢筋混凝土基础	①	φ10		3.780	5	18.900	11.66
				②	φ8		1.581	19	30.039	11.87
				③	φ8		0.920	19	17.480	6.900
				④	φ10		3.600	4	14.400	8.88
				⑤	φ8		3.880	5	19.400	7.66

根据任务 4.1 识读结果可知 Y3～Y4 管道基础采用 135°钢筋混凝土基础，如图 4.90、图 4.91 所示，具体可参照《市政工程施工图案例图集》结－27D200～D1500mm 承插管 135°钢筋混凝土基础与检查井连接断面图、结－30 井底板与一节管道基础配筋图。

设井外第一节管长 4m，检查井井臂厚 370mm。

① 号钢筋。

单根长度：(4－0.37－0.1＋0.25)m＝3.78m；

根数：5 根。

② 号钢筋。

单根长度：0.88m－2×0.03m＋(0.08＋0.208－0.03－0.04)m×2＋(0.066/sin22.5°－2×0.03＋6.25×0.008)m×2＝1.81m；

根数：(4－0.37－0.1)根/0.2＋1 根＝19 根。

③ 号钢筋。

单根长度：0.88m－2×0.03m＋6.25×0.008m×2＝0.92m；

根数：(4－0.37－0.1)根/0.2＋1根＝19根。

④ 号钢筋。

单根长度：4m－0.37m－0.03m＝3.6m；

根数：4根。

⑤ 号钢筋。

单根长度：4m－0.37m－0.1m＋0.25m＋6.25×0.008m×2＝3.88m；

根数：5根。

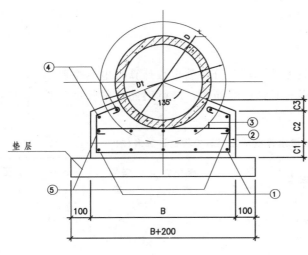

说明：1.本图尺寸以毫米计。

2.适用条件：

(1) 管顶覆土 D200～D600为0.7～4.0m，D800～D1500为0.7～6.0m。

(2) 开槽埋设的排水管道。

(3) 地基为原状土。

3.材料 混凝土：C20；钢筋：ф为HPB235级钢，Φ为HRB335级钢。

4.主筋净保护层：下层为40mm，其他为30mm。

5.垫层 C10素混凝土垫层，厚100mm。

6.管槽回填土的密实度：管子两侧不低于95%，严禁单侧填高，管顶以上500mm内，不低于85%，管顶500mm以上按路基要求回填。

7.管基础与管道必须结合良好。

8.当施工过程中需在C1层面处留施工缝时，则在继续施工时应将缝面凿毛刷净，以使整个管基结为一体。

9.管道带形基础每隔15～20m断开20mm，内填沥青木丝板。

2－2

基础尺寸表

D	D′	D1	t	B	C1	C2	C3	①	②	③	④	⑤
200	260	365	30	465	60	86	47	2Φ10	ф8@200	ф8@200	1Φ10	2ф8
300	380	510	40	610	70	129	54	3Φ10	ф8@200	ф8@200	1Φ10	3ф8
400	490	640	45	740	80	167	60	4Φ10	ф8@200	ф8@200	2Φ10	4ф8
500	610	780	55	880	80	208	66	5Φ10	ф8@200	ф8@200	2Φ10	5ф8
600	720	910	60	1010	80	246	71	6Φ10	ф8@200	ф8@200	2Φ10	6ф8
800	930	1104	65	1204	80	303	71	7Φ10	ф8@200	ф8@200	2Φ10	7ф8
1000	1150	1346	75	1446	80	374	79	8Φ10	ф8@200	ф8@200	2Φ10	8ф8
1200	1380	1616	90	1716	80	453	91	9Φ10	ф8@200	ф8@200	2Φ10	9ф8
1500	1730	2008	115	2108	80	567	106	11Φ10	ф8@200	ф8@200	2Φ10	11ф8

图 4.90　D200～D1500mm 承插管 135°钢筋混凝土基础与检查井连接断面图

(3) Y3～Y4 管道基础钢筋制作绑扎。

取 5m 管道基础进行基础钢筋绑扎。

① 作业准备。

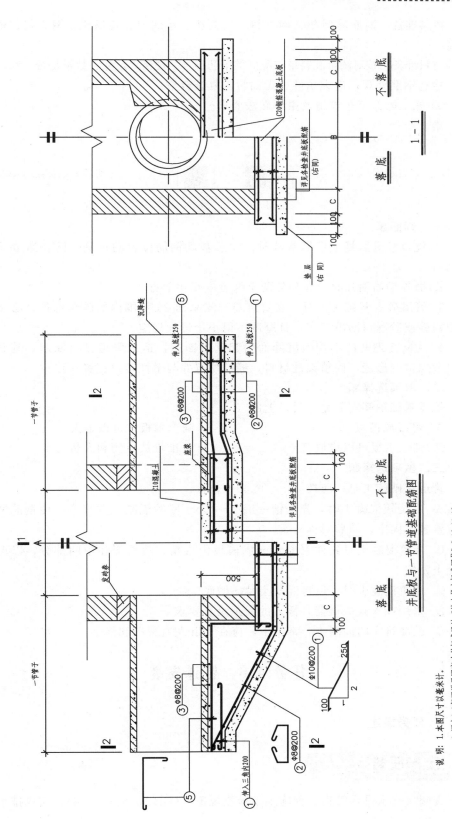

说明: 1.本图尺寸以毫米计.
2.图中2-2断面详见国家建筑标准设计《给水排水标准图集》S-10,11,12.
3.管基配筋见各级管径的管基配筋图.

图4.91 井底板与一节管道基础配筋图

机具准备：钢筋除锈机、调直机、切断机、弯曲机、卷扬机、钢卷尺、钢丝刷等。

材料准备：核对图纸配料单与配好的钢筋型号、规格、尺寸、数量是否一致。

检查钢筋外观，应无锈蚀、无油污，复试合格。

② 施工操作工艺措施及主要做法要求。

略。

习 题

一、判断题

1. 浇筑管道混凝土带形基础时，注意基础钢筋位置的正确，防止造成位移和倾斜。　　　　　　　　　　　　　　　　　　　　　　　　　（　　）

2. 绑扎钢筋网片时，在相邻两个绑点应互相平行。　　　　　　（　　）

3. 管道砂石基础施工时，在管道基础支承角 2α 范围内的腋角部位，必须采用中粗砂或砂砾石回填密实，且厚度不得小于设计规定。　　　　（　　）

4. 为防止地基的不均匀沉降而引起基础断裂，造成管道接口漏水，基础施工要考虑留变形缝，内填柔性材料，缝的位置要与柔性接口位置一致。　（　　）

二、单项选择题

管道基础钢筋安装完毕后，上面（　　）。

A. 可以放模板　　　　　　　　　　B. 铺上木板才可以走人

C. 铺上木板可以堆放管子　　　　　D. 不准堆放重物和人员行走

三、多项选择题

管道基础施工时，应按（　　）来操作。

A. 在浇筑混凝土时，先满铺一层 5～10cm 厚的混凝土并捣实，使钢筋网片的位置基本固定，然后对称浇筑

B. 浇筑混凝土时先使混凝土充满模板内边角，然后浇注中间部分，以保证混凝土密实

C. 浇筑混凝土时可以将混凝土抛向槽底

D. 采用插入式振捣器，插入的间距没有要求

E. 已浇筑完的混凝土，常温下，应在 12h 左右覆盖和浇水

【参考答案】

任 务 4.6　管 道 安 装

4.6.1　任务描述

工作任务

查阅《给水排水管道工程施工及验收规范》（GB 50268—2008），完成排水管

道安装。

具体任务如下。

（1）排水管道安装技术交底。

（2）排水管道质量检查。

工作手段

《给水排水管道工程施工及验收规范》（GB 50268—2008）。

成果与检测

（1）每位学生根据组长分工完成。

（2）采用教师评价和学生互评的方式打分。

4.6.2　相关知识

1. 管道施工前的准备工作

1）管材的质量检查及局部修补

管道和管件的质量直接影响到工程的质量，必须做好对管道和管件的质量检查工作，检查的内容主要如下。

（1）混凝土管、钢筋混凝土管、自（预）应力钢筋混凝土管的管节安装前，应进行外观检查，发现裂缝、保护层脱落、空鼓、接口掉角等缺陷应进行修补，并经鉴定合格后方可使用。

接口掉角可用环氧腻子或环氧树脂砂浆进行修补。修补时，先将修补部位凿毛，清洗晾干后刷一薄层底胶，而后抹环氧腻子，并用抹子压实抹光。

（2）对承插口管道，其承插口工作面应光滑平整。应逐节测量承口内径、插口外径及其椭圆度。按照承插口配合的间隙选择合适的胶圈。

（3）使用的管材必须有质量检查部门的试验合格证。注意管子的出厂日期，对于出厂时间过长、质量降低的管子应经水压试验合格后方可使用。

（4）塑料管材管件内外壁应光滑平整，不允许有气泡、砂眼、明显裂纹和凹陷。

（5）钢管防腐层质量不符合要求时，要用相同的防腐材料进行修补。

（6）橡胶圈外观应颜色均匀，材质致密，在拉伸状态下，无肉眼可见的游离物、渣粒、气泡、裂缝等缺陷，接头平整牢固。

2）沟槽的验收

管道下管之前，应对沟槽的开挖情况进行必要的检查，主要内容如下。

（1）检查槽底是否有杂物，如果有，则必须清理干净；检查槽底的宽度及高程，应保证管道结构每侧的工作宽度，槽底高程要符合现行的检验标准，如不符，则必须及时进行修整。

（2）检查槽帮是否有裂缝或坍塌的危险，必要时用支撑加固的方法进行处理。

（3）检查槽边堆土高度，如槽边下管一侧堆土过高、过陡时，应根据下管的需要进行整理，使之符合安全施工要求。

（4）检查地基、基础，如有被扰动，应进行加固处理，冬季管道不得铺设在冻土上。

（5）在混凝土基础上下管时，除检查基础面高程必须符合质量标准外，同时混凝土的

强度应达到 5.0MPa 方可在基础上下管。

(6) 管道下沟前,应将管沟内塌方土、石块、雨水、油污和积雪等清除干净,应检查管沟或涵洞的深度、标高和断面尺寸,并应符合设计要求;石方段管沟,松软垫层厚度不得低于 300mm,沟底应平坦无石块。

2. 下管、运管与稳管

进入施工现场的管材经过检验,尽量沿沟槽分散堆放,以利下管。如无条件也可集中存放,集中存放的管材,在下管前应运到下管现场。

1) 下管

所谓下管就是将管道从沟槽上运到沟槽内的过程。下管分集中下管和分散下管。集中下管是将管道相对集中地下到沟槽内某处,然后再将管道运送到所需的位置。因此,集中下管需要槽内运管,一般用于管径大、沟槽两侧堆土,场地狭窄或沟槽内有支撑等情况。分散下管是将管道沿沟槽边顺序排列,依次下到沟槽内。这种下管形式避免了槽内运管,多用于较小管径、无支撑等有利于分散下管的环境条件。常用的下管方法有人工和机械两种方法。

(1) 人工下管法。人工下管一般适用于管径小、重量轻,施工现场狭窄,不便于机械操作,工程量小,或机械供应有困难的条件下。其主要有压绳下管法(图 4.92)、贯绳下管法(图 4.93)、立管压绳法(图 4.94)、塔架下管法。

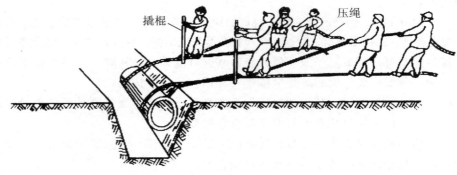

图 4.92 压绳下管法

【参考视频】

(2) 机械下管法。机械下管适用于管径大、自重大、特别适用于大管径的承插口钢筋混凝土管及铸铁管、钢管等;也适用于沟槽深、工程量大且施工现场便于机械操作的条件。下管操作有条件应尽量采用机械下管,因为机械下管速度快、安全,而且可以减轻工人的劳动强度。机械下管一般采用履带起重机或汽车式起重机。

下管时,机械沿沟槽移动,因此土方开挖最好单侧堆土,另一侧作为下管机械的工作面。若必须双侧堆土时,其一侧的土方与沟槽之间应有足够的机械行走和保证沟槽不致塌方的距离。若采用集中下管,也可以在堆土时每隔一定距离留设豁口,起重机在堆土豁口处进行下管操作。

起重机操作时,速度应均匀,回转平稳,下落时低速轻放,不得忽快忽慢和突然制动;严禁起重机吊着管子在斜坡地来回转动;严禁在被吊管节上站人;槽下平基应作防冲击处理;吊管时,槽下施工人员必须远离下管处,以免发生人员伤亡事故；另外，起重臂回转半径范围内严禁站人和车辆通行，起重臂或绳索、吊钩及被吊管节必须按规定与架空线保持一定安全距离。

图 4.93　贯绳下管法

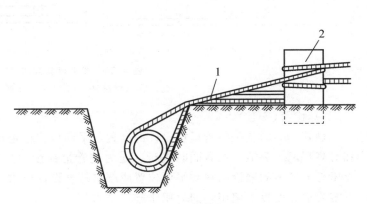

图 4.94　立管压绳法

1—大绳；2—立管

2）槽下运管

当采用集中下管时，下入沟槽内的管道还应按照管道的安装要求，均匀地分散在平基上。由于在槽下，特别是在槽内有支撑的情况下，使用机械运管非常困难，故这一工作一般都是由人工来完成。

槽下运管时，为了防止管道与地基碰撞而损坏，可在地基上顺管道方向铺好撑板。同时应事前将地基清扫干净，如地基是混凝土浇筑而成，其强度应达到 5MPa 以上，如模板与平基相平时，模板可先不拆，以保证平基棱角完整。运管时已做了平基复测工作，且精度合格，并应有通知单。

槽下运管通常按如下方法进行。

（1）管道横推法。当管道直径在 700mm 以上时，一般采用人工横推法，如图 4.95（a）所示。管道横推法在推管前及管道就位后，都应转管。转管时，在管道下垫一薄钢板使管身略高出平基面，操作人员扭动管身至正确方向为止。推管时，应有专人指挥，做到前后呼应，使管道安全就位。

（2）管道竖推法。当管径小于 700mm 时，沟槽较窄，管节转不过来，故采用竖推法，如图 4.95（b）所示。竖推法是在下管处预先放 2～3 根直径为 50mm 的钢管，作为滚杠，滚杠长度 40～60cm。下管时，先将管道轻轻放在滚杠上，然后开始推管。推管中，后面滚杠退出后，再在管前填入滚杠，当管道即将就位时，不再继续填滚杠，直至滚杠全部退出为止。

不论采用横推法还是竖推法，推管时管内不准站人，前进速度要慢于步行速度。当管道通过横撑时，注意头和手不发生挤伤事故。管道就位以后，应在管道两侧用石块打眼垫牢，以防发生错位。

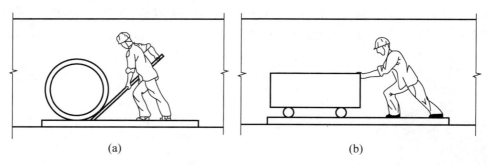

图 4.95　槽下运管方法

（a）管道横推法；（b）管道竖推法

3）稳管（安管）

稳管（安管）就是将管道按设计的高程与平面位置稳定在地基或基础上。包括管子对中和对高程两个环节，两者同时进行。压力流管道铺设的高程和平面位置的精度都可低些；无压力流管道的铺设高程和平面位置应严格符合设计要求，一般逆流方向铺设，使已铺的下游管道先期投入使用，同时用于施工排水。

稳管（安管）时，通常采用坡度板法、边线法和仪器测量法来控制管道的中心和高程。

（1）坡度板法。在沟槽上口每隔一定距离埋设一块横跨沟槽的木板，该木板即为坡度板。坡度板应选用有一定刚度且不易变形的材料制成，常用 50mm 厚木板，设置间距一般为 10～15m，在管道的变坡点、管道转向及检查井处必须设置。

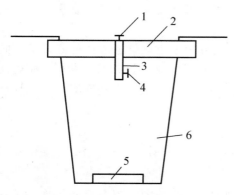

图 4.96　坡度板设置示意图

1—中心钉；2—坡度板；3—立板；
4—高程钉；5—管道基础；6—沟槽

如图 4.96 所示，在坡度板上找到管道的中心位置，钉上中心钉，并同此钉一块立板，在立板上设高程钉，使高程钉距设计管底高程为一个常数量，称为下反数。为了操作方便，该常数可任意取值，一般为整数。

中心控制时，在各处中心钉上用 20 号左右的铅丝拉紧，即为管道中心线。在中心线上悬挂一垂球，在拟稳管中放一带有中心刻度的水平尺。当垂球的尖端或垂线对准水平尺的中心刻度时，则表明管子已经对中。若垂线在水平尺中心刻度左边时，表明管子向右偏离；若垂线在水平尺中心刻度右边时，表明管子向左偏离；调整管子使其居中为止，如图 4.97 所示。该方法精度高，是

施工中最常用的方法之一。

高程控制时，将各高程钉上挂一根细线绳，该线称为坡度线，它与拟稳管之间的垂直距离处处相等，都为常数量。稳管时，用一木制丁字形高程尺，将所选常数标于尺上，而后将高程尺垂直放在管内底中心位置（当以管顶高程为基础选择常数时，高程尺应放在管顶），调整管子高程，当高程尺上的刻度与坡度线重合时，表明管内底高程正确。

（2）边线法。管道安装前，先在管道一侧的沟槽壁上钉一排边桩，其高度接近管中心。在每个边桩上钉一个小钉，在小钉上用细线绳拉一条边线使之和管道中心保持一常数

值，所以该边线是管道中线的平行线。稳管时，使管外皮与边线保持同一间距，则表明管道中心处于设计轴线位置，如图 4.98 所示。该方法操作简单，但精度较低，目前多用于承插口管道施工。

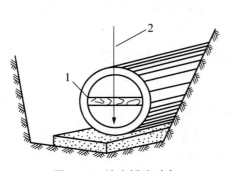

图 4.97　坡度板法对中
1—水平尺；2—中心垂线

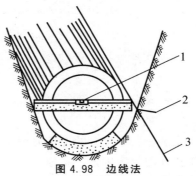

图 4.98　边线法
1—水平尺；2—边桩；3—边线

（3）仪器测量法。在稳管中，有时工程量较小或精度要求较高时，也可以使用水准仪直接测量，一般每一管节首尾各测一点，可确保精度。

3. 钢筋混凝土管施工

钢筋混凝土管道多用于大口径给水管道和污水、雨水管道。其中给水管道多使用自应力和预应力钢筋混凝土管，接口为橡胶圈柔性接口。排水管道则主要使用普通钢筋混凝土管，有时也使用耐压较低的自应力和预应力钢筋混凝土管，接口主要为橡胶圈柔性接口和水泥砂浆抹带等刚性接口。

钢筋混凝土管重量较大，一般采用机械下管方法。在施工条件较差时，也可以因地制宜采用其他方法。

1）自应力和预应力钢筋混凝土管施工

预应力钢筋混凝土管是将钢筋混凝土管内的钢筋预先施加纵向与环向应力后，制成的双向预应力钢筋混凝土管，具有良好的抗裂性能，其耐土壤电流侵蚀的性能远较金属管好。

自应力钢筋混凝土管是借膨胀水泥在养护过程中发生膨胀，张拉钢筋，而混凝土则因钢筋所给予的张拉反作用力而产生压应力，能很好地承受管内的水压，在使用上，具有与预应力钢筋混凝土管相同的优点。

（1）橡胶圈的选择。自应力和预应力钢筋混凝土管的接口构造如图 4.99 所示，其接口胶圈断面多为圆形。管道安装以后，胶圈位于插口和承口之间，靠胶圈的压缩来止水。胶圈的质量和规格是保证管道不发生渗漏的关键。因此对胶圈的质量应严格控制，圆形橡胶圈的细部尺寸按式（4-13）、式（4-14）计算。

$$d_0 = \frac{e}{\sqrt{K_p(1-\rho)}} \tag{4-13}$$

$$D_R = K_R \cdot D_w \tag{4-14}$$

式中　d_0——橡胶圈截面直径，mm；

　　　e——接口环向间隙量，mm；

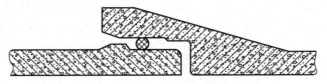

图 4.99　柔性接口构造

ρ——压缩率，铸铁管取 $34\%\sim40\%$，预应力、自应力混凝土管取 $35\%\sim45\%$；

D_R——安装前橡胶圈环向内径，mm；

K_R——环径系数，取 $0.85\sim0.90$；

D_w——插口端外径，mm。

（2）安装橡胶圈接口的推顶力计算。管道的顶装方法按管径大小、机具状况、施工条件和人工操作习惯等因素，各地区采用的方法不尽相同，归纳起来，无非是推和顶两类，其推顶力可由式（4-15）计算：

$$P=(\pi D_1 N f_2 + W f_3) \cdot f_1 \qquad (4\text{-}15)$$

式中　P——橡胶圈接口管道安装推顶力，N；

D_1——承口工作面内径，mm；

W——接口管节自重，N；

f_1——考虑机具摩擦力的推顶力增加系数，取 1.2；

f_2——胶圈与混凝土的摩擦因数，一般为 $0.2\sim0.3$；

f_3——管节与槽底的摩擦因数，可查表 $4-18$；

N——橡胶圈受压缩时，单位长度上所受到的垂直力。此压力与胶圈直径、硬度、压缩率等因索有关。

表 $4-18$　混凝土管与土的摩擦系数

土的种类	摩擦因数	土的种类	摩擦因数
干的细砂	0.64	黏土	0.30
湿的细砂	0.32	砂砾	0.44
粉质黏土	0.51		

橡胶圈受压缩时，单位长度上所受到的垂直力可通过试验测得。将选定的胶圈放在压力机上进行压力试验。测出胶圈压缩率，ρ 与每厘米长胶圈所受垂直压力值 N 之间的相关数据，绘出以 ρ 为横坐标，N 为纵坐标的关系曲线，即可得到的胶圈压缩率与垂直压力的关系曲线，选择胶圈时可作参考。

（3）管道安装。管道安装就是将单节管子按照设计的高程和位置逐节将插口装进承口而形成整体管道，并保证管道满足使用要求。其主要施工程序包括：清理承插口、套胶圈、对口、顶装、胶圈就位检查等工序。其操作方法和要求如下。

① 清理承插口。对接前，把承插口工作面和胶圈上污物用水洗刷干净（在冬季还必须把承插口工作面上的冰层融化掉），然后用布擦干。

② 套橡胶圈。在管子两侧同时把橡胶圈由管子下部向上套起，套好后的橡胶圈应平直、无扭曲等现象。

③ 对口。管子对口时,应利用吊车或塔架等机械将插口轻轻吊起,并使管子慢慢移动到承口处;也可在承口端用撬棍往前拔管,以观测高程和位置是否满足设计要求,然后进行调整工作。若管道低于设计标高,可将管子轻轻吊起,下面填砂捣实;若高于设计标高,沿管轴线左右晃动管子,使管子下沉达到设计标高。

为了使插口和胶圈能够均匀顺利地进入承口,到达预定位置,除了使管子高程保持一致外,初步对口后,承插口间的间隙和距离也必须均匀一致。否则橡胶圈受压不均,进入速度不一致,将造成胶圈扭曲而大幅度回弹。

④ 顶装。常用的顶装方法有撬棍、手拉葫芦和千斤顶等安装方法。

⑤ 胶圈就位检查。管道顶装后,应用探尺检查胶圈的就位情况。检查胶圈与承口接触是否均匀,发现不均匀时,可用錾子捣击,决不能出现"麻花""闷鼻"及"跳井"现象。

管道安装时,应注意管子吊起时不宜过高,稍离沟底即可,有利于使插口胶圈准确地对入承口内;推顶管子时的着力点应在管子的重心点上,约为1/3管子高度处。

2) 普通钢筋混凝土管施工

普通钢筋混凝土管管口形式通常有承插式、企口式及平口式等,管节长度为1~3m,一般用于排除雨水、污水的无压管道中。这种管材的主要缺点是抵抗酸、碱侵蚀及抗渗性能较差、管节短、接头多,在地震地区及饱和松砂、淤泥、冲填土、杂填土地区不宜使用。

为了减少对地基的压力及对管子的反力,普通钢筋混凝土管施工时,应设基础和管座。管座包角一般有90°、135°、180°三种,应视管道覆土深度及地基土的性质选用。

普通钢筋混凝土管铺设的方法较多,常用的方法有平基法、垫块法和"四合一"施工法。应根据管径大小、管座形式、管道基础及接口方式等来选择管道铺设的方法。

(1) 平基法。平基法施工是先浇筑管道基础(平基)混凝土,待基础混凝土达到一定强度后,再下管、安管(稳管)、浇筑混凝土管座、管道接口的施工方法。这种方法常用于雨水管道,尤其适合于地基不良或雨期施工的场所。

平基法的施工程序为:支平基模板、浇筑平基混凝土、下管、安管(稳管)、支管座模板、浇筑管座混凝土、抹带接口及养护。

① 基础施工。混凝土基础施工时,可以采用埋设坡度板的方法。即在坡度板上找到管道中心位置并钉上中心钉,用20号左右的铅丝拉一根通长的中心线,用垂球将中心线移至槽底。再根据设计的基础宽度,确定支设模板的位置,并立即支设模板,如图4.100所示。

【参考图文】

对基础平面定位的同时,应对沟槽进行清底找平。根据基础的设计厚度,在基底钉高程桩,用桩顶控制基础的高程和厚度。为了便于稳管质量的控制,浇筑混凝土平基顶面高程不能高于设计高程,低于设计高程时不超过10mm。

浇筑混凝土时,基础底面不能有积水,若有积水应提前处理;直接下料高度不得大于2m,超过2m应用串筒或溜槽,以免发生分层离析现象;基础浇筑以

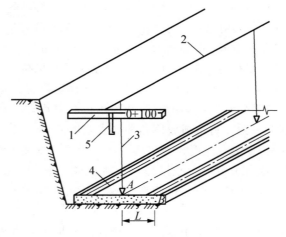

图 4.100　基础定位

1—坡度板；2—中心线；3—中心垂线；4—管基础；5—高程钉

后，应及时养护，若有地下水应及时排除，混凝土终凝以前严禁浸泡。

为防止地基的不均匀沉降而引起基础断裂，造成管道接口漏水，基础施工要考虑留变形缝，内填柔性材料，缝的位置要与柔性接口位置一致。

② 安管(稳管)。平基混凝土的强度达到 5MPa 以上时开始下管，下管前可直接在平基面上弹线，以控制安管中心线。

操作时，先将管节推到平基之上，按照设计的平面位置和高程将管节摆顺，管节之间留出最佳接口间隙。

管子安好后，应及时用干净石子或碎石卡牢，不得发生滚动，并立即浇筑混凝土管座。

③ 混凝土管座施工。浇筑管座前，应先支模，可一次或两次支设，每次支设高度宜略高于混凝土的浇筑高度。管座分层浇筑时，应先将平基凿毛或刷毛，并冲洗干净。对平基与管子接触的三角部分，要选用同强度等级混凝土砂浆填满、振捣密实后，再浇筑混凝土，如图 4.101 所示。

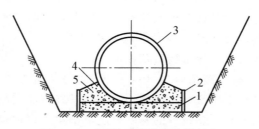

图 4.101　平基法浇筑管座混凝土

1—平基混凝土；2—管座模板；3—管子；4—底三角部分；5—管座混凝土

浇筑时应两侧同时进行，防止挤偏管子。注意管身下要填塞饱满，避免窝气形成空洞。在对管座混凝土捣固时，注意不能碰坏管口，以免造成漏水。较大管子浇筑时宜同时进入管内配合勾捻内缝；直径小于 700mm 的管子，可用麻袋球或其他工具在管内来回拖动，将流入管内的灰浆拉平。

（2）垫块法。垫块法是指管道施工时，将预先做好的混凝土垫块直接放在基础垫层上，然后进行安管（稳管）、浇筑混凝土基础和接口的施工方法。采用这种方法可避免平基、管座分开浇筑，是污水管道常用的施工方法。

垫块法施工程序为：预制垫块、安置垫块、下管、在垫块上安管、支模、浇筑混凝土基础、接口及养护。

① 安置垫块。混凝土垫块应预先做好，强度等级同混凝土基础；垫块的几何尺寸中，长约为管径的 0.7 倍，高等于平基厚度，允许偏差 ±10mm，宽大于或等于高；每节管垫块一般为两个，一般放在管两端。

垫块法施工时，将做好的垫块安置在基础垫层上。因为垫块的位置直接影响安管的质量，因此垫块一定要放置平稳，高程应符合设计要求。

② 安管（稳管）。安管时，管子两侧应立保险杠，防止管子从垫块上滚下伤人。安管的对口间隙：管径 700mm 以上者按 10mm 左右控制；安较大的管子时，宜进入管内检查对口，减少错口现象。管子安好后一定要用干净石子或碎石将管卡牢（见图 4.102），并及时浇筑混凝土管座。

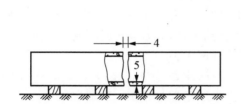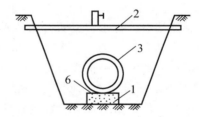

图 4.102　垫块法安管

1—垫块；2—坡度板；3—管子；4—对口；5—错口；6—干净石子或碎石卡牢

③ 混凝土管座施工。浇筑管座时，为了使管底的空气排出，避免出现蜂窝凹洞的质量事故，必须先从一侧灌注混凝土，当对侧的混凝土与灌注一侧混凝土高度相同时，两侧再同时浇筑，并保持两侧混凝土高度一致。

（3）"四合一"施工法。"四合一"施工法是将管道基础（平基）、安管、浇筑混凝土管座和抹带四道工序连续操作，以缩短工期，管道整体性好，但是质量不容易控制，常适用于小管径管道的施工。

"四合一"施工法施工程序为：支模、下管、排管、四合一施工及养护。施工时，混凝土应和易性好、流动性低，石料粒径一般不大于 25mm，模板的支设应更加牢固，必须保证管道安装时不变形。

① 支模、排管。根据操作需要，第一次支模为略高于平基或 90°基础高度。模板材料一般采用 15cm×15cm 的方木，方木高程不够时，可用木板补平，木板与方木用铁钉钉牢；模板内侧用支杆临时支撑，方木外侧钉铁钉，以免安管时模板滑动，如图 4.103 所示。管子下至沟内，利用模板作为导木，在槽内滚运至安管地点，然后将管子顺排在一侧方木模板上，使管子重心落在模板上，倚着槽壁上，要比较容易滚入模板内，并将管口洗刷干净。若为 135°及 180°管座基础，模板宜分两次支设，上部模板待管子铺设合格后再支设。

② 平基混凝土施工。浇筑平基混凝土时，一般应使平基面高出设计平基面 20～40mm（视管径大小而定），并进行捣固，管径 400mm 以下者，可将管座混凝土与平基一次灌齐，

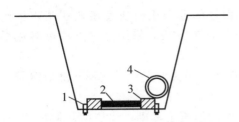

图4.103　"四合一"安管示意图
1—铁钎；2—临时撑杆；
3—方木；4—排管

并将平基面做成弧形以利安管（稳管）。

③ 安管（稳管）。将管子从模板上滚至平基弧形内，前后揉动，将管子揉至设计高程（一般高于设计高程1～2mm，以备下一节时又稍有下沉），同时控制管子中心线位置的准确。如管节高程低于设计要求，应将管节推开后补填混凝土，严禁在管子两侧填充造成管底虚空。

④ 浇筑管座混凝土。完成安管后，用弧形刷将接口处挤入管内的灰浆刷净，立即支设管座模板，浇筑两侧管座混凝土，捣固管座两侧三角区，补填对口砂浆，抹平管座两肩。如管道接口采用钢丝网水泥砂浆抹带接口时，混凝土的捣固应注意钢丝网位置的正确。为了配合管内缝勾捻，管径在700mm以下时，可用麻袋球或其他工具在管内来回拖动，将管口内溢出的砂浆抹平。

⑤ 抹带施工。管座混凝土浇筑后，马上进行抹带，随后勾捻内缝，抹带与稳管至少相隔2～3节管，以免稳管时不小心碰撞管子，影响接口质量。

（4）管道接口。排水管道的密闭性和耐久性，在很大程度上取决于铺设管道的质量。管道的接口应具有足够的强度和不透水性，能抵抗污水或地下水的侵蚀，并有一定的弹性。根据接口的弹性，可将接口分为刚性和柔性两大类。

① 水泥砂浆抹带。水泥砂浆抹带是最常用的刚性接口，接口构造如图4.104所示。这种接口抗弯折性能很差，一般宜设置混凝土带形基础与管座，在管径较小时采用。安管时两管管口间应留约10mm间隙，并嵌填油麻。然后再做水泥砂浆抹带。

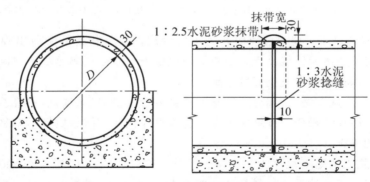

图4.104　水泥砂浆抹带接口（单位：mm）

水泥砂浆抹带接口的施工程序为：浇筑管座混凝土、勾捻管座部分管内缝、抹带、勾捻管座以上管内缝及接口养护。

水泥砂浆抹带材料中水泥采用32.5以上等级普通硅酸盐水泥，砂子应过2mm孔径筛子，含泥量不得大于2%，重量配合比为水泥∶砂=1∶2.5，抹带采用圆弧形或梯形。

其具体操作如下：首先将管口及管带覆盖到的管外皮凿毛并刷干净，并刷水泥砂浆一遍；接着抹第一层水泥砂浆（铺底砂浆），应注意找正使管缝居中，厚度约为带厚1/3，并压实使之与管壁粘接牢固，在表面划成线槽，以利于与第二层结合（管径400mm以内者，抹带可一次完成）；待第一层砂浆初凝后抹第二层，用弧形抹子（见图4.105）捻压成形，待初凝后再用抹子赶光压实。操作时，从管座处着手往上抹。

当管径大于700mm，人工可进入管内操作时，管座部分的内缝应配合浇筑混凝土时勾捻；管座以上的内缝应在抹带凝后勾捻，也可在抹带之前勾捻，即抹带前将管缝支上内托，从外部用砂浆填实，然后拆去内托，将内缝勾捻整平，再进行抹带。当管径小于700mm，工人进入管道内难以操作时，应配合浇筑管座，常采用麻袋球或其他工具反复拖挤，将缝抹平。

图 4.105　弧形抹子

对于平基法安装的管道，管子与平基接触的一段没有接口材料，故应单独处理，称为做底箍。具体做法是在安装后的管内将管口底部凿毛，清理干净后填入砂浆压实。

抹带抹完后，用湿纸覆盖，3~4h后加一层草袋片，设专人浇水养护。

② 钢丝网水泥砂浆抹带。图 4.106 所示为钢丝网水泥砂浆抹带接口。由于在抹带层内埋置 20 号 10mm×10mm 方格的钢丝网，因此接口强度高于水泥砂浆抹带接口。其施工程序基本同水泥砂浆抹带接口。

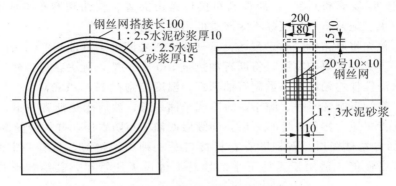

图 4.106　钢丝网水泥砂浆抹带接口(单位:mm)

其具体操作方法如下：抹带前将已凿毛的管口洗刷干净并刷水泥浆一道，在抹带的两侧安装好弧形边模；然后抹第一层砂浆与管外壁粘牢、压实，厚度控制在15mm左右；待底层砂浆稍晾有浆皮儿之后，再将两片钢丝网包拢并尽量挤入砂浆中，两张网片的搭接长度不小于100mm，并需用铁丝绑牢。同时要把所有的钢丝网头塞入网内，使网面平整，以免产生小孔漏水。待第一层砂浆初凝以后，开始抹第二层砂浆，按照抹带宽度和厚度要求，用抹子赶光压实。

采用平基法施工的管道，钢丝网端头在浇筑混凝土管座时插入混凝土内，在混凝土初凝之前，分层抹压钢丝网水泥砂浆抹带。

管道的勾捻内缝和养护与水泥砂浆抹带相同。

实际工程中，一些地区还采用钢筋混凝土抹带基础来代替这类抹带接口。

③ 套环接口。套环接口的刚度好，常用于污水管道的接口。分为现浇套环接口和预制套环接口两种。

现浇套环接口采用的混凝土的强度等级一般为C18；捻缝用1∶3水泥砂浆；配合比（重量比）为水泥∶砂∶水＝1∶3∶0.5；钢筋为Ⅰ级。其施工程序为浇筑管基、凿毛与管相接处的管基并清刷干净、支设马鞍形接口模板、浇筑混凝土及养护。捻缝与混凝土浇筑相配合进行。

预制套环接口如图 4.107 所示，套环内可填塞油麻石棉水泥或胶圈石棉水泥。石棉水泥配合比（重量比）为水∶石棉∶水泥＝1∶3∶7；捻缝用砂浆配合比（重量比）为水泥∶砂∶水＝1∶3∶0.5。其施工程序为在垫块上安管、安套环、填油麻、填打石棉水泥及养护。

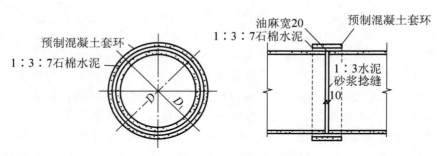

图 4.107　预制套环石棉水泥接口

④ 沥青麻布（玻璃布）接口。沥青麻布接口是由沥青、汽油和麻布构成的柔性接口，适用于无地下水、地基不均匀沉降不太严重的污水管道。

制作前，首先将麻布（玻璃布）浸入冷底子油（30 号沥青∶汽油＝3∶7 的混合物），浸透后拿出晾干，截成需要的宽度。将沥青加热至 160～180℃，除去杂质，然后冷却至 70～90℃，加入汽油搅拌均匀即可。熬制石油沥青，温度控制在 170～180℃。

制作时，将管口刷洗干净、晾干，涂冷底子油一道，然后涂热沥青一道，包玻璃布一层，再涂热沥青一道，再包玻璃布一层，连续做四油三布防水层，并用铅丝绑牢。

⑤ 石棉沥青卷材接口。石棉沥青卷材接口是一种柔性接口，具有一定的抗弯性能、防腐性能和严密性能。适用于无地下水的地基上铺设无压管道，其结构形式如图 4.108 所示。

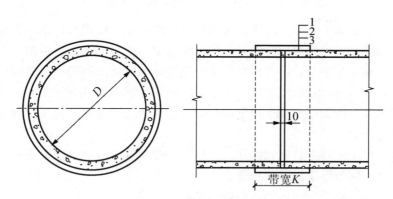

图 4.108　石棉沥青卷材接口
1—沥青砂浆；2—石棉沥青卷材；3—沥青砂浆

石棉沥青卷材接口是以石棉沥青带为止水材料，以沥青砂浆为粘结剂的柔性接口。石棉沥青带一般是由石棉、沥青、细砂制成的卷材，其配合比为沥青∶石棉∶细砂＝7.5∶1∶1.5。制作时，先将沥青熔至 180℃，然后加入混合均匀的石棉和砂，搅拌均匀后倒入模具，冷却成型。

操作时，先把管口清洗干净，涂上冷底子油，再涂一层沥青砂浆，将按设计尺寸裁成的石棉沥青带条粘结于管口处，而后再涂一层沥青砂浆。

　⑥ 沥青砂浆灌口。沥青砂浆灌口的使用条件与上述接口相同，但不用麻布和石棉沥青卷材，故成本较低，其接口构造如图 4.109 所示。

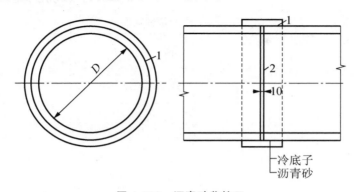

图 4.109　沥青砂浆接口
1—沥青砂浆管带；2—1：3 水泥砂浆

　接口材料沥青砂浆的配合比由试验确定，以求出具有最佳施工黏度的配合比，在施工中常采用沥青：石棉粉：砂＝3：2：5。配制时，先将沥青熔至180℃，然后加入混合均匀的石棉和砂，搅拌均匀后再加热到220～250℃，以保证有良好的流动性。

　操作时，先在管口处涂上一层冷底子油，然后用模具定型。将熬制好的沥青砂浆自模型顶部灌口处一边缓缓流入，如图 4.110 所示。灌入时可用细竹片搅动插捣以助流动。接口应一次浇筑，以免产生接缝。当沥青砂浆已经初凝，不再流动，能维持管带形状时，即可拆模。

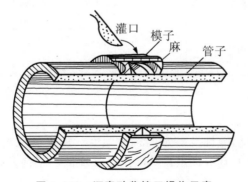

图 4.110　沥青砂浆接口操作示意

　管道接口如有蜂窝、孔洞等，且在管带上方或侧面，可用喷灯烧熔缺陷周围，然后再以沥青砂浆填满。若缺陷发生在管带下方，则可在烧熔缺陷周围的沥青砂浆处支以半模，重新灌入沥青砂浆。

　3）管道安装的质量检查

　管道安装必须稳固，管底坡度不得倒流水，缝宽应均匀，管道内不得有泥土、砖石、砂浆、木块等杂物。

　抹带接口应表面平整密实，不得有间断和裂缝、空鼓等现象，抹带宽度、厚度的允许偏差为 0～＋5mm。

　管道基础及安装的允许偏差见表 4-19。

表 4-19　管道基础及安装的允许偏差　　　　　单位：mm

项　目			允许偏差	
			无压力管道	压力管道
管道基础	垫层	中线每侧宽度	不小于设计规定	
		高程	0 −15	
	混凝土	管座平基　中线每侧宽度	0 +10	
		管座平基　高程	0 −15	
		管座平基　厚度	不小于设计规定	
		管座　肩宽	+10 −5	
		管座　肩高	±20	
		管座　抗压强度	不低于设计规定	
		管座　蜂窝麻面面积	两井间每侧≤1.0%	
	土弧、砂或砂砾	厚度	不小于设计规定	
		支承角侧边高程	不小于设计规定	
管道安装	轴线位置		15	30
	管道内底高程	$D \leqslant 1000$	±10	±20
		$D > 1000$	±15	±30
	刚性接口相邻管节内底错口	$D \leqslant 1000$	3	3
		$D > 1000$	5	5

注：D 为管道内径。

4. 塑料管道的施工

塑料管具有良好的耐腐蚀性及一定的机械强度，加工成型与安装方便，输水能力强，材质轻、运输方便，价格便宜等优点。其缺点是强度低、刚性差，热胀冷缩大，在日光下老化速度加快，易于断裂。

市政管道工程中常用的塑料管有硬聚氯乙烯管、聚乙烯管、聚丙烯管、玻璃钢管等，其接口形式主要有橡胶圈接口、粘接接口、熔接接口和法兰连接等形式。最常用的是橡胶圈和粘接连接，法兰连接一般适用于塑料管与铸铁管等其他管材阀件的连接；对于某些高密度聚乙烯塑料管可采用热熔连接。

1）管道的基础

管道基础一般采用土弧基础和砂石基础，具体施工方法见任务 4.5。

2）管道的安装及连接

管道安装可采用人工安装。槽深不大时可由人工抬管入槽，槽深大于 3m 或管径大于公称直径 DN400mm 时，可用非金属绳索溜管入槽，依次平稳地放在砂砾基础管位上。严禁用金属绳索勾住两端管口或将管材自槽边翻滚抛入槽中。混合槽或支撑槽，可采用从槽的一端集中下管，在槽底将管材运送到位。

承插口管安装，在一般情况下插口插入方向应与水流方向一致，由低点向高点依次安装。其连接工序为划线、按规定的尺寸切割管段、管子连接部位的预加工及对接。塑料管的划线应使用软铅笔或粉笔，不能使用破坏塑料管表面的划线工具；切割管段时可用手锯切割，断面应垂直平整，不应有损坏；管端用手挫打出倒角。

（1）橡胶圈连接。承插式橡胶圈接口属于柔性连接。接口施工安装方便、密封性能好，对地基的不均匀沉降适应性好，一般不宜在−10℃以下施工。

橡胶圈接口连接前，应先检查橡胶圈是否配套完好，确认橡胶圈安放位置及插口插入承口的深度。

橡胶圈连接的管材在施工中被切断时，必须在插口端另行坡口，并划出插入长度标线（最小插入长度应符合表4-20的规定），再进行连接。

表 4-20　橡胶圈接口管道最小插入长度

公称外径/mm	63	75	90	110	125	140	160	180	200	225	280	315
插入长度/mm	64	67	71	75	78	81	86	90	94	100	112	113

接口作业时，应先将承口的内工作面和插口的外工作面用棉纱清理干净，不得有泥土等杂物；然后将橡胶圈嵌入承口槽内，用毛刷将润滑剂均匀涂在装嵌承口处的橡胶圈和管插口端外表面上，但不得将润滑剂涂到承口的橡胶圈沟槽内；润滑剂可采用 V 型脂肪酸盐，禁止用黄油或其他油类作润滑剂。润滑剂涂抹完成后，立即将连接管段的插口中心对准承口的中心轴线就位。

插口插入承口时，小口径管可用人力，可在管端部设置木挡板，用撬棍将被安装的管材沿着对准的轴线徐徐插入承口内，逐节依次安装。公称直径大于 DN400mm 的管道，可用缆绳系住管材用手拉葫芦等提力工具安装。严禁采用施工机械强行推顶管子插入承口，使橡胶圈扭曲。

操作完成后，用塞尺顺承插口间隙插入，沿管圆周检查橡胶圈的安装是否正常。

（2）粘接连接。承插式粘接连接是采用 PVC−U 胶粘剂将管材连接部位粘接成整体的连接方法，如图 4.111 所示。该连接形式一般只适用于硬聚氯乙烯管，而不适用于高密度聚乙烯塑料管。

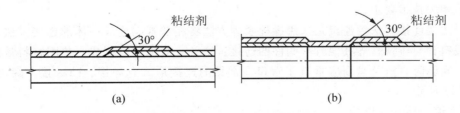

图 4.111　硬聚氯乙烯管粘接连接
（a）单向承插；（b）双向承插

管道粘接的优点是连接强度高，严密性高，不渗漏，不需要专用工具，施工迅速；其缺点是管道和管件连接后不能改变和拆除，未完全固化前不能移动，不能检验，且渗漏时不易修理。

管材或管件在粘接前,应用棉纱或干布将承口内侧和插口外侧擦拭干净,使被粘结面保持清洁,无尘砂与水迹。当表面沾有油污时,须用棉纱蘸丙酮等清洁剂擦净。

粘接前必须将两管试插一次,插入深度及松紧度配合应符合要求,在插口端表面宜划出插入承口深度的标线。粘接接口管道插入承口深度不得小于表 4-21 的规定。

表 4-21 粘接接口管道插入承口深度

公称外径/mm	20	25	32	40	50	63	75	90	110	125	140	160
插入长度/mm	16.0	18.5	22.0	26.0	31.0	37.5	43.5	51.0	61.0	68.5	76.0	86.0

在承口内侧及插口外测的结合面上,用毛刷涂上专用的粘接剂,先涂承口内面,后涂插口外面,顺轴向由里向外涂抹均匀,不得漏涂或涂抹过量。

承插口涂刷粘接剂后,应立即找正方向将管道插入承口,用力挤压,使管端插入深度至所划标线,并保证承插接口的直度和接口位置正确。插入后将管旋转 1/4 圈,在 60s 时间内保持施加外力不变,以防接口脱滑。

承插接口插接完毕后,应将挤出的黏结剂用棉纱或干布蘸清洁剂擦拭干净,根据黏结剂的性能和气候条件静置至接口固化为止。

(3)熔接连接。熔接连接有以下几种方式。在埋地聚乙烯燃气管道中使用较广。

① 承插式电熔连接。承插式电熔连接是在生产管材时,在承口端埋入电热元件。连接前,应先清除承插口工作面的污垢,检查电热网焊线是否完好,并确认插口应插入承口的深度。通电前先用锁紧扣带在承口外扣紧,然后根据不同型号的管道设定电流及通电时间。接通电源期间,不得移动管道或在连接件上施加任何外力,通电时要特别注意连接电缆线不能受力,以防短路。通电完成后,适当收紧扣带,并保持一定的冷却时间。在自然冷却期间,不得移动管道。

② 对接式热熔连接。对接式热熔连接是先将两根管子夹持固定在装备液压系统的焊接设备上,用特制的切削刀将管端削平,然后将电热板放置于两管端之间,以特定的压力将两管端在电加热板上保持一定时间,在管端材料熔化后抽出电热板,将两管端对压在一起,形成对熔连接,并保持一定的冷却时间。在自然冷却期间,不得移动管道,连接的压力和时间须符合制管厂的相关技术要求。

③ 焊接连接。焊接连接是用专用的挤出式焊枪,使用与管材同材质的焊条,在管道对接处进行均匀焊接,连接形式包括承插式、平口式和 V 形焊接连接,焊接的质量应符合制管厂的相关技术要求。

(4)法兰连接。法兰连接是采用螺栓紧固方法将相邻管端连成一体的连接方法。一般适用于塑料管与铸铁管等其他管材阀件的连接。法兰一般由塑料制成,垫圈材料常采用橡胶垫圈。安装时,法兰盘面应垂直于管口。常见的连接形式有焊接、凸缘接、翻边接等,如图 4.112 所示。

3)管道与检查井连接

塑料管道与检查井的连接,一般分刚性连接和柔性连接两种做法。

(1)刚性连接(中介层作法)。管件或管材与砖砌或混凝土浇制的检查井接连,可采用中介层作法。即在管材或管件与井壁相接部位的外表面预先用聚氯乙烯粘接剂、粗砂做成中介层,然后用水泥砂浆砌入检查井的井壁内,如图 4.113 所示。

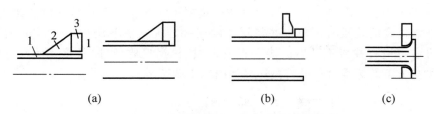

图 4.112　塑料管法兰接口的法兰盘与管口连接

（a）焊接；（b）凸缘接；（c）翻边接

1—管子；2—加劲肋；3—法兰盘

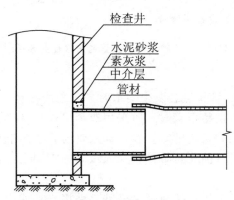

图 4.113　刚性连接（中介层作法）

中介层的做法：先用毛刷或棉纱将管壁的外表面清理干净，然后均匀地涂一层聚氯乙烯粘接剂，紧接着在上面甩撒一层干燥的粗砂，固化 10～20min，即形成表面粗糙的中介层。中介层的长度视管道砌入检查井内的长度而定，可采用 240mm。

（2）柔性连接。当管道与检查井的连接采用柔性连接时，可用预制混凝土套环和橡胶密封圈接头，如图 4.114 所示。

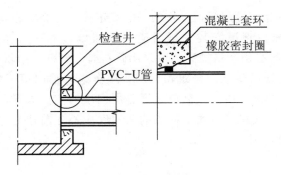

图 4.114　柔性连接

混凝土外套环应在管道安装前预制好，套环的内径按相应管径的承插口管材的承口内径尺寸确定。套环的混凝土强度等级应不低于 C20，最小壁厚不应小于 60mm，长度不应小于 240mm，套环内壁必须平滑，无孔洞、鼓包。混凝土外套环必须用水泥砂浆砌筑。在井壁内，其中心位置必须与管道轴线对准。安装时，可将橡胶圈先套在管材插口指定的部位与管端一起插入套环内。

检查井底板基底砂石垫层，应与管道基础垫层平缓顺接。管道位于软土地基或低洼、沼泽、地下水位高的地段时，检查井与管道的连接，宜先采用长 0.5～0.8m 的短管按照上述两种方法与检查井接连，后面接一根或多根（根据地质条件）长度不大于 2.0m 的短管，然后再与上下游标准管长的管段连接如图 4.115 所示。

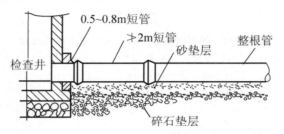

图 4.115　软土地基上管道与检查井连接

4）管道修补

施工完成后的 PVC－U 管管道若发生漏水时，可采用换管、粘接或焊接等方法修补。

当管材大面积损坏需更换整根管时，可采用双承口连接件来更换管材。操作时，应切除全部损坏的管段，插入相同长度的直管段，插入管与管道两端可采用套筒式活接头等管件与管道柔性连接，可在连接前先将管件套在连接处的管端上，待新管道就位后将连接管件平移到位。

当管道渗漏较小时，可采用粘接或焊接修补。粘接修补前应先将管道内水排除，用刮刀将管壁面破损部分剔平修整，并用水清洗干净，然后用环己酮刷粘接部位基面，待干后尽快涂刷粘接溶剂进行粘贴。外贴用的板材宜采用从相同管径管材的相应部位切割的弧形板。外贴板材的内侧同样必须先清洗干净，采用环己酮涂刷基面后再涂刷粘接溶剂。焊接操作时应使焊接部位干燥清洁，质量要求应符合有关规定。

在管道修补完成后，必须对管底的挖空部位按支承角的要求用粗砂回填密实。

5）土方回填

塑料管的沟槽回填除应遵照管道工程的一般规定外，还必须根据硬聚氯乙烯管的特点采取相应的必要的措施，管道安装完毕后应立即回填，不宜久停。从管底到管顶以上 0.4m 范围内的回填材料必须严格控制。可采用碎石屑、砂砾、中粗砂或开挖出的优质土。管道位于车行道下且铺设后就立即修筑路面时，应考虑沟槽回填沉降对路面结构的影响，管底至管顶 0.4m 范围内须用中、粗砂或石屑分层回填夯实。为保证管道安全，对管顶以上 0.4m 范围内不得用夯实机具夯实。回填的压实度应遵守前述有关规定。雨季施工还应注意防止沟槽积水和管道漂浮。

4.6.3　案例示范

1. 案例描述

结合《市政工程施工图案例图集》，查阅《给水排水管道工程施工及验收规范》（GB 50268—2008），完成 Y3～Y4 排水管道安装。

具体任务如下。

（1）管道安装如采用坡度板法（龙门板）进行控制，计算 Y3～Y4 排水管段各点龙门板的顶面高程及放设读数。已知龙门板设置间距为 $10\sim15m$，水准点的高程为 $3.980m$，后视读数为 $1.21m$。

（2）Y3～Y4 排水管道安装技术交底。

（3）对现场指定管道安管高程进行复核，填写测量复核记录表 4-22。

表 4-22　测量复核记录(1)

名　称			施工单位			
复核部位	安管高程		日　期		年　月　日	
原施测人			测量复核人			

临时水准点：

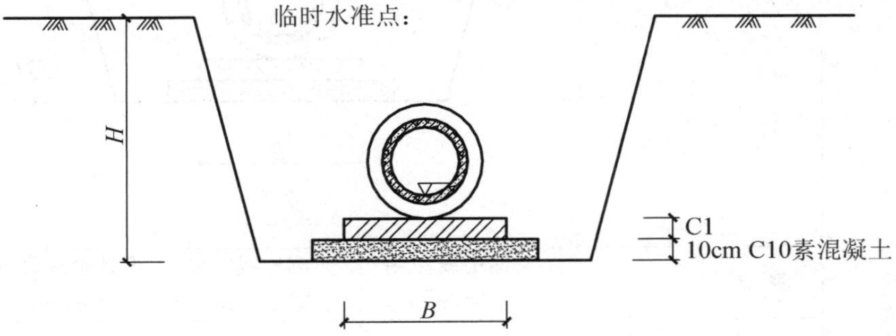

安管

	测点	后视	视线高	前视	实测高程	设计高程	偏差(＋)/mm
测量复核情况（示意图）							
复核结论							
备　注							
	计算：			施工项目技术负责：			

（4）对现场指定管道安管中线进行复核，填写测量复核记录表 4-23。

表 4-23 测量复核记录(2)

工程名称			施工单位			
复核部位	安管中线		日期		年　月　日	
原施测人			测量复核人			

测站点：
后视点：
管径：

安管

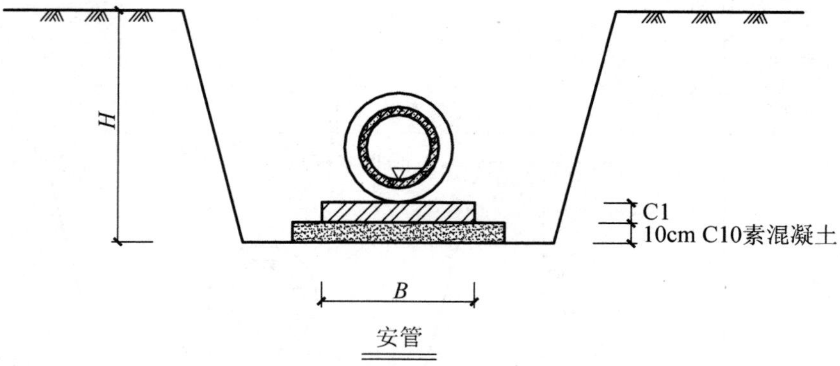

测　点		实测中线左侧宽度/mm	实测中线左侧宽度/mm	设计中线每侧宽度/mm	偏差/mm

测量复核情况（示意图）

复核结论	
备注	

计算：　　　　　　　　　施工项目技术负责：

（5）对现场指定管道安装进行质量验收，填写分项工程质量验收记录表 4-24。

表 4-24　分项工程(验收批)质量验收记录表

工程名称			分部工程名称	管道主体工程	分项工程名称	管道铺设
施工单位			专业工长	××	项目经理	××
验收批名称、部位				安管　　D　　管道		
分包单位		/	分包项目经理	/	施工班组长	××

主控项目	质量验收规范规定的检查项目及验收标准		施工单位检查评定记录				监理(建设)单位验收记录
主控项目	1	第5.10.9.1条					
主控项目	2	第5.10.9.2条					
主控项目	3	第5.10.9.4条					
一般项目	1	第5.10.9.5条					
一般项目	2	第5.10.9.6条					
一般项目	3	第5.10.9.7条					
一般项目	4	水平轴线( )					合格率
一般项目	5	管底高程( )					合格率

施工单位检查评定结果	经检查,各项　　　(GB 50268—2008)规范及设计相关要求,合格率为　　　,自评　　　。			
施工单位检查评定结果	项目专业质量检查员:		年　月　日	
监理(建设)单位验收结论	监理工程师:××			
监理(建设)单位验收结论	(建设单位项目专业技术负责人)		××年×月×日	

2. 案例分析与实施

案例分析与实施内容如下。

(1) 管道安装如采用坡度板法(龙门板)进行控制,计算 Y3～Y4 排水管段各点龙门板的顶面高程及放设读数。已知龙门板设置间距为 10～15m,水准点的高程为 3.980m,后视读数为 1.21m。

① 设置龙门板。本管段设置 4 处龙门板,具体如图 4.116 所示。

② 计算龙门板标高。已知龙门板 1 处(Y3)管底设计高程为 2.077m,Y3～Y4 管道坡度为 1.6‰,则各点管底高程如下:

龙门板 2 处管底高程=(2.077-10)m×0.0016=2.061m

龙门板 3 处管底高程=(2.077-25)m×0.0016=2.037m

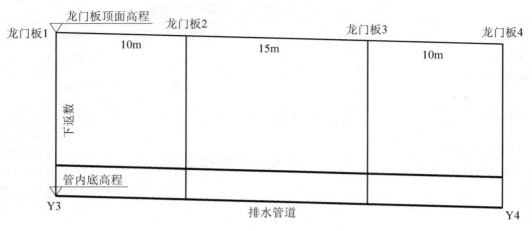

图 4.116　龙门板设置位置

龙门板 4 处管底高程＝(2.077－35)m×0.0016＝2.021m

龙门板顶面高程与管底高程之差称为下返数，因龙门板顶面连线与管道坡度相同(即各龙门板下返数位一个常数)，则利用龙门板控制挖方深度、铺设管道就方便多了。因此，龙门板顶面标高宜随管道标高变化，即和管道坡度相同。下返数的大小要根据自然地面高程来选择。本例设下返数为 1.70m。

下返数确定后，按照图 4.118 所示，龙门板顶面高程＝管底高程＋下返数，那么得：

龙门板 1 处龙门板高程＝(2.077＋1.70)m＝3.777m

龙门板 2 处与龙门板 1 处高差＝10m×0.0016＝0.016m

龙门板 2 处龙门板高程＝(3.777－0.016)m＝3.761m

龙门板 3 处与龙门板 1 处高差＝25m×0.0016＝0.04m

龙门板 3 处龙门板高程＝(3.777－0.04)m＝3.737m

龙门板 4 处与龙门板 1 处高差＝35m×0.0016＝0.056m

龙门板 4 处龙门板高程＝(3.777－0.056)m＝3.721m

③ 计算龙门板放设读数。已知水准处的高程为 3.980m，后视读数为 1.21m，则视线高为 5.19m，那么

龙门板 1 处龙门板应读读数＝(5.19－3.777)m＝1.413m

龙门板 2 处龙门板应读读数＝(1.413＋0.016)m＝1.429m

龙门板 3 处龙门板应读读数＝(1.413＋0.04)m＝1.453m

龙门板 4 处龙门板应读读数＝(1.413＋0.056)m＝1.469m

(2) Y3～Y4 排水管道安装技术交底，如下所示。

雨水管道安装技术交底

技术交底记录		编号	
工程名称		中心大道 Y3～Y4 雨水管道	
分部工程名称	管道主体工程	分项工程名称	雨水管道安装

施工单位	×××市政工程公司	交底日期	××年×月×日

交底内容：

　　管材为 D500mm 钢筋混凝土雨水管道，橡胶圈柔性接口，10cm 厚素混凝土垫层，135°钢筋混凝土基础，采用平基法稳管。

1. 作业条件

（1）平基混凝土施工并验收完毕。

（2）管材进厂检验、复试合格，橡胶圈材质及外观质量符合设计要求。

2. 施工方法、工艺

1）下管

承口、插口清理干净后，用两根吊带作为吊具，吊车下管，保证管道缓慢、平稳下落。

（1）按插口顺水流方向，承口逆水流方向，由下游向上游依次安装。

（2）第一节管为基础管节，为了确保管道安装时基础管节不移位，在管节下游方向搭设支架后背进行固定。

2）安装橡胶圈

将橡胶圈按照正确方向套入插口上的凹槽内，用凡士林均匀涂刷在承口内侧和橡胶圈上，保证胶圈平直无扭曲，就位正确。

3）管道安装

插口与承口的对口间隙为 10mm，依此数据在插口对应位置坐好标识。管道对口时，用两道龙门架悬吊第二节管。插口与承口对正位置，并与第一节管保持中心水平位置，悬停。在第二节管的承口部位用长度 $L=1500mm$，断面尺寸为 15cm×15cm 的方木做后背，套好钢丝绳，用倒链将第二节管缓慢匀速插入第一节管内，并有专人检查橡胶圈滑动情况，发现橡胶圈滑动不均匀时立即停止插入，用扁槽将橡胶圈位置调整均匀后再继续进行施工。插口达到安装标识线后，放松钢丝绳。测量管道平面位置及管内底高程，符合设计要求后用垫块固定。检查管道内外接缝及橡胶圈，当接缝小于 10mm，橡胶圈位置在同一深度，环向位置正确，符合设计及相关规范图集要求后，再进行下节管材的安装。管道铺设安装完毕后，按回填要求对称回填。

3. 质量要求

1）主控项目

（1）管节的规格、性能、外观质量及尺寸公差符合国家有关标准的规定。

（2）管节安装前发现裂痕、保护层脱落、空鼓、接口掉角严重等缺陷的，不予使用。

（3）柔性接口橡胶圈材质符合相关规范规定，由管材厂家配套供应；外观光滑平整，无裂痕、破损、气孔、重皮等缺陷；每个橡胶圈的接口不得超过 2 个。

（4）柔性接口橡胶圈位置正确，无扭曲、外露现象；承口、插口无破损、裂痕。

2）一般项目

（1）柔性接口纵向间隙不大于 10mm。

（2）管道铺设的允许偏差见表 4-25。

表 4-25　管道铺设的允许误差

序号	项目	质量及允许偏差/mm	检验频率		检验方法
			范围	点数	
1	水平轴线	15	每节管	1	用经纬仪测量或挂中线用钢尺量
2	管底高程	±10	每节管	1	用水准仪测量

续表

4. 安全文明施工措施		
(1) 进入施工现场必须佩戴安全帽。		
(2) 吊车作业设专人指挥。		
(3) 施工人员上下沟槽时走安全通道或安全爬梯。		
(4) 吊车旋转半径内禁止站人。		
(5) 吊装过程中，槽内人员要时刻注意下管过程中管道的稳定性，防止脱落砸伤。		
(6) 吊装机具、吊带使用性能良好，防护装置齐全有效，支设应稳固。作业前检查、试吊，确认正常。		

审核人	交底人	接收交底人
×××	×××	×××

一、判断题

1. 在排承插式混凝土管时，应该承口向下游，插口向上游。 （　　）

2. 无压力流管道的铺设高程和平面位置应严格符合设计要求，一般顺流方向铺设。
（　　）

3. 管道和管件的质量直接影响到工程的质量，必须在管道施工前做好对管道和管件的质量检查工作。 （　　）

4. 钢筋混凝土管承插管管道安装时，应注意管子吊起时不宜过高，稍离沟底即可，有利于使插口胶圈准确地对入承口内；推顶管子时的着力点应在 1/2 管子高度处。（　　）

5. 因钢管防腐层已经在厂家完成，因此管道施工前无需对其进行检验。 （　　）

6. 橡胶圈外观应颜色均匀，材质致密，在拉伸状态下，无肉眼可见的游离物、渣粒、气泡、裂缝等缺陷，接头平整牢固。 （　　）

7. 机械下管时，应有专人指挥，严禁起重机吊着管子在斜坡地来回转动，严禁在被吊管节上站人。 （　　）

8. 管子安好后，应及时用砖头或木块卡牢，不得发生滚动，并立即浇筑混凝土管座。
（　　）

9. 浇筑管座时应两侧同时进行，防止挤偏管子。 （　　）

二、单项选择题

1. 排水方沟在下，另一排水管道或热力方沟在上，高程冲突，上下管道同时施工时管道交叉处理的方法是（　　）。

A. 排水管道改变方向，从排水管道或热力方沟下面绕过

B. 压扁热力方沟断面，其他不变

C. 压扁排水方沟断面，同时减小过水断面

D. 压扁排水方沟断面，但不应减小过水断面

2. 在混凝土基础上下管时，除检查基础面高程必须符合质量标准外，同时混凝土的

强度应达到（　　）方可在基础上下管。

A. 初凝 　　　　B. 5.0MPa 　　　　C. 70％ 　　　　D. 100％

3. 稳管是按（　　）稳定在地基或管道基础上。

A. 图把管道 　　　　　　　　B. 监理要求把管道

C. 规范要求把管道 　　　　　D. 设计高程和平面位置把管道

4. 以下关于管道交叉的内容，表述正确的是（　　）。

A. 小口径管道让大口径管道 　　B. 无压力管道让压力管道

C. 不宜弯曲管道让可弯曲管道 　　D. 高压管道让低压管道

5. 为了便于稳管质量的控制，浇筑混凝土平基顶面高程，不能（　　）设计高程。

A. 低于 　　　　B. 高于 　　　　C. 等于 　　　　D. 随意

三、多项选择题

1. 埋地排水用硬聚氯乙烯双壁波纹管管道敷设时应按（　　）等要求进行。

A. 管道采用人工安装

B. 管道连接一般采用插入式黏结接口

C. 调整管长时使用手锯切割，断面应垂直平整

D. 管道与检查井连接可采用中介层法或柔性连接

E. 承插口管安装由高点向低点依次安装

2. 管道交叉处理中应当尽量保证满足其最小净距，且（　　）。

A. 支管避让干管 　　　　　　B. 大口径管避让小口径管

C. 无压管避让有压管 　　　　D. 小口径管避让大口径管

E. 有压管避让无压管

3. 管道施工前应做好（　　）准备工作。

A. 对承插口管道，应逐节测量承口内径、插口外径及其椭圆度。其承插口工作面应有一定的粗糙度。

B. 钢筋混凝土管如有裂缝、保护层脱落、空鼓、接口掉角等缺陷应进行修补，并经鉴定合格后方可使用。

C. 使用的管材必须有质量检查部门的试验合格证。

D. 橡胶圈因为是配套，无需检验。

E. 检查地基、基础，如有被扰动，应进行加固处理，冬季管道不得铺设在冻土上。

4. 平基法施工管子安好后，应及时用干净的（　　）卡牢，不得发生滚动，并立即浇筑混凝土管座。

A. 砖头 　　　　B. 木块 　　　　C. 干净石子

D. 土块 　　　　E. 碎石

5. 机械下管一般适用于（　　）

A. 管径较大 　　B. 管节较重 　　C. 劳动力较少

D. 沟槽较深 　　E. 工程量较大

【参考答案】

任务 4.7　检查井、雨水口施工

4.7.1　任务描述

工作任务

结合《市政工程施工图案例图集》，完成排水检查井结构图纸识读、下料计算和砌筑。具体任务如下。

（1）识读排水检查井施工图纸，完成工程量核算。

（2）检查井砌筑技术交底。

（3）实操检查井砌筑及质量检查。

工作手段

《给水排水管道工程施工及验收规范》（GB 50268—2008）、《市政工程施工图案例图集》等。

成果与检测

（1）以小组为单位完成检查井砌筑任务。

（2）采用教师评价和学生互评的方式打分。

4.7.2　相关知识

市政管道工程中，检查井一般分为现浇钢筋混凝土、砖砌、石砌、混凝土或钢筋混凝土预制拼装等结构形式，以砖（石）砌检查井居多，雨水口也多为砖砌。

1. 检查井结构图纸识读

检查井结构图纸一般包括检查井结构说明、检查井平面剖面图、底板配筋图、顶板配筋图、井座详图等。

识读时应主要弄清以下一些内容。

（1）井的平面尺寸、竖向尺寸、井壁厚度。

（2）井的结构材料、强度等级、基础做法、井盖材料及大小。

（3）管道穿越井壁的位置及穿越处的构造。

（4）流槽的形状、尺寸及结构材料。

（5）基础的尺寸和结构材料等。

2. 检查井结构材料

1）砂浆

砂浆是由无机胶凝材料、细骨料和水拌制而成。根据需要可加入掺加剂。砂浆一般采用砂浆搅拌机拌制，有时也可采用人工拌制。砂浆拌和后，应在初凝前使用完毕，其积存时间不宜超过 2h。若使用中砂浆出现泌水现象，应重新拌和均匀后再用。

一般情况下，砖砌检查井用 M10 水泥砂浆砌筑、勾缝，检查井内外表面及抹三角灰用 1：2 水泥砂浆抹面，厚约 20mm。其中水泥标号不应低于 325 号，砂宜采用质地坚硬、级配良好而洁净的中粗砂，其含泥量不应大于 3%。

2）砌筑用砖、石

市政给排水构筑物砌筑用砖目前多采用 MU10 机砖。

砌筑石料。应具有较高的硬度、抗压强度和耐久性，可就地取材，适用于砌筑基础、墙身、堤坡、挡土墙、沟渠及进(出)水口等。

砌筑石材分为毛石和料石两大类。

（1）毛石又称片石或块石，是经过爆破直接获得的石块。按平整程度又可分为乱毛石和平毛石。乱毛石形状不规则，可用于砌筑基础墙身、堤坝、挡土墙，也可作为毛石混凝土的原料。平毛石是由乱毛石略经加工而成，可用于砌筑基础、墙身、桥墩、涵洞等。

（2）料石又称条石，是由人工或机械开采出的较规则的六面体石块，再经凿斫而成。按其加工后的外形规则程度分为毛料石、粗料石、半细料石和细料石等。

3）混凝土构件

钢筋混凝土构件如检查井底板、检查井顶板，预制与现浇均采用 C20 混凝土，钢筋一般采用用 ϕ-HRB235 和 Φ-HRB335；垫层一般采用素混凝土或碎石垫层；检查井底板一般采用钢筋混凝土底板。

除上述材料外，有时工程中还使用混凝土砌块。混凝土砌块的抗压强度、抗渗、抗冻指标应符合设计要求，其尺寸偏差应符合国家现行有关标准规范的规定。

3. 检查井施工要点

1）砌筑检查井施工

砌筑检查井施工要点如下。

（1）在开槽时应计算好检查井的位置，挖出足够的槽。浇筑管道混凝土平基时，应将检查井基础宽度一次浇够，不能采用先浇筑管道平基，再加宽的办法做井基。

（2）排水管道检查井内的流槽及井壁应同时进行浇筑，当采用砌块砌筑时，表面应用水泥砂浆分层压实抹光，流槽与上、下游管道接顺。

（3）砌筑时管口应与井内壁平齐，必要时可伸入井内，但不宜超过 30mm。不准将截断管端放入井内；预留管的管口应封堵严密，并便于拆除。

（4）检查井的井壁厚度常为 240mm，用水泥砂浆砌筑。圆形砖砌检查井采用全丁砌法（图 4.117），收口时，四面收口则每次收进不超过 30mm；三面收口则每次收进不超过 50mm，矩形砖砌检查井采用一顺一丁式砌筑（图 4.118）。检查井内的踏步应随砌随安，安装前应刷防锈漆，砌筑时用水泥砂浆埋固，在砂浆未凝固前不得踩踏。所有用于检查井砌筑的砖石都应事先浇水润湿。

（5）检查井内壁应用原浆勾缝，有抹面要求时，

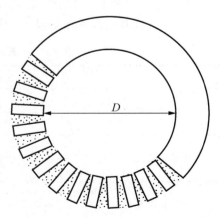

图 4.117 全丁砌法

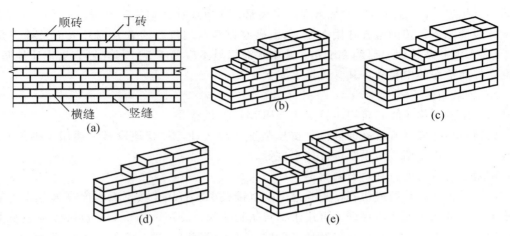

图 4.118　一顺一丁砌法

内壁用水泥砂浆抹面并分层压实，外壁用水泥砂浆搓缝严实。抹面和搓缝高度应高出原地下水位以上 0.5m。

（6）检查井砌筑至规定高程后，应及时安装或浇筑井圈，安装盖座，盖好井盖。井盖安装前，井室最上一皮砖必须是丁砖，其上用 1：2 水泥砂浆坐浆，厚度为 25mm，然后安放盖座和井盖。按设计高程找平，井圈安装就位后，井圈四周用水泥砂浆嵌填牢固，用砂浆抹成 45°三角形。安装铸铁盖座时，校正标高后，盖座周围用细石混凝土填牢。位于路面上的井盖，宜与路面持平；位于绿化带内的井盖，不宜低于地面。

（7）检查井接入较大管径的混凝土管道时，应按规定砌砖券。管径大于 800mm 时砖券高度为 240mm；管径小于 800mm 时砖券高度为 120mm。砌砖券时应由两边向顶部合拢砌筑。

（8）有闭水试验要求的检查井，应在闭水试验合格后再回填土。

（9）砌筑井室应符合下列要求：

① 砌筑井壁应位置准确、砂浆饱满、灰缝平整、抹平压光，不得有通缝、裂缝等现象；

② 井底流槽应平顺、圆滑、无杂物；

③ 井圈、井盖、踏步应安装稳固，位置准确；

④ 砂浆标号和配合比应符合设计要求。

（10）检查井允许偏差见表 4-26。

表 4-26　检查井允许偏差　　　　　　单位：mm

项　　目		允许偏差
井身尺寸	长度、宽度	±20
	直径	±20
井盖与路面高程差	非路面	±20
	路面	±5
井底高程	$D \leqslant 1000$	±10
	$D > 1000$	±15

注：表中 D 为管内径。

2）预制检查井安装

预制检查井安装内容如下。

（1）应根据设计的井位桩号和井内底标高，确定垫层顶面标高、井口标高及管内底标高等参数，作为安装的依据。

（2）按设计文件核对检查井构件的类型、编号、数量及构件的重量。

（3）垫层施工不得扰动井室地基，垫层厚度和顶面标高应符合设计规定，长度和宽度要比预制混凝土底板的长、宽各大100mm，夯实后用水平尺校平，必要时应预留沉降量。

（4）标示出预制底板、井筒等构件的吊装轴线，先用专用吊具将底板水平就位，并复核轴线及高程，底板轴线允许偏差±20mm，高程允许偏差位±10mm。底板安装合格后再安装井筒，安装前应清除底板上的灰尘和杂物，并按标示的轴线进行安装。井筒安装合格后再安装盖板。

（5）当底板、井筒与盖板安装就位后，再连接预埋连接件，并做好防腐。然后将边缝润湿，用1∶2水泥砂浆填充密实，做成45°抹角。当检查井预制件全部就位后，用1∶2水泥砂浆对所有接缝进行里、外勾平缝。

（6）最后将底板与井筒、井筒与盖板的拼缝，用1∶2水泥砂浆填满密实，抹角应光滑平整，水泥砂浆标号应符合设计要求。当检查井与刚性管道连接时，其环形间隙要均匀、砂浆应填满密实；与柔性管道连接时，橡胶圈应就位准确、压缩均匀。

3）现浇检查井施工

现浇检查井施工内容如下。

（1）按设计要求确定井位、井底标高、井顶标高、预留管的位置与尺寸。

（2）按要求支设模板。

（3）按要求拌制并浇筑混凝土。先浇底板混凝土、再浇井壁混凝土、最后浇顶板混凝土。混凝土应振捣密实，表面平整、光滑，不得有漏振、裂缝、蜂窝和麻面等缺陷；振捣完毕后进行养护，达到规定的强度后方可拆模。

（4）井壁与管道连接处应预留孔洞，不得现场开凿。

（5）井底基础应与管道基础同时浇筑。

4. 雨水口砌筑及质量要求

雨水口一般采用三顺一丁或一顺一丁的砌法砌筑。砌筑时在基础面上放线，摆砖铺灰后砌筑，其中底皮砖与顶皮砖均应采用丁砖砌筑。

雨水口砌筑应做到墙面平直，边角整齐，宽度一致。砌筑时应随时用角尺和挂线板检查四面墙体是否成直角，墙面是否平整垂直，砂浆厚度是否均匀，若不符合要求应随时纠正。

雨水口施工时，位置应符合设计要求，不得歪扭；井圈与井墙应吻合，且与道路边线相邻边的距离应相等；井圈、进水箅的高程应比周围路面低10mm。

雨水口连接管的管口与井墙应相齐，且顺直无错口，坡度应符合设计（一般均为1%）规定；一般连接管埋设深度（即雨水口的深度）均为1m。如埋深较小时，应根据施工情况，对连接管采取必要的加固措施；雨水口底座及连接管应设在坚实的土质上。

4.7.3　案例示范

1. 案例描述

完成《市政工程施工图案例图集》中心大道雨水管道工程检查井施工，具体任务

如下。

（1）识读排水检查井平面剖面图纸，确定井的平面尺寸、竖向尺寸和井壁厚度，计算 Y3、Y4 检查井的工程数量，填写表 4-27。

表 4-27　检查井工程数量表

检查井编号	平面尺寸 A×B /(mm×mm)	井壁厚度 /mm	井室高度 /m	井筒高度 /m	井室砖砌体/m³	井筒砖砌体/m³	流槽砖砌体/m³	顶板数量/块	井盖井盖座数量/套

（2）识读 Y3 排水检查井底板配筋图，确定顶板尺寸，进行钢筋工程量计算，填写表 4-28。

表 4-28　检查井底板配筋工程量计算表

检查井尺寸 A×B /(mm×mm)	底板尺寸 A′×B′ /(mm×mm)	钢筋编号	规格	钢筋简图 /mm	单根长度 /mm	根数/根	总长度/m	重量/kg

（3）识读 Y3 排水检查井顶板配筋图，确定顶板尺寸，进行钢筋工程量计算，填写表 4-29。

表 4-29　检查井顶板配筋工程量计算表

检查井尺寸 A×B /(mm×mm)	顶板尺寸 A′×B′ /(mm×mm)	钢筋编号	规格	钢筋简图 /mm	单根长度 /mm	根数/根	总长度/m	重量/kg

（4）识读 Y3 排水检查井井座配筋图，进行钢筋工程量计算，填写表 4-30。

表 4-30　检查井井座配筋工程量计算表

井座尺寸 /mm	钢筋编号	规格	钢筋简图/mm	单根长度/mm	根数/根	总长度/m	重量/kg

（5）检查井砌筑技术交底。

（6）实操检查井砌筑及施工质量检验。

2. 案例分析与实施

案例分析与实验内容如下。

（1）识读排水检查井平面剖面图纸，确定井的平面尺寸、竖向尺寸和井壁厚度，计算检查井的工程数量，填写表 4-31。

① 检查井 Y3 尺寸确定。

根据项目 4.1 识读结果可知检查井 Y3 是不落底检查井，其连接的管道管径为 $D500mm$，无支管接入，因此检查井平面尺寸选 1100mm×1100mm，具体可参照《市政工程施工图案例图集》结-4、结-5 矩形检查井（井筒总高度≤2.0m，不落底井）平面、剖面图。

检查井 Y3 的深度为井盖标高-井底标高＝（4.256-2.077）m＝2.18m，根据检查井井筒、井室高度取值范围，合理分配后取井室高为 1.8m，井筒高为 0.38m。

井室砖砌体＝（2.18×1.8）m³＝3.924m³；

井筒砖砌体＝（0.71×0.38）m³＝ 0.27 m³。

因检查井 Y3 是雨水检查井，可不设流槽。

② 检查井 Y4 尺寸确定。

查检井 Y4 为落底检查井，不设流槽。根据其连接的管道管径情况，检查井平面尺寸选 1100mm×1250mm，具体可参照《市政工程施工图案例图集》结-6、结-7 矩形检查井（井筒总高度≤2.0m，落底井）平面、剖面图。

检查井 Y4 的深度为：井盖标高-井底标高＋落底深度＝（4.243-1.25＋0.5）m＝3.49m，合理分配后井室高为 2.4m，井筒高为 1.09m。

井室砖砌体＝（2.29×2.4）m³＝5.496m³；

井筒砖砌体＝（0.71×1.09）m³＝ 0.774 m³。

检查井 Y4 的具体情况见表 4-31。

【参考图文】

表 4-31 检查井工程数量表

检查井编号	平面尺寸 $A×B$ /(mm×mm)	井壁厚度 /mm	井室高度 /m	井筒高度 /m	井室砖砌体/m³	井筒砖砌体/m³	流槽砖砌体/m³	顶板数量/块	井盖井盖座数量/套
Y3	1100×1100	370	1.8	0.38	3.924	0.27	/	1	1
Y4	1100×1250	370	2.4	1.093	5.496	0.774	/	1	1

（2）识读 Y3 排水检查井底板配筋图，具体见《市政工程施工图案例图集》结-09 矩形排水检查井（钢筋混凝土管）底板配筋图，已知主钢筋净保护层：底板下层为 40mm；其余为 30mm。确定底板尺寸，进行钢筋工程量计算，填写表 4-32。

【参考图文】

底板长 A'（宽 B'）＝$B+2b+2×100mm$＝（1100＋2×370＋200）mm＝2040mm

① 号钢筋：（2040－2×30）mm＝1980mm

② 号钢筋：（2040－2×30）mm＝1980mm

根数：2×（2040/200＋1）根＝22 根

表4－32　检查井底板配筋工程量计算表

检查井尺寸 $A \times B$ /(mm×mm)	底板尺寸 $A' \times B'$ /(mm×mm)	钢筋编号	规格	钢筋简图 /mm	单根长度 /mm	根数/根	总长度/m	重量/kg
1100×1100	2040×2040	①	φ10	1980	1980	22	43.56	26.877
		②	φ10	1980	1980	22	43.56	26.877

（3）识读 Y3 排水检查井顶板配筋图，具体见《市政工程施工图案例图集》结－10 的 1100mm×1100mm 矩形排水检查井顶板配筋图，已知主钢筋净保护层为 30mm。确定顶板尺寸，进行钢筋工程量计算，填写表4－33。

顶板长 A'＝（A＋200＋150）mm＝（1100＋350）mm＝1450mm

顶板宽 B'＝（B＋150＋150）mm＝（1100＋300）mm＝1400mm

① 号钢筋：（1450－2×30）mm＝1390mm

② 号钢筋：（1450－2×30）mm＝1390mm

③ 号钢筋：（1400－2×30）mm＝1340mm

④ 号钢筋：（1400－2×30）mm＝1340mm

⑤ 号钢筋：π×（700＋50＋50）mm＋46mm×12＋46mm×12 ＝3064mm

⑥ 号钢筋：（50＋80＋140）mm＝270mm

⑦ 号钢筋：（50＋80＋490）mm＝620mm

⑧ 号钢筋：（50＋80＋290）mm＝420mm

表4－33　检查井顶板配筋工程量计算表

检查井尺寸 $A \times B$ /(mm×mm)	顶板尺寸 $A' \times B'$ /(mm×mm)	钢筋编号	规格	钢筋简图 /mm	单根长度 /mm	根数/根	总长度/m	重量/kg
1100×1100	1450×1400	①	φ10	1390	1390	2	2.780	1.715
		②	φ12	1390	1390	6	8.340	7.406
		③	φ10	1340	1340	4	5.360	3.307
		④	φ12	1340	1340	2	2.680	2.380
		⑤	φ12	D800	3064	2	6.130	5.443
		⑥	φ10	50 80 均长140	270	3	0.810	0.500
		⑦	φ10	50 80 均长490	620	3	1.860	1.148

【参考图文】

检查井尺寸 $A \times B$ /(mm×mm)	顶板尺寸 $A' \times B'$ /(mm×mm)	钢筋编号	规格	钢筋简图 /mm	单根长度 /mm	根数/根	总长度/m	重量/kg
1100×1100	1450×1400	⑧	φ10	80 $\rfloor$ 50 均长290	420	6	2.520	1.555
	合计							23.454

(4) 识读 Y3 排水检查井井座配筋图，具体见《市政工程施工图案例图集》结-03 排水检查井钢筋混凝土井座详图，进行钢筋工程量计算，填写表 4-34。

【参考图文】

① 号钢筋：π×(700＋30＋30)mm＋300mm＝2688mm

② 号钢筋：π×(700＋240×2－2×30)mm＋300mm＝3819mm

③ 号钢筋：π×(700＋120×2＋2×30)mm＋300mm＝3442mm

④ 号钢筋：850mm

表 4-34 检查井井座配筋工程量计算表

井座尺寸 /mm	钢筋编号	规格	钢筋简图/mm	单根长度/mm	根数/根	总长度/m	重量/kg
φ700	①	φ6	D⊘	2688	2	5.38	1.194
	②	φ6	D⊘	3819	2	7.64	1.696
	③	φ6	D⊘	3442	1	3.44	0.764
	④	φ4	80 230 200 120 160	850	18	15.3	1.515
	合计						5.169

(5) 填写检查井砌筑的技术交底记录，如下所示。

排水检查井砌筑技术交底

技术交底记录		编号	
工程名称	中心大道雨水管道工程		
分部工程名称	附属构筑物工程	分项工程名称	排水检查井砌筑
施工单位	×××市政工程公司	交底日期	××年×月×日

交底内容：

矩形检查井井室，砖砌，1∶2 水泥砂浆抹面。

1. 作业条件

(1) 检查井基础强度达到 1.2MPa，表面清理干净，主管线施工完毕。

（2）砖、水泥、砂、盖板、井圈、井盖、踏步进场验收合格，有复试要求的复试合格。

（3）砂浆配比已完成。

2. 施工方法、工艺

1）井室砌筑

砌筑前，应将砌筑部位清理干净，并洒水润湿，对凿毛处理的部位刷素水泥浆，不同形式的井室，墙体尺寸控制及排砖均不同，本井室为矩形，操作时在墙体的转角处立皮数杆，以控制墙体垂直度和高度。砌筑前先盘角，然后挂线砌墙，采用满丁满条砌法，砖墙转角处，每皮砖均需加砌七头砖，砌完一层后，再灌一次砂浆，然后再铺浆砌筑上一层砖，上下两层砖间竖向缝应错开；砖砌体水平缝砂浆饱满度不得低于90%，竖向灰缝宜采用挤浆或加浆方法，使其砂浆饱满，严禁用水冲浆灌缝，砌筑时，要上下错缝，相互搭接，水平及竖向灰缝控制在8～12mm。

拱券及支管：检查井接入圆管时，管顶应砌砖券加固，当管径≥1000mm时，拱券高应为240mm；预留支管应随砌随安，管口应深入井壁30mm，预留管的管径、方向、标高应符合设计要求，管与井壁衔接处应严密不得漏水，预留支管宜用强度低于M7.5等级的砂浆砌筑封口抹平。用截断的短管安装预留管时，其断管破茬不得朝向井内。

2）流槽与踏步

流槽应与井室同时进行砌筑，雨水检查井流槽高度为到顶平接的支管线的管中部位，流槽表面采用20mm厚1：2.5水泥砂浆抹面，压实抹光，与上下游管道平顺一致，以减少摩擦；污水检查井流槽高度为干线管顶高，表面采用20mm厚1：2.5水泥砂浆抹面，压实抹光，与上下游管道平顺一致。

踏步为螺纹钢踏步，安装前一天应刷防锈漆两道，踏步的竖向间距375mm，踏步的外露长度100mm，踏步水平间距150mm，从井口向下第一个踏步距井口应控制在220～360mm。踏步安装时，要求上下垂直，尺寸一致，圆形井安装时，必须向圆中心安装，踏步应随井墙砌筑同时安装，位置准确，随时用尺测量其间距，在砌砖时用砂浆埋牢，不得事后凿洞补装，砂浆未凝固前不得踩踏；有钢筋混凝土盖板的井室，盖板下第一个踏步距盖板底部120mm为控制踏步。

3）盖板安装

钢筋混凝土盖板安装采用挖掘机吊装就位，安装前用1：3水泥砂浆座底，盖板安装要求位置准确，底部平稳牢固。

4）井筒砌筑

井筒高度应符合设计要求，砌筑时应挂中心线，随砌随测量内径尺寸，防止尺寸偏差，砌筑排砖要求同圆形检查井井室，圆形收口井井筒砌筑时，根据设计要求进行收口，四面收口时每层不应超过30mm，三面收口时每层不应超过40～50mm，上部收口时，若需抹面，应按坡度将砖头打成破茬，以便于井内须坡抹面。

5）抹面勾缝

检查井：井室内墙面由下游管底至管顶以上300mm，均用1：2.5水泥砂浆抹面，厚20mm，至地下水位以上500mm；污水检查井：井室内墙面由下游管底至井室顶以下全部用1：2.5水泥砂浆抹面，而外墙用1：3水泥砂浆抹面，厚20mm，至地下水位以上500mm；抹面前应先用水湿润砖面，然后再用三遍法抹面，即第一遍1：2.5水泥砂浆打底，第二遍抹厚5mm找平，第三遍抹厚5mm铺顺压光，抹面要一气呵成，表面不得漏砂粒，抹面完成后，井顶应覆盖养护，为了保证抹面三层砂浆整体性，分层时间宜在定浆后随抹下一层，如隔时间太长，应刷素浆一道，以保证接茬质量。

6）井圈及井盖安装

预制混凝土井圈下铺1：3水泥砂浆座底，为了保证检查井井盖与道路路面平顺，应按照路面设计高程、纵横坡度，在路面沥青上面层及人行道砖面施工前安装完成井圈及混凝土井盖。

3. 质量要求

1) 主控项目

(1) 原材料、预制构件的质量符合标准和设计要求。

(2) 砌筑水泥砂浆强度、结构混凝土强度符合设计要求。工作班内同一强度等级的砂浆制取1组强度试件。

(3) 井壁砌筑灰浆饱满，灰缝平直，不得有通缝、瞎缝，装配式结构座浆、灌浆饱满密实，无裂缝；混凝土结构无严重质量缺陷；井室无渗水、水珠现象。

2) 主控项目

(1) 井壁抹面应密实平整，不得有空鼓、裂缝等现象；混凝土无明显的质量缺陷；井室无明显湿渍现象。

(2) 井内部构造符合设计和水力工艺要求，且位置及尺寸正确，无建筑垃圾等杂物；检查井流槽应平顺、圆滑、光洁。

(3) 井室内踏步位置正确、牢固。

(4) 井盖、座规格符合设计要求，安装稳固。

(5) 检查井质量要求允许偏差见表4-35。

表4-35 检查井质量要求允许偏差

序号	检查项目	允许偏差/mm	检验数量		检验方法
			范围	点数	
1	平面轴线位置	±15	每座	2	用钢尺测量、经纬仪测量
2	结构断面尺寸	±10	每座	2	用钢尺测量
3	井室尺寸	±20	每座	2	用钢尺测量
4	井口高程	与路面规定一致	每座	1	用水准仪测量
5	井底高程	±10	每座	2	用水准仪测量
6	踏步安装	±10	每座	1	用尺测量偏差较大者
7	脚窝宽高深	±10	每座	1	用尺测量偏差较大者
8	流槽宽度	±10	每座	1	用尺测量

4. 安全文明施工措施

(1) 进入施工现场必须佩戴安全帽。

(2) 井室施工现场设置护栏和安全标志。

(3) 井室完成后及时加装井盖，施工中断未安装井盖的井室，必须临时加盖或设围挡、护栏，并设有安全标志。

(4) 井室砌筑施工中要对预制盖板、砖等成品进行保护，严防磕碰。

审核人	交底人	接收交底人
×××	×××	×××

习 题

一、判断题

1. 排水检查井内的流槽，宜与井壁同时进行砌筑。 （　）

2. 砖砌检查井一般可不抹面，且常用普通机制砖与1∶2水泥砂浆砌筑。（　）

3. 检查井内的踏步应随砌随安，安装前应刷防锈漆，砌筑时用水泥砂浆埋固，在砂浆未凝固前不得踩踏。 （　）

4. 检查井砌筑至规定高程后，应及时安装或浇筑井圈，安装盖座，盖好井盖。

（　）

二、单项选择题

1. 砌筑砂浆应采用水泥砂浆，其强度等级应符合设计要求，且不应低于（　）。

A. M15　　　　B. M10　　　　C. M12　　　　D. M20

2. 关于给排水工程中圆井砌筑表述错误的是（　）。

A. 排水管道检查井内的流槽，宜与井壁同时进行砌筑

B. 砌块应垂直砌筑

C. 砌筑后钻孔安装踏步

D. 内外井壁应采用水泥砂浆勾缝

三、多项选择题

1. 给排水工程中砌筑结构对材料的基本要求：（　）。

A. 用于砌筑结构的机制烧结砖应边角整齐、表面平整、尺寸准确，强度等级符合设计要求，一般不低于MU10

B. 用于砌筑结构的石材强度等级应符合设计要求，设计无要求时不得小于20MPa，材料应质地坚实均匀，无风化剥层和裂纹

C. 用于砌筑结构的混凝土砌块应符合设计要求和相关标准规定

D. 砌筑砂浆应采用水泥砂浆，其强度等级应符合设计要求，且不应低于M20

E. 水泥应采用砌筑水泥，并符合相关标准规定

2. 给排水工程砌筑结构中的砂浆抹面的基本要求：（　）。

A. 墙壁表面粘接的杂物应清理干净，并洒水湿润

B. 水泥砂浆抹面宜分两道，第一道抹面应刮平使表面造成粗糙纹，第二道抹平后，应分两次压实抹光

C. 抹面应压实抹平，施工缝留成阶梯形；接茬时，应先将留茬均匀涂刷水泥浆一道，并依次抹压，使接茬严密；阴阳角应抹成圆角

D. 抹面砂浆终凝后，应及时保持湿润养护，养护时间不宜少于14d

E. 抹面砂浆终凝后，应及时保持湿润养护，养护时间不宜少于7d

【参考答案】

任务 4.8 排水管道质量检查与验收

4.8.1 任务描述

工作任务

结合《市政工程施工图案例图集》，查阅《给水排水管道工程施工及验收规范》（GB 50268—2008），完成任务如下。

（1）完成排水管道闭水试验技术交底。

（2）完成在建管段的闭水试验，填写记录表。

工作手段

《给水排水管道工程施工及验收规范》（GB 50268—2008）、《市政工程施工图案例图集》等。

成果与检测

（1）每位学生根据组长分工完成部分管段闭水试验任务。

（2）采用教师评价和学生互评的方式打分。

4.8.2 相关知识

1. 排水管道闭水试验

污水、雨污水合流及湿陷土、膨胀土地区的雨水管道，回填土前应采用闭水法进行严密性试验。试验管段应按井距分隔，通常以一个井段为一个测试单位逐一测试，有时因井距太短或为减少闭水墙堵，也常采用几段井距串联一体来进行试验。但是每次串联的管段不宜太长，过长则会影响测试结果的准确性；另外，一旦出现渗水量不合格时，其渗漏位置会因试验段过长而难以查找。试验要求带井试验。

1）试验管段应具备的条件

试验管段应具备的条件如下。

（1）管道及检查井的外观检查、断面检查已验收合格。

（2）管道未还土且沟槽内无积水。

（3）全部预留孔洞应封堵坚固，不得渗水。

（4）当管道铺设和检查井砌筑完毕且达到足够的强度后，即可在试验段两端检查井内用砖砌墙堵，并用水泥砂浆抹面。墙堵的承载能力应大于水压力的合力。

2）管道闭水试验操作步骤

管道闭水试验装置如图 4.119 所示。

（1）充水浸泡。经对墙堵进行 3～4 天的养护后，即可向管内充水，充水高度为：试验段上游设计水头不超过管顶内壁时，试验水头从试验段上游管顶内壁加 2m；试验段上

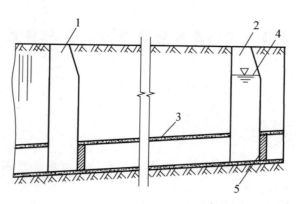

图 4.119 管道闭水试验装置图

1—下游检查井；2—上游检查井；3—试验管段；4—规定闭水水位；5—砖堵

游设计水头超过管顶内壁时，若计算出的试验水头超过上游检查井井口，则试验水头以上游检查井井口高度为准。试验管段灌满水浸泡 24h 后（硬聚氯乙烯管浸泡 12h 以上），即可进行闭水试验。

（2）渗水量测定。试验管段灌满水浸泡后，当试验水头达到规定值后开始计时，观测管道的渗水量，直至观测结束都应不断向试验管段内补水，保持试验水头恒定。渗水量的观测时间不得少于 30min。实测渗水量的计算公式为

$$q = \frac{W}{T \times L} \tag{4-17}$$

式中　q——实测渗水量，L/(min·m)；

　　　W——补水量，L；

　　　T——渗水量观测时间，min；

　　　L——试验管段长度，m。

当 q 小于或等于允许渗水量时，即认为合格。排水管道闭水试验允许渗水量见表 4-36、表 4-37。

当管道直径大于表 4-36、表 4-37 规定的管径时，闭水试验允许的渗水量按式(4-18)、式(4-19)计算。

混凝土管、钢筋混凝土管及管渠：

$$Q = 1.25 \sqrt{D} \tag{4-18}$$

硬聚氯乙烯管：

$$Q = 0.0046 \sqrt{D_0} \tag{4-19}$$

式中　Q——允许渗水量，$m^3/(24h·km)$；

　　D、D_0——管道内径，mm。

管道严密性试验时，还应进行外观检查，不得有漏水（连续不断地滴水）现象。

表 4 - 36 无压力管道严密性试验允许渗水量

管材	管道内径/mm	允许渗水量/$m^3 \cdot (24h \cdot km)^{-1}$	管材	管道内径/mm	允许渗水量/$m^3 \cdot (24h \cdot km)^{-1}$
混凝土、钢筋混凝土管、陶土管及管渠	200	17.60	混凝土、钢筋混凝土管及管渠	1200	43.30
	300	21.62		1300	45.00
	400	25.00		1400	46.70
	500	27.95		1500	48.40
	600	30.60		1600	50.00
	700	33.00		1700	51.50
	800	35.35		1800	53.00
	900	37.50		1900	54.48
	1000	39.52		2000	55.90
	1100	41.45			

表 4 - 37 硬聚氯乙烯排水管道允许渗水量

公称外径/mm	双壁波纹管		直壁管	
	内径 D_0/mm	允许渗水量/$m^3 \cdot (24h \cdot km)^{-1}$	内径 D_0/mm	允许渗水量/$m^3 \cdot (24h \cdot km)^{-1}$
110	97	0.45	103.6	0.48
125	107	0.49	117.6	0.54
160	135	0.62	150.6	0.69
200	172	0.79	188.2	0.87
250	216	0.99	235.4	1.08
315	270	1.24	296.6	1.36
400	340	1.56	376.6	1.73
450	383	1.76	—	—
500	432	1.99	470.8	2.17
630	540	2.48	593.2	2.73

2. 土方回填

管道施工完毕并经检验合格后，为防止沟槽坍塌，尽早恢复地面交通，沟槽应及时回填。

1) 一般规定

土方回填的一般规定如下。

(1) 预制混凝土或钢筋混凝土圆形管道的现浇混凝土基础强度，以及接口抹带或预制构件现场装配的接缝水泥砂浆强度不小于 $5N/mm^2$。

(2) 现场浇筑混凝土管道的强度达到设计规定。

(3) 混合结构的矩形管道或拱形管道，其砖石砌体水泥砂浆强度达到设计规定；当管渠顶板为预制盖板时应装好盖板。

(4) 现场浇筑或预制构件现场装配的钢筋混凝土拱形管道或其他拱形管道，已采取措施保证回填时要不发生位移、不产生裂缝和不失稳。

(5) 钢管、铸铁管、球墨铸铁管、预应力混凝土管等压力管道：水压试验前，除接口外，管道两侧及管顶以上回填高度不应小于 0.5m；水压试验合格后，及时回填其余部分；

管径大于 800mm 的柔性管道，应采取措施控制管顶的竖向变形，其方法是在回填土之前，在管道内设临时竖向支撑，待管道两侧土方回填完毕，再撤除支撑。无压管道的沟槽应在闭水试验合格后及时回填。

（6）沟槽回填时，应将沟槽内的砖、石、木块等杂物清除干净。

（7）采用集水井明沟排水时应保持排水沟畅通，沟槽内不得有积水，严禁带水作业；采用井点降低地下水位时，其动水位应保持在沟槽底面以下不小于 0.5m。

2）施工工序

土方回填的施工包括还土、摊平、夯实、检查等工序。

（1）还土。沟槽回填的土料大多是开挖出的素土，但当有特殊要求时，可按设计回填砂、石灰土、砂砾等材料。

回填土的含水量应按土类和采用的压实工具控制在最佳含水量附近。最佳含水量应通过轻型击实试验确定。

沟槽回填原土或其他材料时，还应符合下列规定。

① 采用素土回填时不得含有有机物；冬期回填时可均匀掺入部分冻土，其数量不得超过填土总体积的 15％，且冻块尺寸不得大于 10cm。

② 管道两侧及管顶以上 0.2m 范围内，回填土不得含有坚硬的物体、冻土块；对有防腐绝缘层的直埋管道周围，应采用细颗粒土回填。

③ 采用砂、石灰土或其他非素土回填时，其质量要求按设计规定执行。

④ 不采用淤泥、腐殖土及液化状的粉砂、细砂等回填。

管道两侧和管顶以上 50cm 范围内的回填材料，应由沟槽两侧同时对称均匀分层回填，两侧高差不得超过 30cm，以防止管道位移。填土时不得将土直接扔在管道上，更不得直接砸在管道抹带、接口上。回填其他部位时，应均匀运土入槽，不得集中推入。需拌合的回填材料，应在运入沟槽前拌合均匀，不得在槽内拌合。采用明沟排水时，还土应从两相邻集水井的分水岭处开始向集水井延伸。

（2）摊平。每还一层土，都要采用人工将土摊平，使每层土都接近水平。每次还土厚度应尽量均匀。

（3）夯实。沟槽回填土夯实通常采用人工夯实和机械夯实两种方法。人工夯分木夯和铁夯。常用的夯实机械有：蛙式夯、内燃打夯机、压路机和振动压路机等。

人工夯实每次虚铺土厚度不宜超过 20cm。人工夯实劳动强度高，效率低。

① 蛙式夯。该机轻便、结构简单，是目前工程中广泛使用的夯实机具。例如，功率 2.8kW 蛙式夯，在填土最佳含水量情况下，每次虚铺土厚度 20～25cm。夯夯相连，夯打 3～4 遍即可达到填土压实度 95％左右。

② 内燃打夯机。它是以内燃机作动力的打夯机，（也称"火力夯"）。启动时，须将机身抬起，使缸内吸入空气，雾化的燃油和空气在缸内混合，然后关闭气阀，靠机身下落而将混合气体压缩，并经磁电机打火将其点燃，爆发后把打夯机抬高，落下后起到夯土作用。火力夯夯实沟槽、基坑及墙边墙角还土比较方便。每次虚铺土厚度为 20～25cm。

③ 压路机和振动压路机。在沟槽较宽，而且填土厚度超过管顶以上 30cm 时，可使用 3～4.5t 轻型压路机碾压，效率较高。每次虚铺土厚度为 20～30cm。振动压路机每次虚铺土厚度不应大于 40cm。碾压的重叠宽度不得小于 20cm。压路机及振动压路机压实时，其

行驶速度不得超过 2km/h。

同一沟槽中有双排或多排管道的基础底面位于同一高程时，管道之间的回填压实应与管道与槽壁之间的回填压实对称进行。当基础底面的高程不同时，应先回填压实较低管道的沟槽，当与较高管道基础底面齐平后，再按上述方法进行。分段回填压实时，相邻段的接茬应呈阶梯形，且不得漏夯。回填土每层的压实遍数，应按回填土的要求压实度、采用的压实工具、回填土的虚铺厚度和含水量经现场试验确定。

（4）检查。每层土夯实后，应测定其压实度。测定方法有环刀法和灌砂法两种。

《给水排水管道工程施工及验收规范》（GB 50268—2008）规定：管道两侧胸腔土、回填土的压实度，不论修路与否皆应符合下列规定。

① 圆形管道：钢筋混凝土管道和铸铁管道压实度不小于90%；塑料管及钢质管道压实度不少于95%。

② 非圆形管道：按设计文件规定执行；设计文件无规定时，不应小于90%。

③ 有特殊要求的管道，按设计文件执行。

④ 回填土作为路基，且路基要求的压实度大于上述各款规定，应根据管道两侧所处路槽底以下深度范围，按表4-38执行。

管道顶部以上部分没有规划修路的沟槽回填土，管道顶部以上50cm范围内的压实度不应低于85%；其余部位，当设计文件没有规定时，不应小于90%。处于绿地或农田范围内的沟槽回填土，在原地面以下50cm范围内不应压实，但应将表面整平，并预留沉降量。

管道顶部以上作为路基时，管道顶部以上25cm范围内的回填土表层的压实度不应低于87%；其余部位，回填土的压实度不应小于表4-38的规定。

当管道位于软土层时，由于原土含水量过高不具备降低含水量条件，不能达到要求压实度，所以管道两侧及管道顶部可回填石灰土、砂、砂砾或其他可以达到要求的材料。

表4-38 管道顶部以上沟槽回填土作为填方路基的最低压实度

深度范围/mm	条 件		最低压实度/(%)
0～80	沟槽回填土与修路联合施工		由修路单位压实
	沟槽回填土与修路不联合施工	快速路及主干路	98 或与修路部门协商
		次干路	95
		支路	92
80～150	快速路及主干路		95
	次干路		92
	支路		90
>150	快速路及主干路		90
	次干路		90
	支路		90

注：1. 表列深度范围均由路槽底算起。

2. 管道顶部以上第一层回填土应虚铺30cm，用轻型压实工具压实，检验表层10cm内的压实度，以不小于90%为合格。以上各层压实度取样，以该层的平均压实度为准。

3. 本表要求压实度为轻型击实标准的压实度。

3. 土石方工程的冬雨季施工

凡进入冬季施工的工程，在施工组织设计或施工方案中必须编制冬季施工措施。在寒冷的冬季，由于土石方冻结给沟槽土方开挖及土方回填带来困难。为保证工程质量和施工顺利进行需采取相应的措施，如土壤保温法、冻土破碎法等。

1) 土壤保温法

在土壤冻结之前，采取保温措施，使土壤不冻结或冻结深度小。工程中常用的保温措施有表土耙松法和覆盖法。

（1）表土耙松法：用机械将待开挖沟槽的表层土翻松，作为防冻层，减少土壤的冻结深度。翻松的深度应不小于30cm。

（2）覆盖法：用隔热材料覆盖在待开挖的沟槽上面，一般常用干砂、锯末、草帘、树叶等作为保温材料，其厚度一般在15～20cm。

2) 冻土破碎法

冻土破碎应根据土壤性质、冻结深度、施工机具性能及施工条件等来选择施工机具和方法。为加快施工进度常用重锤击碎、冻土爆破等方法。

（1）重锤击碎法：重锤由吊车吊起后下落锤击冻结土层。这种方法适用于土壤冻结深度小于0.5m时采用。由于其击土震动较大，在市区或靠近精密仪表、变压器等处不宜采用。

（2）冻土爆破法：常采用垂直炮孔爆破，炮孔深度一般为冻土深度的0.7～0.8倍，炮孔间距和排距应根据炸药性能、炮孔直径、起爆方法及沟槽开挖宽度等确定。

施工时必须具有良好安保设备和完备的施工安全措施，避免安全事故的发生。

（3）人工破除冻土：按冻土不同厚度采用钢钎、镐等人工冲击、刨除等方法。

3) 土方回填

土方回填分为以下两种情况。

（1）冬季施工时，由于冻土空隙率较大，冻土块坚硬，压实困难，冻土解冻后往往又会造成较大沉降，因此冬季回填土时应注意冻土块体积不超过填土总体积的15％；管沟底至管顶0.5m范围内不得用含有冻土块的土回填；位于铁路、公路及人行道两侧范围内的平整填方，可用含冻土块的土连续分层回填，每层填土厚度一般为20cm，其冻土块尺寸不得大于15cm，而且冻土块的体积不得超过总体积的30％；冬季土方回填前，应清除基底上的冰雪、保温材料及其他杂物。

除上述技术要求外，冬季施工中尚应注意下列事项。

① 工作地段条件允许时应设置防风设备，各种动力机械设备应置于暖棚内。

② 冬季施工应对井管、水泵进出水管保温，并且将水泵置于取暖棚内，不得停机。

③ 不允许在冻结土壤上砌筑基础，一般挖至设计标高以上30～40cm，应即行中止。在浇灌基础混凝土前，把最后一层冻土挖去。如已挖至设计标高，不能及时砌筑基础时，应采取保温措施。若基底土已经受冻，而又必须进行基础施工时，应将冻土层完全刨除，换铺砂砾石。使用机械施工可分三班连续作业，尽量争取时间以减小土层冻结。

④ 冬季废弃的冻土，在自然坡度较大的傍坡路线上有人行道、房屋、河道等时，应注意堆置稳定，以免化冻时发生事故。

⑤ 冬季开挖排水井时，施工工人应有防寒保护用品和搭设防寒棚。

（2）雨季施工时，由于雨水降落到地面后，增加了土的含水量，造成施工现场泥泞，使施工难度加大，降低施工工效，增加施工费用。因此，为保证雨季施工顺利进行，应采取以下的措施。

① 进入汛期前，应全面勘测施工现场的地形、天然排水系统及原有排水管渠的泄洪能力，结合施工排水要求，制定汛期排水方案。

② 对施工现场较近的原有雨水沟渠进行检查或采取必要的加固防护措施，以防雨水流入施工沟槽、基坑内。

③ 雨季施工时，作业面不宜过大，应分段完成，尽可能减少降水对施工的影响。

④ 为保证边坡稳定，边坡应放缓一些或加设支撑，并加强对边坡和支撑的检查工作。

⑤ 雨季施工时，对横跨沟槽的便桥应进行加固，采取防滑措施。

⑥ 雨季施工应适当缩小排水井的井距，必要时可增设临时排水井，增加排水机械。

⑦ 雨季填土应经常检验土的含水量，含水量大时应晾晒。随填、随压实，防止松土淋雨。雨天应停止土方回填。

4.8.3 案例示范

1. 案例描述

结合配套教材《市政工程施工图案例图集》，查阅《给水排水管道工程施工及验收规范》（GB 50268—2008），完成 Y3～Y4 雨水管道闭水试验技术交底；完成在建管段的闭水试验，填写记录表，见表 4-39。

表 4-39　管道闭水试验记录表

工程名称				试验日期		年　月　日	
桩号及地段							
管道内径/mm		管材种类		接口种类		试验段长度/m	
试验上游 设计水头/m	试验水头/m		允许渗水量/$m^3 \cdot (24h \cdot km)^{-1}$				
渗水量测定记录		次数	观测起始 时间 T_1	观测结束 时间 T_2	恒压时间 T/min	恒压时间 内补入的 水量 W/L	实测渗水量 q/[L/(min·m)$^{-1}$]
		1					
		2					
		3					
		折合平均实测渗水量			$m^3 \cdot (24h \cdot km)^{-1}$		
外观记录							
评语							

施工单位：　　　　　　　　　　　　试验负责人：

监理单位：　　　　　　　　　　　　设计单位：

建设单位：　　　　　　　　　　　　记录员：

2. 案例分析与实施

案例分析与实施内容如下。

(1) Y3~Y4 雨水管道闭水试验技术交底，如下所示。

雨水管道闭水试验技术交底

技术交底记录		编号	
工程名称	×××路雨水管道工程		
分部工程名称	闭水试验	分项工程名称	雨水管道闭水试验
施工单位	×××市政工程公司	交底日期	××年×月×日

交底内容：

　　雨水管道管径为 $D500mm$，试验管段长 35m，管材采用钢筋混凝土承插管，橡胶圈接口，管道基础采用 135°钢筋混凝土基础。

　1. 作业条件

　(1) 管道、检查井外观质量已验收合格，且沟槽内无积水。

　(2) 试验管段两端及支线管头已经封堵。

　(3) 水源接引完成，排水疏导措施已准备就绪。

　2. 试验方法、步骤

　1) 砌堵

　用 1∶3 水泥砂浆将试验管段两端管口砌 24cm 厚的砖墙，并用 1∶2.5 水泥砂浆分层抹面 2cm，并压实赶光后将管头封堵严密，养护 3d。

　2) 注水与浸泡

　由管道下游缓慢注水，将试验管道注满水后，浸泡 48h。对所有管节、接口、封堵进行检查。

　3) 闭水

　试验水头为试验段上游管顶内壁加 2m。从试验水头到达规定水头开始计时，观测管道的渗水量，直至观测结束，应不断地向试验管段内补水，保持试验水头恒定。渗水量的观测时间不得少于 30min，并计量补入试验管段内的水量，计算公式为

$$q = \frac{W}{T \cdot L} \times 1440$$

式中　q——实测渗水量，m³/(24h·km)；

　　　W——补水量，L；

　　　T——渗水量观测时间，min；

　　　L——试验管段长度，m。

　3. 质量要求

　实测渗水量不大于 27.95m³/(24h·km)。

　4. 安全文明施工措施

　(1) 试验管段试验用水尽量重复使用，减少浪费。

　(2) 上、下沟槽走安全梯。

审核人	交底人	接收交底人
×××	×××	×××

（2）对现场指定管道进行闭水试验，填写试验记录表。

（略）。

习 题

一、判断题

1. 污水、雨污水合流及湿陷土、膨胀土地区的雨水管道，回填土前应采用闭水法进行严密性试验。
（   ）

2. 重力流管在闭水试验前回填至管顶以上 30cm，闭水试验合格后及时回填，压力管道在水压试验合格后回填。
（   ）

3. 闭水试验前，应将试验段两端检查井内用砖砌墙堵，并用水泥砂浆抹面养护。墙堵的承载能力应大于水压力的合力。
（   ）

4. 土方回填时，管径大于 900mm 的钢管道，必要时可采取措施控制管顶的竖向变形。
（   ）

5. 回填土时要将土直接扔在管道、管道抹带和接口上，以防管道偏移。
（   ）

6. 雨季填土应经常检验土的含水量，含水量大时应晾晒，随填、随压实，防止松土淋雨。雨天应停止土方回填。
（   ）

二、单项选择题

1. 排水管道闭水试验的水位应为（   ）。

A. 试验段上游管顶以上 2m
B. 试验段下游管顶以上 2m
C. 试验段上游管内顶以上 2m
D. 试验段下游管内顶以上 2m

2. 沟槽土方回填，应在（   ）进行。

A. 闭水试验前
B. 闭水试验后
C. 隐蔽工程检查后
D. 管道验收合格后

3. 沟槽土方回填，被广泛使用的夯、压机具为（   ）。

A. 铁、木夯
B. 蛙式夯
C. 火力夯
D. 压路机

4. 管顶 50cm 范围内的压实度为（   ）。

A. 85%
B. 90%
C. 93%
D. 95%

5. 管顶 50cm 范围内的夯实应（   ）。

A. 重锤低击
B. 厚摊轻击
C. 薄摊轻击
D. 薄摊快打

6. 闭水试验时，试验段的划分应符合的要求中不正确的是（   ）。

A. 无压力管道的闭水试验宜带井试验
B. 当管道采用两种（或两种以上）管材时，不必按管材分别进行试验
C. 无压力管道的闭水试验一次试验不可超过 5 个连续井段
D. 压力管道水压试验的管段长度不宜大于 1.0km

7. 按《给水排水管道工程施工与验收规范》GB 50268 的规定，无压管道的功能性试验是（　　）。

　　A. 水压试验　　　　B. 闭水试验　　　　C. 闭气试验　　　　D. 严密性试验

8. 污水、雨污水合流管道及湿陷土、膨胀土、流砂地区的雨水管道，必须经（　　）试验合格后方可投入运行。

　　A. 严密性　　　　　B. 抗渗性　　　　　C. 防腐性　　　　　D. 抗压性

9. 除设计要求外，回填材料采用土回填时，槽底至管顶以上（　　）mm 范围内，土中不得含有机物、冻土以及大于 50mm 的砖、石等硬块。

　　A. 500　　　　　　B. 600　　　　　　C. 800　　　　　　D. 1000

10. 管道闭水试验渗水量的观测时间不得少于（　　）min。

　　A. 10　　　　　　B. 20　　　　　　C. 30　　　　　　D. 60

三、多项选择题

1. 管道工程质量检验除按规程要求外，具体还要进行（　　）检查。

　　A. 基坑　　　　　　B. 外观　　　　　　C. 断面

　　D. 接口严密性　　　E. 回填土压实度

2. 断面检查是对（　　）的检查。

　　A. 管径　　　　　　B. 管道错口　　　　C. 管中线

　　D. 管道坡度　　　　E. 管道长度

3. 管道闭水试验前试验管段应具有的条件有（　　）。

　　A. 管道及检查井的外观检查、断面检查已验收合格

　　B. 管道未还土且沟槽内无积水

　　C. 全部预留孔洞应封堵坚固，不得渗水

　　D. 管道和检查井均施工完毕，并达到足够的强度

　　E. 管道已浸水 2 小时以上

4. 下列管道功能性试验的规定，正确的是（　　）。

　　A. 压力管道应进行水压试验，包括强度试验和严密性试验；当设计另有要求外或对实际允许压力降持有异议时，可采用严密性试验作为最终判定依据

　　B. 无压管道的严密性试验只能采用闭水试验而不能采用闭气试验

　　C. 管道严密性试验，宜采用注水法进行

　　D. 注水应从下游缓慢注入，在试验管段上游的管顶及管段中的高点应设置排气阀

　　E. 当管道采用两种（或两种以上）管材时，宜按不同管材分别进行试验

5. 给水排水管道沟槽回填前的规定中，（　　）是正确的。

　　A. 水压试验前，除接口外，管道两侧及管顶以上回填高度不应小于 0.5m

　　B. 压力管道水压试验合格后，应及时回填其余部分

　　C. 无压管道在闭水或闭气试验合格后应及时回填

　　D. 水压试验前，接口、管道两侧及管顶以上回填高度不应小于 0.5m

　　E. 无压管道在管道验收合格后应及时回填

6. 回填土施工包括（　　）等几个工序。

　　A. 还土　　　　　　B. 摊平　　　　　　C. 夯实

D. 检查　　　　　　　　E. 堵漏

7. 沟槽回填土应做到（　　　）。

A. 不回填大于 100mm 的石块、砖块等杂物

B. 回填时槽内无积水

C. 不得回填淤泥、腐殖土

D. 不得回填冻土

E. 需拌和的回填材料，应在运入沟槽前拌和均匀，不得在槽内拌和

8. 为保证雨季管道施工顺利进行，应采取（　　　）等有效措施。

A. 进入汛期前，应全面勘测施工现场的地形、天然排水系统及原有排水管渠的泄洪能力，结合施工排水要求，制定汛期排水方案

B. 对施工现场较近的原有雨水沟渠进行检查或采取必要的加固防护措施，以防雨水流入施工沟槽、基坑内

C. 雨季施工时，作业面不宜过大，应分段完成，尽可能减少降水对施工的影响

D. 为保证边坡稳定，边坡应放缓一些或加设支撑，并加强对边坡和支撑的检查工作

【参考答案】

E. 雨天应继续土方回填，加快施工进度

项目 5

管道不开槽施工

能力目标

1. 能进行顶管施工的简单计算。
2. 能根据施工图纸和施工实际条件编写顶管工程施工技术交底。

项目导读

本项目主要介绍了顶管法、盾构法、水平定向和导向钻进法等管道不开槽施工的方法，同时以实际工程案例为载体，让读者重点了解了顶管施工技术要求。

任务 5.1　顶管法施工

5.1.1　任务描述

工作任务

具体任务如下。

（1）进行顶管工作井尺寸计算。

（2）进行钢轨内距计算。

（3）进行顶力及后背安全稳定性验算。

（4）进行顶管施工技术交底。

工作手段

《给水排水管道工程施工及验收规范》（GB 50266—2008)等。

成果与检测

（1）每位学生根据组长分工完成部分顶管施工计算及技术交底任务。

（2）采用教师评价和学生互评的方式打分。

5.1.2　相关知识

敷设地下管道，一般采用开槽施工，但穿越铁路、车辆来往频繁的公路、建筑物、河流等障碍物，或在城市干道下铺设时，常常采用不开槽法施工。

与开槽施工相比，管道的不开槽法施工可以大大减少开挖和回填土方量，不拆或少拆地面障碍物，不会影响地面的正常交通，管道不需设置基础和管座，不受季节影响，有利于文明施工。不开槽施工一般适用于非岩性土层，而在岩石层、含水层施工或遇到坚硬地下障碍物时，都需有相应的附加措施。

管道不开槽施工的方法有很多，常用的可归纳为顶管法、盾构法及其他不开槽施工法等。顶管法施工的工作过程如图 5.1 所示，先在顶进管道的一端建一个工作井，在工作井内修筑基础、设置导轨、安装后背和千斤顶，将敷设的管道放在导轨上，管道的最前端安装工具管。顶进前，先在管子前端开挖土方，形成井道，然后操纵千斤顶将管子顶入土中。反复操作，直到顶到设计长度为止。千斤顶支承于后背，后背支承于后座墙，千斤顶的顶力主要克服管壁与土层之间的摩擦阻力和管端切土阻力。

1. 顶管法施工工艺

顶管法敷管的施工工艺类型很多，按照开挖工作面的施工方法，可以分为敞开式和封闭式两种。

1）敞开式施工工艺

敞开式施工工艺一般适用于土质条件稳定，无地下水干扰，工人可以进入工

【参考视频】

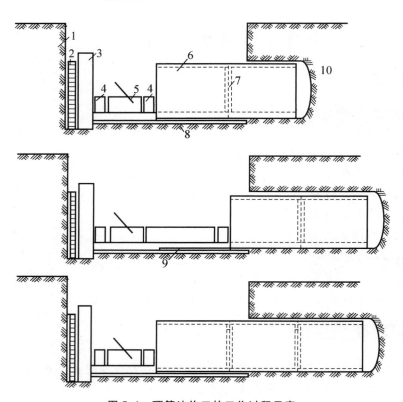

图 5.1　顶管法施工的工作过程示意

1—后座墙；2—后背；3—立铁；4—横铁；5—千斤顶；6—管子；

7—内涨圈；8—基础；9—导轨；10—掘进工作面

作面直接挖掘而不会出现大塌方或涌水等现象。因其工作面常处于开放状态，故也称为开放式施工工艺。

根据工具管的不同，敞开式施工工艺可分为手掘式、挤压式、机械开挖式、挤压土层式顶管。

(1) 手掘式顶管。工人可以直接进入工作面挖掘，施工人员可随时观察土层与工作面的稳定状态，造价低、便于掌握，但效率低，必须将水位降低至管基以下 0.5m 后，方可施工。当土质比较稳定的情况下，首节管可以不带前面的管帽，直接由首节管作为工具管进行顶管施工，也是常用的一种顶管施工方法，称为人工掘进顶管。

(2) 挤压式顶管。挤压式顶管一般适用于大中口径的管道，适宜用于潮湿、可压缩的黏性土、砂性土情况。该方法设备简单、安全，又避免了挖装土的工序，比人工挖掘提高效率 1～2 倍。它是将工作面用胸板隔开后，在胸板上留有一喇叭口形的锥筒，当顶进时将土体挤入喇叭口内，土体被压缩成从锥筒口吐出的条形土柱。待条形土柱达到一定长度后，再将其割断，由运土工具吊运至地面。其结构形式如图 5.2 所示。

(3) 机械开挖式顶管。机械开挖式顶管是在工具管的前方装有由电动机驱动的整体式水平钻机钻进挖土，被挖下来的土体由链带输送器运出，从而代替了人工操作。一般适用于无地下水干扰、土质稳定的黏性土或砂性土层。整体式水平钻机的结构形式如图 5.3 所示。

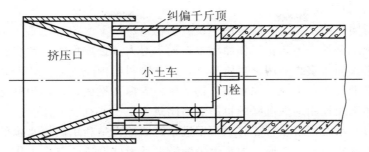

图 5.2 挤压式顶管

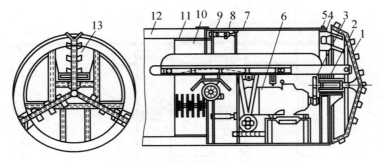

图 5.3 整体式水平钻机

1—机头刀齿架；2—轴承座；3—减速齿轮；4—刮泥板；5—偏心环；6—减速电机；7—机壳；
8—校正千斤顶；9—校正室；10—链带输送器；11—内涨圈；12—管子；13—切削刀齿

（4）挤压土层式顶管。挤压土层式顶管前端的工具管可分为管尖形和管帽形（见图 5.4），仅适用于潮湿的黏土、砂土、粉质黏土中顶距较短的小口径钢管、铸铁管，且对地面变形要求不甚严格的地段。这种工具管安装在被顶管道的前方，顶进时，工具管借助千斤顶的顶力将管子直接挤入土层里，管子周围的土层被挤密实，常引起地面较大的变形。

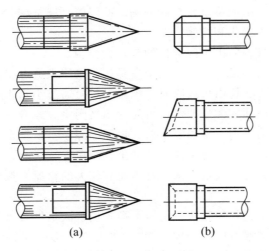

图 5.4 挤压土层式顶管的工具管

（a）管尖形；（b）管帽形

2）封闭式施工工艺

封闭式施工工艺一般适用于土质不稳定、地下水位高，工人不能直接进行开挖的施工条件。为防止工作面塌方、涌水对人身造成危害，常将机头前端的挖掘面与工人操作室之间用密封舱隔开，并在密封舱内充入空气、泥浆、泥水混合物等，借助气压、土压、泥水混合物的压力支撑开挖面，以达到稳定土层、防止塌方、涌水及控制地面沉降的目的。封闭式施工工艺有以下几种。

（1）水力掘进顶管法。水力掘进顶管法挖土是利用高压水枪的射流将顶进前方的土冲成泥浆，再通过泥浆管道输送至地面储泥场。整个工作是由装在混凝土管前端的工具管来完成的，其结构形式如图 5.5 所示。

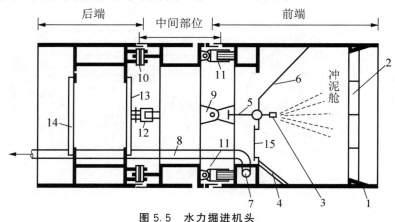

图 5.5 水力掘进机头

1—刃脚；2—网格；3—水枪；4—格栅；5—水枪操作把；6—观察窗；
7—泥浆吸口；8—泥浆管；9—水平铰；10—垂直铰；11—上下纠偏千斤顶；
12—左右纠偏千斤顶；13—气阀门；14、15—大、小水密门

工具管的前端为冲泥舱。掘进时，先开动千斤顶，由刃脚将土切入冲泥舱，然后用人工操纵水枪操作把，将土冲成泥浆。泥浆经过格栅进入真空室由泥浆管吸入工作井，再由泥浆泵排至储泥场。冲泥舱是完全密封的，其上设有观察孔和小密封门，用于操作和维修。

管道的掘进方向由中间部位的校正管控制。

工具管的后端是气闸室。气闸室是作为维修人员进出高压区时的升压和降压之用。当前端工具管出现故障时，维修人员可通过小水密门进入冲泥舱，为防止小水密门打开后涌入大量泥水，可先封闭气闸室，经升压后再进行操作，保证气压和泥水压力的平衡。维修完毕后，再逐渐降压，恢复正常掘进。

水力掘进机头生产效率高，其冲土、排泥连续进行，可改善劳动条件，减轻劳动强度，但需耗用大量的水，且需要有较大的存泥浆场地，故在某些缺水地区受到限制。

（2）土压平衡式顶管法。土压平衡式顶管法是将刀盘切削下来的土、砂中注入流动性和不透水性的"作泥材料"，然后在刀盘强制转动、搅拌下，使切削下来的土变成流动性的、不透水的特殊土体并使之充满密封舱，并保持一定压力来平衡开挖面的土压力。

此法的密封舱设置在工具管的前方，工作人员可在密封舱外，通过操作电控开关来控制刀盘切削和顶进速度，其结构形式如图5.6所示。

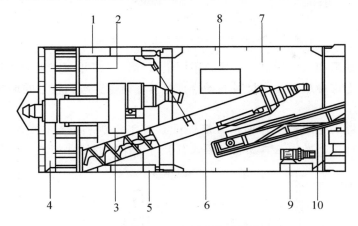

图5.6　土压平衡式机头

1—前端；2—隔板；3—刀盘驱动装置；4—刀盘；5—纠偏油缸；6—螺旋输送器；
7—后端；8—操纵台；9—油压泵站；10—皮带运输机

螺旋输送器的出土量和顶进速度，应与刀盘的切削速度相配合，以保持密封舱内的土压力与开挖面的土压力始终处于平衡状态。

土压平衡式顶管法常用于含水量较高的黏性、砂性土以及地面隆陷值要求控制较严格的地区。

（3）泥水平衡式顶管法。泥水平衡式顶管常用于控制地面变形小于3cm，工作面位于地下水位以下，渗透系数大于10^{-1}cm/s的黏性土、砂性土、粉砂质土的作业条件。其特点是挖掘面稳定，地面沉降小，可以连续出土，但因泥水量大，弃土的运输和堆放都比较困难。

【参考视频】

此法和土压平衡式顶管法一样，都是在前方设有密封舱、刀盘、螺旋输送器等设备。施工时，随着工具管的推进，刀盘不停地转动，进泥管不断地进泥水，而抛泥管则不断地将混有弃土的泥水抛出密封舱。在密封舱内，常采用护壁泥浆来平衡开挖面的土压力，即保持一定的泥水压力，以此来平衡土压力和地下水压力。

管道顶进方法的选择，应根据管道所处土层的性质、管径、地下水位、附近地上与地下建筑物、构筑物和各种设施等因素确定。本章将重点介绍手掘式顶管法的施工工艺。

2. 顶管工作井的布置

顶管工作井又称竖井，是顶管施工起始点、终结点、转向点的临时设施，工作井内安装有导轨、后背及后背墙、千斤顶等设备。

1）工作井的种类及设置原则

根据工作井顶进方向，可分为单向井、双向井、多向井、转向井和交汇井等形式，如图5.7所示。

工作井的位置根据地形、管线位置、管径大小、地面障碍物种类等因素来决定。排水管道顶进的工作井通常设在检查井位置；单向顶进时，应选在管道下游

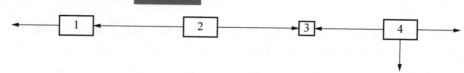

图 5.7 工作井种类

1—单向井；2—双向井；3—交汇井；4—多向井

端，以利排水；根据地形和土质情况，尽量利用原土后背；工作井与穿越的建筑物应有一定的安全距离，并应考虑堆放设备、材料的场所且尽量在离水、电源较近的地方。

2）工作井的尺寸

工作井应具有足够的空间和工作面，方能保证顶管工作顺利进行，其尺寸和管径大小、管节长度、埋置深度、操作工具及后背形式有关。工作井的尺寸如图 5.8 所示。

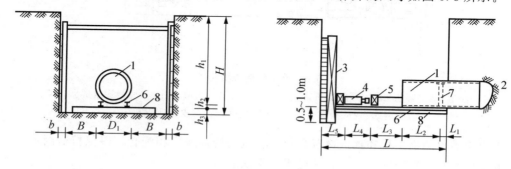

图 5.8 工作井尺寸图

1—管子；2—掘进工作面；3—后背；4—千斤顶；5—顶铁；6—导轨；7—内涨圈；8—基础

（1）工作井的宽度：

$$W = D_1 + 2B + 2b \qquad (5-1)$$

式中　W——工作井底部宽度，m；

　　　D_1——管道外径，m；

$2B + 2b$——管道两侧操作空间及支撑厚度，一般可取 $2.4 \sim 3.2$m。

（2）工作井的长度：

$$L = L_1 + L_2 + L_3 + L_4 + L_5 \qquad (5-2)$$

式中　L——矩形工作井的底部长度，m；

　　　L_1——工具管长度，当采用管道第一节管作为工具管时，钢筋混凝土管不宜小于 0.3m，钢管不宜小于 0.6m；

　　　L_2——管节长度，m；

　　　L_3——出土工作间长度，m；

　　　L_4——千斤顶长度，m；

　　　L_5——顶管后背的厚度，m。

（3）工作井的深度：

当工作井为顶进井时，其深度计算公式为

$$H_1 = h_1 + h_2 + h_3 \qquad (5-3)$$

当工作井为接收井时，其深度计算公式为

$$H_2 = h_1 + h_3 \qquad (5-4)$$

式中　H_1——顶进井地面至井底的深度，m；

　　　H_2——接收井地面至井底的深度，m；

　　　h_1——地面至管道底部外缘的深度，m；

　　　h_2——管道外缘底部至导轨底面的高度，m；

　　　h_3——基础及其垫层的厚度，不应小于该处井室的基础及垫层厚度，m。

3）工作井的施工

工作井的施工方法有以下两种。

一种方法是采用钢板桩或普通支撑，用机械或人工在选定的地点，按设计尺寸挖成，井底用混凝土铺设垫层和基础。该方法适用于土质较好、地下水位埋深较大的情况，顶进后背支撑需要另外设置。

另一种方法是利用沉井技术，将混凝土井壁下沉至设计高度，用混凝土封底。混凝土井壁既可以作为顶进后背支撑，又可以防止塌方。当采用永久性构筑物作工作井时，也可采用钢筋混凝土结构等。

【参考图文】

3．顶进系统

顶进系统由以下几部分组成。

1）基础

工作井的基础形式取决于地基土的种类、管节的轻重及地下水位的高低。一般的顶管工作井，常用的基础形式有三种。

（1）土槽木枕基础。土槽木枕基础适用于地基土承载力大又无地下水的情况。将工作井底平整后，在井底挖槽并埋枕木，枕木上安放导轨并用道钉将导轨固定在枕木上。该基础施工操作简单，用料不多且可重复使用，造价较低。

（2）卵石木枕基础。卵石木枕基础适用于虽有地下水但渗透量不大，而地基土为细粒的粉砂土，为了防止安装导轨时扰动基土，可铺一层卵石或级配砂石，以增加其承载能力，并能保持排水通畅。在枕木间填粗砂找平。这种基础形式简单实用，比混凝土基础造价低，一般情况下可代替混凝土基础。

（3）混凝土木枕基础。混凝土木枕基础适用于地下水位高，地基承载力又差的地方。在工作井浇筑混凝土，同时预埋方木作轨枕。这种基础能承受较大荷载，工作面干燥无泥泞，但造价较高。

2）导轨

导轨设置在基础之上，其作用是引导管子按照设计的中心线和坡度顶进，保证管子在即将顶进土层前位置正确。因此，导轨的安装是保证顶管工程质量的关键一环。

导轨有钢导轨和木导轨两种，施工中应首先选用钢导轨，钢导轨一般采用轻型钢轨，管径较大时，也可采用重型钢轨。

（1）轨距计算。如图 5.9 所示，两根钢轨的距离控制在管径的 $0.45 \sim 0.6$ 倍之间，轨距计算公式为

$$x = 2BK = 2\sqrt{OB^2 - OK^2} = 2\sqrt{\left(\frac{D+2t}{2}\right)^2 - \left(\frac{D+2t}{2} + c - h\right)^2}$$

$$= 2\sqrt{(D+2t)(h-c) - (h-c)^2} \tag{5-5}$$

$$x_0 = a + x = a + 2\sqrt{(D+2t)(h-c) - (h-c)^2}$$

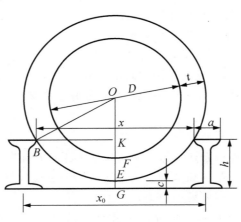

图 5.9　轨距计算图

式中　　D——管子内径，mm；

　　　　t——管壁厚度，mm；

　　　　h——钢导轨高度，mm；

　　　　c——管外壁与基础面的间隙，一般取 30mm；

　　　　x_0——两导轨中距，m；

　　　　a——导轨顶面宽度，m。

（2）导轨的安装。由于导轨是一个定向轨道，其安装质量对管道顶进工作影响很大。一般的导轨都采取固定安装，但有一种滚轮式的导轨，如图 5.10 所示，具有两导轨间距调节，以减少导轨对管子摩擦。适用于钢筋混凝土管顶管和外设防腐层的钢管顶管。

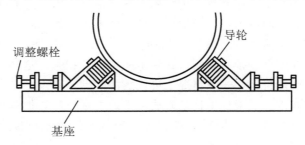

图 5.10　滚轮式导轨

安装后的导轨应当牢固，不得在使用中产生位移；并且要求两导轨应顺直、平行、等高，其纵坡应与管道设计坡度相一致，导轨的安装精度必须满足施工要求。

3）后背与后背墙

后背与后背墙是千斤顶的支撑结构，在管子顶进过程中所受到的全部阻力，可通过千斤顶传递给后背及后背墙。为了使顶力均匀地传递给后背墙，在千斤顶与后背墙之间设置木板、方木等传力构件，称为后背。后背墙应具有足够的强度、刚度和稳定性，当最大顶力发生时，不允许产生相对位移和弹性变形。

常用的后背形式有原土后背墙、人工后背墙等。当土质条件差、顶距长、管径大时，也可采用地下连续墙式后背墙、沉井式后背墙和钢板桩式后背墙。

（1）原土后背墙。后背墙最好采用原土后背墙，这种后背墙造价低、修建方便，适用于顶力较小,土质良好,无地下水或采用人工降低地下水效果良好的情况。一般的黏土、亚黏土、砂土等都可做原土后背墙。

原土后背墙安装时,紧贴垂直的原土后背墙密排 15cm×15cm 或 20cm×20cm 的方木,其宽度和高度不小于所需的受力面积,排木外侧立 2～4 根立铁,放在千斤顶作用点位置,在立铁外侧放一根大刚度横铁,千斤顶作用在横铁上,如图 5.11 所示。

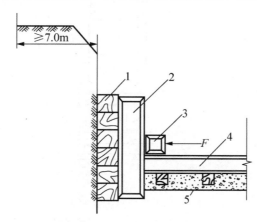

图 5.11　原土后背墙

1—方木；2—立铁；3—横铁；4—导轨；5—基础

(2) 人工后背墙。当无原土作后背墙时,应设计结构简单、稳定可靠、就地取材、拆除方便的人工后背墙。人工后背墙做法很多,其中一种是利用已顶进完毕的管道作后背墙,即修筑跨在管道上的块石挡土墙作为人工后背墙,其结构形式如图 5.12 所示。

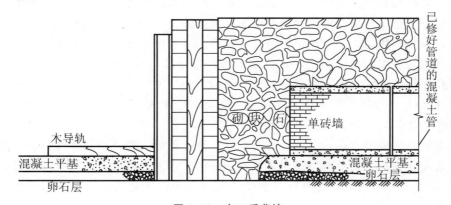

图 5.12　人工后背墙

4) 顶进设备

顶进设备主要包括千斤顶、高压油泵、顶铁、下管及运土设备等。

(1) 千斤顶和油泵。千斤顶又称为"顶镐",是掘进顶管的主要设备,目前多采用液压千斤顶。千斤顶在工作井内常用的布置方式为单列、并列和环周等形式,如图 5.13 所示。当采用单列布置时,应使千斤顶中心与管中心的垂线对称;采用并列或环周布置时,顶力合力作用点与管壁反作用力合力作用点应在同一轴线上,防止产生顶进力偶,造成顶进偏差。根据施工经验,采用人工挖土时,若管上半部管壁与土壁有间隙时,千斤顶的着

力点作用在垂直直径的 1/4～1/5 处为宜。

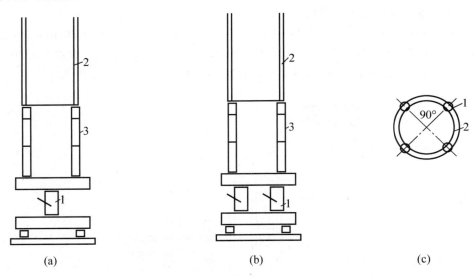

图 5.13　千斤顶布置方式

(a) 单列式；(b) 并列式；(c) 环周式

1—千斤顶；2—管子；3—顺铁

油泵宜设在千斤顶附近，油路应顺直、转角少；油泵应与千斤顶相匹配，并应有备用油泵。油泵安装完毕，应进行试运转。

（2）顶铁。顶铁是为了弥补千斤顶行程不足而设置的，是管道顶进时，在千斤顶与管道端部之间临时设置的传力构件。其作用是将千斤顶的合力通过顶铁比较均匀地分布在管端；同时也是调节千斤顶与管端之间的距离，起到伸长千斤顶活塞的作用。因此，顶铁两面要平整，厚度要均匀，要有足够的刚度和强度，以确保工作时不会失稳。

顶铁是由各种型钢拼接制成，有 U 形、弧形和环形几种，如图 5.14 所示。其中 U 形顶铁一般用于钢管顶管，使用时开口朝上，弧形内圆与顶管的内径相同；弧形顶铁使用方式与 U 形相似，一般用于钢筋混凝土管顶管；环形顶铁是直接与管段接触的顶铁，它的作用是将顶力尽量均匀地传递到管段上。

顶铁与管口之间的连接，无论是混凝土管还是金属管，都应垫以缓冲材料，使顶力比较均匀地分布在管端，避免应力集中对管端的损伤。当顶力较大时，与管端接触的顶铁应采用 U 形顶铁或环形顶铁，以使管端承受的压力低于管节材料的允许抗压强度。缓冲材料一般可采用油毡或胶合板。

（3）下管和运土设备。工作井的垂直运输设备是用来完成下管和出土工作的。运输方法应根据施工具体情况而定，通常采用三脚架配电葫芦、龙门吊、汽车吊和轮式起重机等。

5）顶力计算

顶管施工时，千斤顶的顶力要克服管外壁与土之间的摩擦力和首节管（或工具管）管端的切土阻力才能把管子顶向前进。千斤顶的工作顶力为

$$W = K'(W_1 + W_2)$$
$$= K'\left[f(2P_v + 2P_H + 2P_B) + RA\right] \tag{5-6}$$

式中　W_1——管外壁与土之间的摩擦力，t；

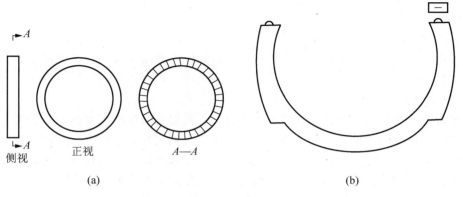

图 5.14 顶铁

（a）环形顶铁；（b）U 形顶铁

W_2——管端的切土阻力，t；

K'——安全系数，一般取 1.1～1.2；

P_v——管顶上的垂直土压力，t；

P_H——管侧的侧土压力，t；

P_B——全部欲顶进管子的重量，t；

f——管壁与土之间的摩擦因数，见表 5-1；

R——管端刃脚阻力，t/m²，见表 5-2；

A——刃脚正面积，m²；

表 5-1 摩擦因数

土的种类	钢筋混凝土管			钢管		
	干燥	湿润	一般值	干燥	湿润	一般值
软土		0.20	0.20		0.20	0.20
黏土	0.40	0.20	0.30	0.40	0.20	0.30
砂质黏土	0.45	0.25	0.35	0.38	0.32	0.34
粉土	0.45	0.30	0.38	0.45	0.30	0.37
砂土	0.47	0.35	0.40	0.48	0.32	0.39
砂砾土	0.50	0.40	0.45	0.50	0.50	0.50

表 5-2 管端刃脚阻力

工作面上的操作方法		$R/(t \cdot m^{-2})$
工作面的土稳定，先挖成洞再顶进		0
首节管钢刃脚贯入后再挖土	砂黏土	50～55
	砾石土	150～170
管道装钢刃脚挤压顶进	砂黏土含水量 40%	20～25
	砂黏土含水量 30%	50～60

4．顶管施工接口

1）钢管接口

钢管接口一般采用焊接接口。顶进钢管采用钢丝网水泥砂浆和肋板保护层时，焊接后应补做焊口处的外防腐处理。

2）钢筋混凝土管接口

钢筋混凝土管接口分为刚性接口与柔性接口。采用钢筋混凝土管时，在管节未进入土层前，接口外侧应垫以麻丝、油毡或木垫板，管口内侧应留有 10～20mm 的空隙。顶紧后两管间的空隙宜为 10～15mm；管节入土后，管节相邻接口处安装内涨圈时，应使管节接口位于内涨圈的中部，并将内涨圈与管端之间的缝隙用木楔塞紧。

钢筋混凝土管常用钢涨圈接口、企口接口、T 形接口等几种方式进行连接。

（1）钢涨圈连接。钢涨圈连接常用于平口钢筋混凝土管。管节稳好后，在管内侧两管节对口处用钢涨圈连接起来，形成刚性口，以避免顶进过程中产生错口。钢涨圈是用厚8mm 左右的钢板卷焊成圆环，宽度为 300～400mm。环的外径小于管内径 30～40mm。连接时将钢涨圈放在两管节端部接触的中间，然后打入木楔，使钢涨圈下方的外径与管内壁直接接触，待管道顶进就位后，将钢涨圈拆除，内管口处用油麻、石棉水泥填打密实，如图 5.15 所示。

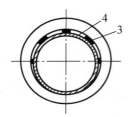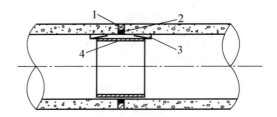

图 5.15　钢涨圈连接

1—麻辫；2—石棉水泥；3—木楔；4—钢涨圈

（2）企口连接。企口连接通常可以采用刚性接口和柔性接口，如图 5.16、图 5.17 所示。采用企口连接的钢筋混凝土管不宜用于较长距离的顶管。

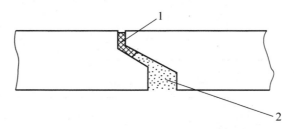

图 5.16　刚性企口连接

1—油毡；2—石棉水泥或膨胀水泥砂浆

（3）T 形接口。T 形接口的做法是在两管段之间插入一钢套管，钢套管与两侧管段的插入部分均有橡胶密封圈，如图 5.18 所示。

采用 T 形钢套环橡胶圈防水接口时，混凝土管节表面应光洁、平整，无砂眼、气泡，

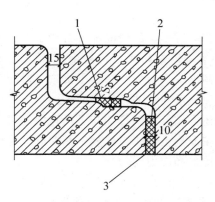

图 5.17　柔性企口连接
1—橡胶圈；2—垫片；3—水泥砂浆

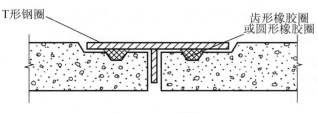

图 5.18　T 形接口

接口尺寸符合规定；橡胶圈的外观和断面组织应致密、均匀，无裂缝、孔隙或凹痕等缺陷，安装前应保持清洁，无油污，且不得在阳光下直晒；钢套环接口无疵点，焊接接缝平整，肋部与钢板平面垂直，且应按设计规定进行防腐处理；木衬垫的厚度应与设计顶力相适应。

5. 顶进

管道顶进一般是由下游向上游顶进，过程包括挖土、顶进、测量、纠偏等工序，从管节位于导轨上开始顶进起至完成这一顶管段止，始终合理控制这些工序，就可保证管道的轴线和高程的施工质量。开始顶进的质量标准为：轴线位置 3mm，高程 0～+3mm。

1）挖土

管前挖土是保证顶进质量及防止地面沉降的关键。由于管子在顶进中是顺着已挖好的土壁前进的，所以管前挖土的方向和开挖形状，直接影响顶进管位的正确性，因此管前周围超挖应严格控制。在允许超挖的稳定土层中正常顶进时，管端上方允许有≤15mm 的空隙，以减少顶进阻力。管端下部 135°中心角范围内不得超挖，保持管壁与土壁相平，也可以留 10mm 厚土层不挖，在管子顶进时切去，防止管端下沉。在不允许顶管上部土下沉地段如铁路、重要建筑物等，顶进时，管周围一律不准超挖。

管前挖土深度，应视土质情况和千斤顶的工作行程而定，一般为千斤顶的出镐长度。如果超挖过大，土壁开挖形状不易控制，容易引起管位偏差和上方土坍塌。特别对松软土层，应对管顶上部土进行加固，或在管前安装管檐。操作人员工作时，要警惕土方坍塌伤人。

管前挖出的土应及时外运，一般通过管内水平运输和工作井的垂直提升送到地面。

2）顶进

顶进是利用千斤顶出镐在后背不动的情况下，将管子推入土中。其操作过程如下。

（1）安装 U 型顶铁或环形顶铁并挤牢，待管前挖土满足要求后，启动油泵，操纵控制阀，使千斤顶进油，活塞伸出一个行程，将管子推进一段距离。

（2）操纵控制阀，使千斤顶反向进油，活塞回缩。

（3）安装顶铁，重复上述操作，直到管端与千斤顶之间可以放下一节管子为止。

（4）卸下顶铁，下管，在混凝土管接口处放一圈油麻、橡胶圈或其他柔性材料，管口内侧留有适当间隙，以利于接口和应力均匀。

（5）在管内口安装内涨圈。如设计有外套环时，可同时安装外套环。

（6）重新装好 U 型顶铁或环形顶铁，重复上述操作。

顶进时应遵照"先挖后顶，随挖随顶"的原则，连续作业，尽量避免中途停止。工程实践证明，在黏性土层中顶进时，因某种原因使连续施工中断，重新起顶时，顶力将会增加 50%～100%。但在饱和砂土中顶进中断后，重新起顶时，顶力会比中断前的顶力小。这一点施工中应引起注意。

另外在管道顶进中，若发现管前方坍塌，后背倾斜、偏差过大或油泵压力表指针骤增等情况，应停止顶进，查明原因，排除障碍后再继续顶进。

3）测量

顶管施工时，为了使管节按设计的方向顶进，除了在顶进前精确地安装导轨、修筑后背及布置顶铁，还应在管道顶进的全部过程中控制工具管前进的方向，这些都需要通过测量来保证。

管道顶进过程中，应对工具管的中心和高程进行测量。测量工作应及时、准确，以便管节正确地就位于设计的管道轴线上。测量工作应频繁地进行，以便及时发现管道的偏移。当第一节管就位于导轨上以后立即进行校测，符合要求后开始进行顶进。一般在工具管刚进入土层时，应加密测量次数。常规做法每顶进 30cm，测量不少于 1 次，进入正常顶进作业后，每顶进 100cm 测量不少于 1 次；每次测量都以测量管子的前端位置为准。

一般情况下，可用水准仪进行高程测量，经纬仪进行轴线测量，采用垂球进行转动测量。较先进的测量方法有激光经纬仪测量（见图 5.19）。测量时，在工作井内安装激光发射器，按照管线设计的坡度和方向将发射器调整好，同时管内装上接收靶，靶上刻有尺度线，如图 5.20 所示。

当顶进的管道与设计位置一致时，激光点直射靶心，说明顶进质量良好，没有偏差。全段顶完后，应在每个管节接口处测量其轴线位置和高程；有错口时，应测出相对高差。测量记录应完整、清晰。

4）纠偏

在顶管过程中，如发现首节管子发生偏斜，必须及时给予纠正，否则偏斜就会越来越严重，甚至发展到无法顶进的地步。出现偏斜的主要原因有管节接缝断面与管子中心线不垂直，工具管迎面阻力的分布不均，多台千斤顶顶进时出镐不同步等。工程中通常采用以下方法进行纠偏校正。

（1）挖土校正法。一般顶进偏差值较小时可采用此法。当管子偏离设计中心一侧时，可在管子中心另一侧适当超挖，而在偏离一侧少挖或留台，这样继续顶进时，借预留的土

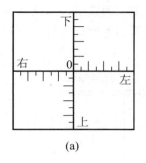
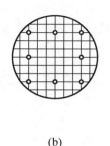

(a)   (b)

图 5.19　接收靶

（a）方形靶；（b）装有硅光电池的圆形靶

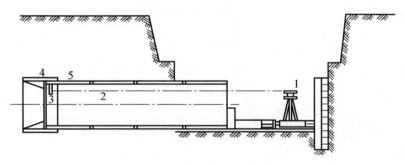

图 5.20　激光测量

1—激光经纬仪；2—激光束；3—激光接收靶；4—刃角；5—管节

体迫使管端逐渐回位。该法多用于黏土或地下水位以上的砂土中，如图 5.21 所示。

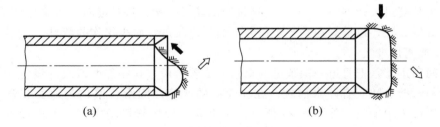

(a)   (b)

图 5.21　挖土校正法

（a）管内挖土校正；（b）管外挖土校正

⇑校正阻力；⬆校正方向

　　根据施工部位的不同，挖土校正法可分为管内挖土校正和管外挖土校正两种。当采用管内挖土校正时，开挖面一侧保留土体，另一侧开挖，顶进时土体的正面阻力移向保留土体的一侧，管道向该侧校正。如采用管外挖土校正，则管内的土被挖净，并挖出刃口，管外形成洞穴。洞穴的边缘，一边在刃口内侧，一边在刃口外侧，顶进时管道顺着洞穴方向移动。

　　（2）斜撑校正法。当偏差较大或采用挖土校正无效时，可采用斜撑校正法，如图 5.22 所示，用圆木或方木，一端顶在偏斜反向的管子内壁上，另一端支撑在垫有木板的管前土层上。开动千斤顶，利用顶木产生的分力使管子得到校正。此法也适合管子错口的校正。

（3）衬垫校正法。对于在淤泥或流砂地段施工的管子，因地基承载力较弱，经常出现管子"低头"现象，这时可在管底或管子一侧添加木楔，使管道沿着正确的方向顶进，如图 5.23 所示。

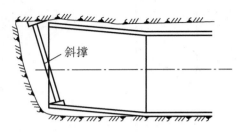

图 5.22 斜撑校正法

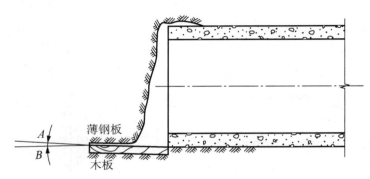

图 5.23 衬垫校正法

6. 长距离顶管措施

顶管中，一次顶进长度受管材强度、顶进土质、后背强度及顶进技术等因素限制，一般一次顶进长度最大达 60～100m。当顶进距离超过一次顶进长度时，可采用中继间顶进、触变泥浆套等方法，以提高在一个工作井内的顶进长度，减少工作井数目。

1）中继间顶进法

中继间顶进就是把管道一次顶进的全长分成若干段，在相邻两段之间设置一个钢制套管，套管与管壁之间应有防水措施，在套管内的两管之间沿管壁均匀地安装若干个千斤顶，该装置称为中继间，如图 5.24 所示。中继间以前的管段用中继间顶进设备顶进，中继间以后的管段由工作井的主千斤顶顶进。如果一次顶进距离过长，可在顶段内设几个中继间，这样可在较小顶力条件下，进行长距离顶管。

采用中继间顶管时，顶进一定长度后，即可安设中继间，之后继续顶进。当工作井主千斤顶难以顶进时，开动中继间千斤顶，以后边管子为后背，向前顶进一个行程，然后开动工作井内的千斤顶，使中继间后面的管子和中继间一同向前推进一个行程。而后再开动中继间千斤顶，如此连续循环操作，完成长距离顶进。

管道就位以后，应首先拆除第一个中继间，开动后面的千斤顶，将中继间空档推拢，接着拆第二个、第三个，直到把所有中继间空档都推拢后，顶进工作方告结束。

中继间的特点是减少顶力效果显著，操作机动灵活，可按照顶力大小自由选择，分段接力顶进，但也存在设备较复杂、加工成本高、操作不便及工效低等不足。

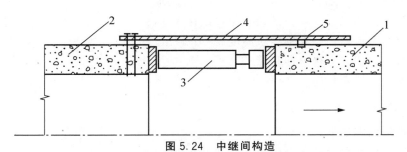

图 5.24 中继间构造

1—前管；2—后管；3—千斤顶；4—中继间外套；5—密封环

2）触变泥浆套法

触变泥浆套法是将触变泥浆注入所顶进管子四周，形成一个泥浆套层，用以减小顶进的管子与土层的摩擦力，并能防止土层坍塌。一次顶进距离可比非泥浆套顶进增加 2～3 倍。长距离顶管时，常和中继间配合使用。

触变泥浆是由膨润土加一定比例的碱（一般为 Na_2CO_3）、化学浆糊、高分子化合物及水配制而成。膨润土是触变泥浆的主要成分，它有很大的膨胀性，很高的活性、吸水性和基因的交换能力。碱主要是提供离子，促使离子交换，改变黏土颗粒表面的吸附层，使颗粒高度分散，从而控制触变泥浆。

一般触变泥浆由搅拌机械拌制后储于储浆罐内，由泵加压，经输泥管输送到工具管的泥浆封闭环内，再由封闭环上开设的注浆孔注入到井壁与管壁间的孔隙中，形成泥浆套，如图 5.25 所示。工具管应具有良好的密封性，防止泥浆从工具管前端漏出。

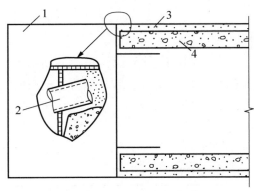

图 5.25 注浆装置

1—工具管；2—注浆孔；3—泥浆套；4—混凝土管

在长距离或超长距离顶管中，由于施工工期较长，泥浆的失水将会导致触变泥浆失效，因此必须从工具管开始每隔一定距离设置补浆孔，及时补充新的泥浆。管道顶进完毕后，拆除注浆管路，将管道上的注浆孔封闭严密。

5.1.3 案例示范

1. 案例描述

完成污水管道 W47－W48 顶管施工计算及技术交底，具体任务如下。

【参考视频】

（1）进行顶管工作井尺寸计算，已知工作井设在 W48 处。

（2）进行钢轨内距计算，已知钢导轨高度 $h=0.17\mathrm{m}$。

（3）进行顶力及后背安全稳定性验算。

（4）进行顶管施工技术交底。

2. 案例分析与实施

案例分析与实施内容如下。

（1）进行顶管工作井尺寸计算，已知工作井设在 W48 处。

① 工作井的宽度：

$$W=D_1+2B+2b=(0.93+2.4)\mathrm{m}=3.33\mathrm{m}$$

其中，管道外径 D_1 为 930mm；管道两侧操作空间及支撑厚度 $2B+2b$ 取 2.4m。

② 工作井的长度：

$$L=L_1+L_2+L_3+L_4+L_5=(0.3+3.0+1.0+1.0+0.5)\mathrm{m}=5.8\mathrm{m}$$

其中，工具管长度 L_1 取 0.3m；管节长度 L_2 取 3.0m；出土工作间长度 L_3 取 1.0m；千斤顶长度 L_4 取 1.0m；顶管后背的厚度 L_5 取 0.5m。

③ 工作井的深度：

$$H_1=h_1+h_2+h_3=5.559+0.5+0.2=6.259\mathrm{m}$$

其中，$h_1=$ 地面标高－管内底标高＋管壁厚$=(2.530+2.379+0.65)\mathrm{m}=5.559\mathrm{m}$；管道外缘底部至导轨底面的高度 h_2 取 0.5m；基础及其垫层的厚度 h_3 取 0.2m。

（2）进行钢轨内距计算，已知钢导轨高度 $h=0.17\mathrm{m}$，则

$$x=2BK=2\sqrt{QB^2-OK^2}=2\sqrt{\left(\frac{D+2t}{2}\right)^2-\left(\frac{D+2t}{2}+c-h\right)^2}$$
$$=2\sqrt{(D+2t)(h-c)-(h-c)^2}$$
$$=2\sqrt{0.93\times(0.17-0.03)-(0.17-0.03)^2}\,\mathrm{m}=0.665\mathrm{m}$$

其中，$D+2t=930\mathrm{mm}$；钢导轨高度 h 取 0.17m；管外壁与基础面的间隙 c 取 0.03m。

（3）进行顶力及后背安全稳定性验算。

（略）

（4）顶管施工技术交底，如下所示。

顶管施工技术交底

技术交底记录		编号	
工程名称	×××路污水管道工程		
分部工程名称	非开槽主体结构	分项工程名称	污水管道顶管施工
施工单位	×××市政工程公司	交底日期	××年×月×日
交底内容： 污水管道工程采用 $D800\mathrm{mm}$ 钢筋混凝土企口管，管长 $L=69.3\mathrm{m}$，坡度 $i=1.0$‰；人工掘进顶管地段地层土质为黏土、亚黏土。			

1. 作业条件

(1) 顶管工作坑、导轨及顶进设备安装、调试完成并验收合格。

(2) 管材进场检验、复试合格。

(3) 在工作坑内定出管中心线。

2. 施工方法、工艺

1) 首节管就位

第一节管子下到导轨上，测量管子中心及前端和后端的管底高程，确认安装合格后顶进，并始终保证第一节管作为工具管的顶进方向与高程的准确。为减少摩擦力，管子外皮在就位前涂石蜡一层。

2) 管前挖土

在工具管前端安装长度 1～1.5m 帽檐，将帽檐顶入土层后，在帽檐下挖土作业。此次顶管施工严格控制在 30mm 管幅内挖土，不得超前挖土，出现偏差后有现场主任工程师同有关人员协商后研究，采取纠偏方法，其余人不得擅动。每挖进 30mm，即顶进一次。

3) 顶进

顶进开始时，缓慢进行，待各接触部位密合后再顶进；顶进中若发现油压突然增高，应立即停止顶进，检查原因并经处理后方可继续顶进；千斤顶活塞退回时，油压不得过大，速度不得过快；管内掏挖时如发现有雨污水渗漏现象，立即停止掏挖，采取补救，保证施工安全；挖土的土方及时外运，及时顶进，使顶力限制在较小的范围内。

管道顶进应连续作业，如果在顶进过程中遇下列情况时，应暂停顶进，并应及时处理：

(1) 工具管前方遇到障碍；

(2) 后背墙变形严重；

(3) 顶铁发生扭曲现象；

(4) 管位偏差过大且校正无效；

(5) 顶力超过管端的允许顶力；

(6) 油泵、油路发生异常现象；

(7) 接缝渗漏泥浆。

4) 测量

(1) 由项目部测量人员提供水准点高程和管线中心位置，在工作坑内定出管中心线，高程要求设置 2 个临时水准点。

(2) 施工人员水准点复核，对工作坑内 2 个水准点进行闭合测量，闭合公差应不大于 $\pm 12\sqrt{L}$。

(3) 管道中心控制：中心复测合格后，及时设置中心线控制桩(点)，做明显标志。

(4) 管道高程控制：水准点复测合格后，应设一临时水准点供顶管施工中使用，该临时水准点应设在原建筑、桥或电线杆上，以防止水准点下沉。

(5) 对中心、高程复测：顶管施工开始后，每天复测工作坑内中心线和高程桩一次，以防顶管反作用力使井中心偏移。

(6) 顶进高程测量用水准仪，正常情况下，每 1000mm 测量一次，在顶进第一节管和纠偏时，每顶进 200mm 测量一次，以便及时掌握纠偏情况。

(7) 中心测量采用经纬仪，每天校核中心线 1～2 次。

5) 纠偏

顶管误差纠偏应逐步进行，使管子缓缓复位，不能猛纠硬调。具体做法如下。

(1) 挖土校正法。一般顶进偏差值较小时可采用此法。当管子偏离设计中心一侧时，可在管子中心另一侧适当超挖，而在偏离一侧少挖或留台，这样继续顶进时，借预留的土体迫使管端逐渐回位。

（2）斜撑校正法。当偏差较大或采用挖土校正无效时，可采用斜撑校正法，如图 5.26 所示，用圆木或方木，一端顶在偏斜反向的管子内壁上，另一端支撑在垫有木板的管前土层上。开动千斤顶，利用顶木产生的分力使管子得到校正。此法也适合管子错口的校正。

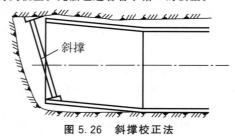

图 5.26　斜撑校正法

6）顶管接口

企口插口管接口处采用橡胶垫、橡胶圈、嵌缝材料、聚氨酯密封膏密封，具体做法如图 5.27 所示。

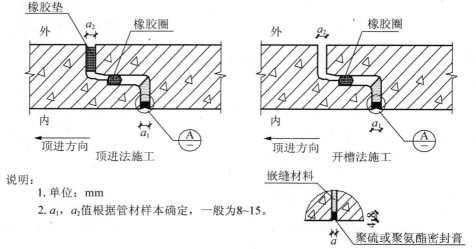

说明：

1. 单位：mm
2. a_1，a_2 值根据管材样本确定，一般为 8～15。

图 5.27　混凝土管企口接口做法

7）填充注浆

在管上顶 120° 范围内均匀设置 3 个注浆孔，并在注浆孔管道上设置压力表；采用水灰比为 1∶0.5 的水泥浆液，压力从 0.1MPa 开始加压，逐步升至控制压力 0.2MPa；逐孔注浆，水泥浆液需搅拌均匀，无结块，无杂物，注浆结束后，要及时清理注浆设备，以防堵塞。

3. 质量要求

（1）顶管施工下管前应对管子进行外观检查，主要检查管子有无破损及纵向裂缝；端面要平直；管壁无坑陷或鼓泡，管壁应光洁。

（2）接口必须密实、平顺、不脱落；内涨圈中心应对正管缝，填料应密实均匀。

（3）管内无泥土、石子、砂浆、砖块、木块等杂物；管外壁与土体间的间隙填充处理完毕。

（4）顶管施工贯通后管道的允许偏差见表 5-3。

续表

表5-3 顶管施工允许偏差表

序号	检查项目	允许偏差/mm	检验频率		检验方法
			范围	点数	
1	中线位移	≤30	每节管	1点	用经纬仪或挂中线测量
2	管内底高程	+10，−20			用水准仪或水平仪测量
3	相邻管间错口允许偏差	≤10	每接口		用尺量

4. 安全文明施工措施

(1) 安全防护重点是防范高空(深井)坠落，落物伤人及触电。

(2) 施工组织人员在下达生产任务的同时，必须向操作人员进行书面和口头安全交底。

(3) 所有参施人员都必须进行生产安全知识培训，特种作业人员持证上岗，认真执行安全技术规范及有关规定。

(4) 顶进施工时严禁超挖，遇土质较好时每30cm顶进一道，土质较差时每20cm顶进一道，对地下障碍物要提前报告项目部管理人员。

(5) 现场施工临时用电要严格执行有关规定，不得影响施工和存在隐患。用电线路必须采用三相五线制，两级漏电保护，电器机械设备设专职人员负责。

(6) 工作坑设围挡，上、下使用坚固爬梯，夜间设标志灯，操作人员必须戴安全帽，管内照明必须用36V以下低压照明。

(7) 提升设备作业时严禁坑下站人，顶进过程中顶镐两侧不得站人，操作人员必须密切注意表压变化，做好记录。

(8) 建立健全严格的规章制度和交接班制度，每班均应填写记录，交接的同时要检查机械、吊具、电气设备等是否运转正常，符合安全规定。

(9) 吊装时井下不许站人，下管时当管距井底0.5m时要去人扶管。

(10) 在顶管工程中要设专人定期进行检查，对违反安全生产的一切现象有权进行停工整顿。

审核人	交底人	接收交底人
×××	×××	×××

习 题

一、判断题

1. 顶管施工适用范围很广，几乎适用于除岩石以外的所有土质。　　　　　　　（　　）

2. 长距离顶管常用加大千斤顶顶力的方法使其顶进。　　　　　　　　　　　　（　　）

3. 顶管时，导轨的作用是保证管子在顶进过程中保持正确位置。　　　　　　　（　　）

4. 顶管时，发生上下、左右偏差的主要原因是千斤顶的顶力过大。　　　　　　（　　）

5. 顶管施工的千斤顶位置设置在管断面的中心处。　　　　　　　　　　　　　（　　）

6. 顶管时管接口处的钢涨圈是防止顶进过程中管接口发生损坏而设置的。　　　（　　）

二、单项选择题

1. 不开槽施工一般适用于(　　　)。

A. 黏土　　　　　　B. 亚黏土　　　　　C. 沙质黏土　　　　　D. 所有非岩性土

2. 顶管导轨的主要作用是（　　　）。

A. 支撑管子　　　　　　　　　　B. 支撑千斤顶

C. 支撑横铁　　　　　　　　　　D. 引导管子按设计的中心线和坡度顶入土中

3. 顶管导轨的主要作用是引导管子按设计的中心线和坡度顶入土中，（　　　）。

A. 保证管子顶入土中位置正确

B. 保证管子顶入土中前的位置正确

C. 保证管子将要顶入土中前的位置正确

D. 保证管子位置始终正确

4. 顶管中线水平偏差矫正，最常用（　　　）方法纠正。

A. 千斤顶　　　　B. 斜撑　　　　　C. 挖土　　　　　D. 斜撑加千斤顶

5. 顶管产生高程偏差的原因很多，归根结底还是（　　　）。

A. 在弱土层中或流沙层内顶进管端容易下陷

B. 机械掘进机头重量会使管头下陷

C. 管前端堆土过多使管端下陷

D. 顶力作用点不在摩擦阻力同一直线上产生力偶

6. 不开槽管道施工，当周围环境要求控制地层变形、或无降水条件时，宜采用（　　　）。

A. 浅埋暗挖　　　　　　　　　　B. 定向钻

C. 夯管　　　　　　　　　　　　D. 封闭式的土压平衡或泥水平衡顶管机施工

7. 普通顶管法施工时工作坑的支撑应形成（　　　）。

A. 一字撑　　　　B. 封闭式框架　　　C. 横撑　　　　　D. 竖撑

8. 以下不符合顶管顶进工作井内布置及设备安装、运行规定的是（　　　）。

A. 导轨应采用钢制材料，其强度和刚度应满足施工要求

B. 导轨安装的坡度应与设计坡度一致

C. 顶铁与管端面之间应采用缓冲材料衬垫

D. 作业时，作业人员应在顶铁上方观察有无异常情况

9. 挤压（土层）式顶管是一种（　　　）的顶管施工。

A. 完全不出土　B. 完全少出土　　C. 不出土或少出土　D. 出土很多

10. 手掘式顶管法导轨安装纵坡应与（　　　）相一致。

A. 现况地面坡度　　　　　　　　B. 管道设计坡度

C. 顶管坑槽底坡度　　　　　　　D. 安全梯坡度

11. （　　　）是顶管施工起始点、终结点、转向点的临时设施，其内安装有导轨、后背及后背墙、千斤顶等设备。

A. 单向坑　　　　B. 工作坑　　　　C. 多向坑　　　　D. 接收坑

12. （　　　）的作用是引导管子按照设计的中心线和坡度顶进，保证管子在即将顶进土层前位置正确。

A. 后背　　　　　B. 基础　　　　　C. 管前挖土　　　D. 导轨

三、多项选择题

1. 不开槽施工方法主要可分为（　　　）等。

A. 人工掘进顶管   B. 机械或水力掘进顶管

C. 水下顶管   D. 不出土挤压顶管

E. 盾构掘进衬砌成型

2. 顶管导轨安设时要计算两导轨间的间距，计算时与以下因素有关（   ）。

A. 管道内径   B. 管壁厚度

C. 导轨高度   D. 导轨长度

E. 管底外壁与基础顶面的间隙

3. 顶管时的顶力为（   ）乘以一定的安全系数。

A. 管外壁与土之间的摩擦力   B. 管外壁与导轨之间的摩擦力

C. 横铁与导轨之间的摩擦力   D. 挡圈与导轨之间的摩擦力

E. 管端切土阻力

4. 常用不开槽管道施工方法有（   ）等。

A. 顶管法   B. 盾构法   C. 水平定向钻进法

D. 螺旋钻法   E. 夯管法

5. 顶管顶进方法的选择，应根据工程设计要求、工程水文地质条件、周围环境和现场条件，经技术经济比较后确定，并应符合下列规定：（   ）。

A. 采用敞口式（手掘式）顶管时，应将地下水位降至管底以下不小于 0.5m 处，并应采取措施，防止其他水源进入顶管的管道

B. 当周围环境要求控制地层变形或无降水条件时，宜采用封闭式的土压平衡或泥水平衡顶管机施工

C. 穿越建（构）筑物、铁路、公路、重要管线和防汛墙等时，应制订相应的保护措施

D. 根据工程设计、施工方法、工程和水文地质条件，对邻近建（构）筑物、管线，应采崩土体加固或其他有效的保护措施

E. 大口径的金属管道，当无地层变形控制要求且顶力满足施工要求时，可采用一次顶进的挤密土层顶管法

6. 手掘式顶管法的导轨安装应牢固、平行、（   ），其纵坡应与管道设计坡度相一致。

A. 顺直   B. 清洁   C. 等高

D. 选用适当的支撑材料   E. 防腐处理

7. 以下关于排水管道顶进工作坑的叙述，正确的是（   ）。

A. 排水管道顶进的工作坑通常设在检查井位置

B. 单向顶进时，应选在管道下游端，以利排水

C. 根据地形和土质情况，尽量利用原土后背不变

D. 工作坑与穿越的建筑物应有一定的安全距离，并应考虑堆放设备、材料的场所且尽量在离水电源较近的地方

E. 单向顶进时，应选在管道上游端，以方便顶进

8. 管道顶进方法的选择，应根据管道所处土层的性质、（   ）和各种设施等因素确定。

A. 管径　　　　　　　　　B. 附近地上与地下建筑物

C. 操作人员熟练程度　　　D. 工程质量等级

E. 地下水位

任务 5.2　其他不开槽法施工

5.2.1　任务描述

工作任务

具体任务如下：了解其他不开槽法施工工艺，进行定向钻铺管施工安全技术交底。

工作手段

《给水排水管道工程施工及验收规范》（GB 50268—2008）、非开挖工程技术网（http：//www.trenchless.cn/）。

成果与检测

（1）每位学生根据组长分工完成施工技术交底任务。

（2）采用教师评价和学生互评的方式打分。

5.2.2　相关知识

1. 盾构法施工

盾构是集地下掘进和衬砌为一体的施工设备，广泛用于地下管沟、地下隧道、水底隧道、城市地下综合管廊等工程。

盾构施工时，先在某段管段的首尾两端各建一个竖井，然后把盾构从始端竖井的开口处推入土层，沿着管道的设计轴线，在地层中向尾端接受竖井中不断推进。盾构借助支撑环内设置的千斤顶提供的推力不断向前移动。千斤顶推动盾构前移，千斤顶的反力由千斤顶传至盾构尾部已拼装好的预制管道的管壁上，继而再传至竖井的后背上。当砌完一环砌块后，以已砌好的砌块作后背，由千斤顶顶进盾构本身，开始下一环的挖土和衬砌。

盾构法施工的主要优点如下。

（1）盾构施工时所需要顶进的是盾构本身，故在同一土层中所需顶力为一常数，因此盾构法施工不受顶进长度限制。

（2）盾构断面形状可以任意选择，而且可以形成曲线走向。

（3）操作安全，可在盾构结构的支撑下挖土和衬砌。

（4）可严格控制正面开挖，加强衬砌背面空隙的填充，可控制地表的沉降。

1）盾构构造

盾构是一个钢质的筒状壳体，共分三部分，前部为切削环，中部为支撑环，尾部为衬砌环，如图 5.28 所示。

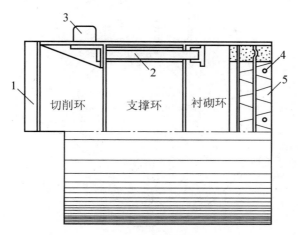

图 5.28　盾构构造

1—刀刃；2—千斤顶；3—导向板；4—灌浆口；5—砌块

（1）切削环。切削环位于盾构的最前端，其前面为挖土工作面，对工作面具有支撑作用。同时切削环也可作为一种保护罩，是容纳作业人员挖土或安装挖掘设备的部位。为了便于切土及减少对地层的扰动，在它的前端通常做成刃口型。

盾构开挖分为开放式和密封式。当土质稳定，无地下水时，可用开放式盾构；而对松散的粉细砂，液化土等不稳定土层时，应采用封闭式盾构；当需要对工作面支撑时，可采用气压盾构或泥水加压盾构，这时在切削环与支撑环之间需用密封隔板分开。

（2）支撑环。支撑环位于切削环之后，处于盾构中间部位，是盾构结构的主体，承受着作用在盾构壳上的大部分土压力，在它的内部，沿壳壁均匀地布置千斤顶，如图 5.29 所示。大型盾构还将液压、动力设备、操作系统、衬砌机等均集中布置在支撑环中。在中小型盾构中，也可把部分设备放在盾构后面的车架上。

（3）衬砌环。衬砌环位于盾构结构的最后，它的主要作用是掩护衬砌块的拼装，并防止水、土及注浆材料从盾尾与衬砌块之间进入盾构内。衬砌环应具有较强的密封性，其密封材料应耐磨损、耐撕裂并富有弹性。常用的密封形式有单纯橡胶型、橡胶加弹簧钢板型、充气型和毛刷型等，但效果均不理想，故在实际工程中可采用多道密封或可更换的密封装置。

2）盾构法施工

盾构法施工包括以下几个部分。

（1）盾构工作坑。盾构施工也应设置工作坑。用于盾构开始顶进的工作坑叫作起点井。施工完毕后，需将盾构从地下取出，这种用于取出盾构设备的工作坑叫作终点井。如果顶距过长，为了减少土方及材料的地下运输距离或中间需要设置检查井等构筑物时，需设中间井。

盾构工作坑宜设在管道上检查井等构筑物的位置，工作坑的形式及尺寸的确定方法与顶管工作坑相同，应根据具体情况选择沉井、钢板桩等方法修建。后背墙应坚实平整，能有效地传递顶力。

（2）盾构顶进。盾构设置在工作坑的导轨上顶进。盾构自起点井开始至其完全进入土

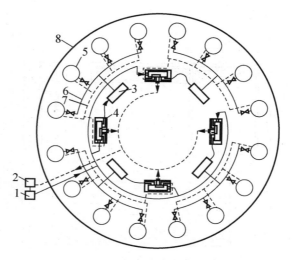

图 5.29   千斤顶及液压系统图

1—高压油泵；2—总油箱；3—分油箱；4—阀门转换器；

5—千斤顶；6—进油管；7—回流管；8—盾构外壳

中的这一段距离是借另外的液压千斤顶顶进的，如图 5.30（a）所示。

盾构正常顶进时，千斤顶是以砌好的砌块为后背推进的。只有当砌块达到一定长度后，才足以支撑千斤顶。在此之前，应临时支撑进行顶进。为此，在起点井后背前与盾构衬砌环内，各设置一个直径与衬砌环相等的圆形木环，两个木环之间用圆木支撑，如图 5.30（b）所示。第一圈衬砌材料紧贴木环砌筑。当衬砌环的长度达到 30～50m 时，才能起到后背作用，方可拆除圆木。

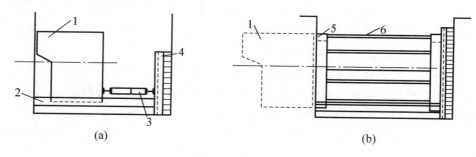

(a)   (b)

图 5.30   盾构顶进

（a）盾构在工作坑始顶；（b）始顶段支撑结构

1—盾构；2—导轨；3—千斤顶；4—后背；5—木环；6—撑木

盾构机械进入土层后，即可起用盾构本身千斤顶，将切削环的刃口切入土中，在切削环掩护下挖土。当土质较密实，不易坍塌时，也可以先挖 0.6～1.0m 的坑道，而后再顶进。挖出的土可由小车运到起始井，最终运至地面。在运土的同时，将盾构块运至盾构内，待千斤顶回镐后，孔隙部分用砌块拼装。再以衬砌环为后背，启动千斤顶，重复上述操作，盾构便不断前进。

（3）衬砌和灌浆。盾构砌块一般由钢筋混凝土或预应力钢筋混凝土制成，其形状有矩形、梯形和中缺形等，如图 5.31 所示。

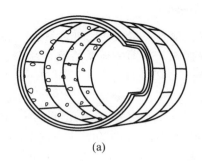
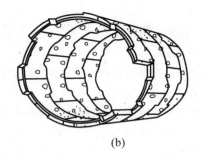

图 5.31　盾构砌块
（a）矩形砌块；（b）中缺形砌块

矩形砌块形状简单，容易砌筑，产生误差时易纠正，但整体性差；梯形砌块整体性比矩形砌块稍好一些。为了提高砌块环的整体性，最好采用中缺形砌块，但其安装技术水平要求较高，且产生误差后不易调整。砌块的边缘有平口和企口两种，连接方式有用黏结剂黏结及螺栓连结。常用的黏结剂有沥青玛蹄脂、环氧胶泥等。

衬砌时，先由操作人员砌筑下部两侧砌块，然后用圆弧形衬砌托架砌筑上部砌块，最后用砌块封圆。各砌块间的黏结材料应厚度均匀，以免各千斤顶的顶程不一，造成盾构位置误差。对于砌块接缝应进行表面防水处理。螺栓和螺栓孔之间应加防水垫圈，并拧紧螺栓。

衬砌完毕后应进行注浆。注浆的目的在于使土层压力均匀分布在砌块环上，提高砌块的整体性和防水性，减少变形，防止管道上方土层沉降，以保证建筑物和路面的稳定。常用的注浆材料有水泥砂浆、细石混凝土等。

为了在衬砌后便于注浆，有一部分砌块带有注浆孔，通常每隔 3～5 个环有一注浆孔环，该环上设有 4～10 个注浆孔，注浆孔直径应不小于 36mm。注浆应多点同时进行，按要求注入相应的注浆量，使孔隙全部填实。

（4）二次衬砌。在一次衬砌质量完全合格的情况下，可进行二次衬砌，二次衬砌随使用要求而定，一般浇筑细石混凝土或喷射混凝土，对在砌块上留有螺栓孔的螺栓连接砌块，也应进行二次衬砌。

2. 水平定向和导向钻进法

水平定向钻进和导向钻进技术，是近年来发展起来的一项高新技术，是石油钻探技术的延伸。其主要用于穿越河流、湖泊、建筑物等障碍物铺设大口径、长距离的石油、天然气管道，近年逐渐发展应用到给排水管道。

水平定向和导向钻进铺管主要用于黏土、亚黏土、粉砂土、回填土、流砂层等松软地层或含有少量卵砾的地层。

水平定向和导向钻进法是一种能够快速铺装地下管线的方法。它的主要特点是，可根据预先设计的铺管线路，驱动装有楔形钻头的钻杆按照预定的方向绕过地下障碍钻进，直至抵达目的地。然后，卸下钻头换装适当尺寸的扩孔器，使之能够在拉回钻杆的同时将钻孔扩大至所需直径，并将需要铺装的管线同时返程牵回钻孔入口处。

【参考视频】

1）准备工作

前期调查：进场后调查施工范围内地下管线情况，摸查清楚后才能进行施工。

方位定位：根据施工图纸，进行测量放样，并根据施工范围的地质情况、埋深、管径确定管材和一次牵引的管道长度，并设计好钻杆轨迹。

2）钻导向孔

钻导向孔要使用牵引钻机，一般采用钻进液辅助碎岩钻头，钻压从钻杆尾部施加。钻头通常都带有一个斜面，所以钻头连续回转时会钻出一个直孔，而保持钻头朝某个方向不回转加压时，则使钻孔发生偏斜。探测器或探头可以安装在钻头内，也可安装在紧靠钻头的地方，探头发出信号，被地面接收器接收或跟踪，从而可以监测钻孔的方位、深度和其他参数。

钻进时，首先将探测棒插入导向头内，导向头后端与钢管连接，然后用顶管机给钢管施加压力，推进导向头，将导向头打入地下；导向仪可随时接收导向头的方位与深度，顶管机可根据此信息及时旋转导向头，使导向头随时改变深度和方向，在地下形成一条直径为100mm的圆孔通道，孔道中心线即为所需敷设管道的中心线，如图5.32所示。

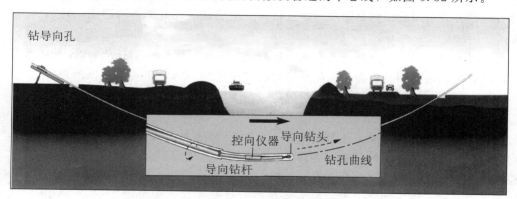

图5.32　水平定向钻导向孔

3）扩孔、成孔

在导向孔形成后，将导向头卸下，装上一钻头，钻头直径是导向孔的1.5倍，然后将钻头往回拖拉至初始位置，卸下该钻头，换上更大的钻头，来回数次，直到符合回拖管道要求。为了防止塌孔，在注射的水中加入外加剂，该外加剂有固化洞壁、润滑钻杆等作用，如图5.33所示。

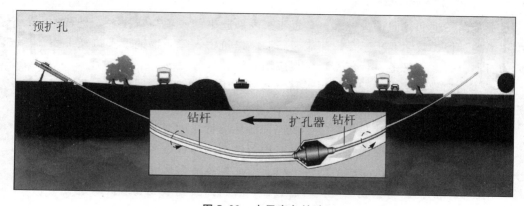

图5.33　水平定向扩孔

4）管线回拖

钻孔完成后，将管材连接成需要长度，两端封闭，一端与钻头相连，将其一次性拖入已形成的孔洞中，即完成整个埋管工序，如图5.34所示。

图5.34　水平定向管线回拖

5）砌筑检查井

牵引管施工完成后需要进行检查井施工，检查井一般砌筑在牵引管末端。

6）验收

根据设计及验收规范进行闭水试验等验收工作。

3. 气动矛铺管法

气动矛铺管法使用的主要施工工具是一只类似于卧放风镐的气动矛，在压缩空气的驱动下，推动活塞不断打击气动矛头部的冲击头，将土不断地向四周挤压，并将周围土体压密，同时气动矛不断向前行进，形成先导孔。先导孔完成后，管道便可直接拖入或随后拉入，如图5.35所示。

气动矛铺管法适用于可压缩性土层中，如淤泥、淤泥质黏土、软黏土、粉质

【参考视频】

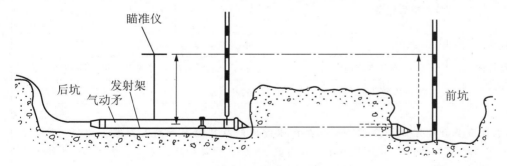

图5.35　气动矛铺管法

黏土及非密实的砂土等。如在砂层或淤泥中施工时，必须在气动矛后面直接敷入套管或成品管，这样不仅可以保护孔壁，还可以为气动矛提供排气通道，有利于施工的进行。其施工长度与管道口径的大小有关，一般情况下，对于小口径管道，孔长通常不超过15m；对于较大口径管道，孔长一般为30～50m。

4.夯管锤铺管法

夯管锤铺管法仅适用于钢管施工，除有大量岩体或有较大石块之外，几乎可以适用于所有的土层。

如图5.36所示，夯管锤就像一支卧放的双筒气锤，以压缩空气为动力，与气动矛铺管的不同之处在于施工时，夯管锤在工作坑内始终处于管道的末尾。工作起来，类似于水平打桩，其冲击力直接作用在管道上。由于管道入土时，土不是被压密或挤向周边，而是将开口的管端直接切入土层，因此可以在覆盖层较浅的情况下施工，便于节省工程投资。

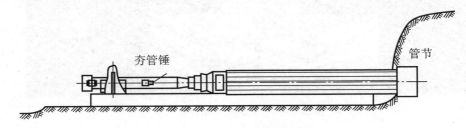

图5.36 夯管锤铺管示意图

5.2.3 案例示范

1.案例描述

某污水过河管道拟进行非开槽定向钻铺管施工，进行施工安全技术交底。

2.案例分析与实施

非开槽定向钻铺管施工安全技术交底如下所示。

非开槽定向钻铺管施工安全技术交底

技术交底记录		编号	
工程名称	×××路污水管道工程		
分部工程名称	非开槽主体结构	分项工程名称	污水管道定向钻铺管施工
施工单位	×××市政工程公司	交底日期	××××年×月×日

交底内容：

某污水管道非开挖定向钻穿越工程为某污水处理厂及其配套管网工程的一部分。敷设的DN600mmPE管长度为360m，本区地基土主要由填土、黏土及淤泥质粉质黏土组成。拟采用美国Ditch Witch JT7020(回拖力为32t)水平定向钻机来完成本次工程。

(1) PE管抗外压能力强、柔韧性好、单位质量轻，非常适合牵引施工。为确保工程质量，管道材料必须满足各项设计要求，经检测单位检测合格。

(2) 钻机及其他机械必须在施工前进行检查、保养。

(3) 进入现场施工人员一律要戴安全帽，无关人员不得进入施工现场。

(4) 根据施工图纸，利用全站仪，确定两井之间的具体位置(包括坐标与距离)，定出钻孔中心线和地表走向，测量中心线地面的海拔高度或相对高度，并根据要求的铺管深度，初步确定导向孔的造斜角度和入口位置。根据设计确定的埋置深度，选择入土和出土角。

（5）导向孔完成后，卸下起始杆和导向钻头，换回扩钻头进行回扩。回扩过程中始终保持工作坑内泥浆液面高度高于钻孔标高。回扩须分次回扩，最后一次回扩应合理采用相应挤扩式钻头，如回拖力和回扩转矩较大，则需多回扩一次，以利孔壁成型和稳定。

（6）由于拖拉管特殊的施工工艺，在随后的回扩操作可能会改变钻孔的位置，为了减少偏离，不同地层要采用不同的回扩器。

（7）管材连接要严格按电热熔施工要求施焊，回拖前应检查电热熔焊接质量，待焊接自然冷却，检查合格后才能进行拖管。

（8）在回拖管作业时，钻机操作手应密切注意钻机回拖力、转矩的变化。回拖应平稳、顺利，严禁蛮拖。管材要一次性拖入已成形的孔洞中，中途尽量避免停顿，减少回拖的阻力。

（9）做好安全用电工作，现场配备专职电工，严禁乱拉乱接电线，防止触电事故发生。临时供电线路采用三相五线制，设重点接地；钻机工作处必须配备足够数量的灭火器材。

（10）施工现场周围的必要道路必须保持畅通，排水系统良好。

（11）严格遵照有关控制噪声的规定，优化施工方法、施工工艺，减少施工机械噪声对环境的影响。对噪声大的工序，尽量安排在白天施工，减少夜间对邻近居民的干扰。

（12）在管道施工及水平定向钻钻进施工中，在适当位置应设置警示标志，水平钻机钻进入土点半径15m范围内为禁区，设置警示标志或设专人值勤。

（13）现场配备专职安全员，全天候巡检，确保安全施工。

审核人	交底人	接收交底人
×××	×××	×××

习 题

一、判断题

1. 水平定向和导向钻进法是一种能够快速铺装地下管线的方法。它的主要特点是，可根据预先设计的铺管线路，驱动装有楔形钻头的钻杆按照预定的方向绕过地下障碍钻进，直至抵达目的地。　　　　　　　　　　　　　　　　　　　　　　　　（　　）

2. 夯管锤铺管法仅适用于钢管施工，除有大量岩体或有较大石块之外，几乎可以适用于所有的土层。　　　　　　　　　　　　　　　　　　　　　　　　　　　（　　）

二、单项选择题

1. 盾构是地下掘金和衬砌的施工设备，广泛用于（　　）管道施工。

A. 大型　　　　　B. 中型　　　　　C. 小型　　　　　D. 异型

2. 盾构是一个钢质的筒状壳体，共分三部分，其中用于掩护衬砌块的拼装，并防止水、土及注浆材料从盾尾与衬砌块之间进入盾构内的是（　　）。

A. 挖土环　　　B. 衬砌环　　　C. 支撑环　　　D. 切削环

3. 盾构从工作井始发或到达工作井前，必须拆除洞口临时维护结构，拆除前必须确认（　　），以确保拆除后洞口土体稳定。

A. 维护结构安全　　　　　　　　B. 洞口土体加固效果

C. 洞口密封效果   D. 邻近既有建（构）筑物安全

4. 盾构机选择正确与否，涉及能否正常掘进施工，特别是涉及施工安全，必须采取科学的方法，按照可行的程序，经过策划、调查、可行性研究、综合比选评价等步骤，科学合理选定。在可行性研究阶段，涉及开挖面稳定、地层变形、环境保护等方面的分析论证，其中下列不属于环境保护分析的内容是（   ）。

A. 弃土处理   B. 景观   C. 噪声   D. 交通

三、多项选择题

盾构是用来开挖土砂类围岩的隧道机械，由（   ）等部分组成。

A. 切削环   B. 切削刀盘   C. 支撑环

D. 出土系统   E. 盾尾

【参考答案】

项目 6

排水泵站施工

能力目标

1. 了解水泵的分类及选型。
2. 了解泵站沉井施工下沉方法与技术措施。

项目导读

　　本项目从介绍水泵的分类、水泵的主要性能参数开始，让读者学会施工临时用水泵选型的方法；同时以排水泵站为例介绍泵站的组成和常用施工方法，让读者重点了解泵站沉井施工下沉方法与技术措施。

<h1>任务6.1 水泵选型</h1>

<h3>6.1.1 任务描述</h3>

工作任务

进行施工临时用水泵的选型。

工作手段

《给水排水设计手册》第11册《常用设备》。

成果与检测

（1）结合实际工程以小组为单位，进行水泵选型。
（2）采用教师评价和学生互评的方式打分。

<h3>6.1.2 相关知识</h3>

【参考图文】

1. 水泵的分类和组成

水泵通常是指增加液体或气体的压力，使之输送流动的机械。按照工作原理来分，水泵主要有以下几种类型。

1）叶片式水泵

叶片式水泵是利用叶片和液体相互作用来输送液体的，主要有离心泵、轴流泵、混流泵、真空泵、深井泵、污水泵等，潜水电泵的泵体也是叶片泵。

2）容积式泵

容积式泵是利用工作腔容积周期变化来输送液体的，主要有往复泵、回转泵等。

3）喷射式水泵

喷射式水泵是利用高压水经喷嘴高速流动造成的负压来吸水的水泵。

除按照工作原理分类外，还可按用途分为清水泵、排污泵、渣浆泵等；按泵轴位置分为立式泵和卧式泵等；按工作位置分为潜水泵和地上泵等。

水泵一般由电机、联轴器、泵体及基座（卧式）组成。

2. 水泵的主要性能参数

水泵的性能参数主要有流量和扬程，此外还有转速、轴功率效率、吸口真空高度和必需空蚀余量。

1）流量 Q

流量是指单位时间内水泵所抽提的流体量（体积或质量），一般采用体积流量。体积流量用 Q 表示，单位为 m^3/s、L/s、m^3/h 等。各单位间的关系是$1m^3/s=1000L/s=3600m^3/h$；质量流量用 Q_m 表示，单位为 t/h、kg/s 等。

质量流量和体积流量的关系为

$$Q_m = \rho Q$$

式中　ρ——液体的密度，kg/m^3或t/m^3，常温清水$\rho = 1000kg/m^3$。

2）扬程 H

单位重量流体通过水泵所获得的能量叫扬程。泵的扬程包括吸程在内，近似为泵出口和入口压力差。扬程用 H 表示，单位为 m。

水泵的扬程计算公式为

$$H = H_{ss} + H_{sd} + \Sigma h_s + \Sigma h_d \qquad (6-1)$$

式中　H_{ss}——吸水地形高度，m，为集水池内最低水位与水泵轴线的高差；

H_{sd}——压水地形高度，m，为水泵轴线与输水最高点的高差；

$\Sigma h_s + \Sigma h_d$——污水通过吸水管路和压水管路中的水头损失。

3）转速 n

转速是泵轴单位时间的转数，用符号 n 表示，单位为 r/min。

4）汽蚀余量 NPSH

汽蚀余量又叫净正吸头，是表示汽蚀性能的主要参数。汽蚀余量国内曾用 Δh 表示。

5）功率和效率

水泵的功率通常是指输入功率，即电机传递到泵轴上的功率，故又称为轴功率，用 P 表示；泵的有效功率又称输出功率，用 P_e 表示。它是单位时间内从泵中输送出去的液体在泵中获得的有效能量。

水泵的各个性能参数之间存在着一定的相互依赖的变化关系，可以用水泵的特性曲线来描述。每一台水泵都有特定的特性曲线，由泵制造厂提供。通常在工厂给出的特性曲线上还标明推荐使用的性能区段，称为该水泵的工作范围。

3. 水泵的型号

水泵的常用型号见表 6-1。

表 6-1　水泵常用型号

型号	DL	DA1	LG	BX	QJ	IS	ISG
含义	多级立式清水泵	多级卧式清水泵	高层建筑给水泵	消防固定专用水泵	潜水电泵	单级卧式清水泵	单级立式管道泵

例如，潜水泵 200QJ20-108/8，其中"200"表示机座号；"QJ"表示潜水电泵，"20"表示流量 $20m^3/h$，"108"表示扬程 108m，"8"表示级数为 8 级。

4. 常用几种类型的水泵

1）离心泵

离心泵是利用叶轮的高速旋转所产生的离心力的作用将水提到高处的，故称离心泵。由于离心泵靠叶轮进口形成真空吸水，因此在起动前必须向泵内和吸水管内灌水，或用真空泵抽气，以排出空气形成真空，而且泵壳和吸水管路必须严格密封，不得漏气，否则形不成真空，也就吸不上水来。离心泵吸水高度不能超

【参考图文】

过 10m，加上水流经吸水管路带来的沿程损失，实际允许安装高度（水泵轴线距吸入水面的高度）远小于 10m。如安装过高，则不吸水；此外，由于山区比平原大气压力低，因此同一台水泵在山区，特别是在高山区安装时，其安装高度应降低，否则也不能吸上水来。

2）轴流泵

轴流泵主要是利用叶轮的高速旋转所产生的推力提水。轴流泵的叶片一般浸没在被吸水源的水池中。轴流泵扬程低（1～13m）、流量大、效益高，适于平原、湖区、河网区排灌。起动前不需灌水，操作简单。

3）混流泵

混流泵是依靠离心力和轴向推力的混合作用来输送液体的。与离心泵相比，其扬程较低，流量较大，与轴流泵相比，其扬程较高，流量较低。混流泵适用于平原、湖区排灌。

4）射流泵

射流泵是利用工作流体来传递能量和质量的流体输送机械，包括射流器和工作泵两部分。射流器由喷嘴、喉管、扩散管及吸入室等部件组成。它还能与离心泵组成供水用的深井射流泵装置，由设置在地面上的离心泵供给沉在井下的射流泵以工作流体来抽吸井水。射流泥浆泵用于河道疏浚、水下开挖和井下排泥，在土方工程施工中，用于井点来降低沟槽或基坑的地下水位。射流泵没有运动的工作元件，结构简单，工作可靠，无泄漏，也不需要专门人员看管，因此很适合在水下和危险的特殊场合使用。

5）潜水泵

潜水泵是置于水面下工作的水泵，也是深井提水和工地施工的重要设备，使用时整个机组潜入水中工作，它适用于从深井提取地下水，也可用于河流、水库、水渠等提水工程：主要用于农田灌溉及高原山区的人畜用水，亦可供城市、工厂、铁路、矿山、工地供排水使用。一般流量可以达到 5～650m^3/h、扬程可达到 10～550m。

5. 水泵的选型

合理选泵对节约能源有着重要意义，因此在选泵时要多方面考虑，既要满足使用流量和扬程的要求，又要求泵能经常保持在高效区间运行，这样既省动力又不易损坏机件；所选择的水泵既要体积小、重量轻、造价便宜，又要具有良好的特性和较高的效率等。下面以潜水电泵为例来进行说明。

1）类型选择

类型选择应遵循以下原则。

（1）选用井用潜水电泵时，应根据井的直径确定电泵的机座号，再根据井的实际流量、扬程选用其具体规格型号。

（2）用于浅井、河流、湖泊等一般清水场所取水时，可优先选用 QY 型、Q 型和 QS 型等上泵型潜水电泵。

（3）用于局部区域排水时，若水质中含有小颗粒固体杂质，如防汛排涝、建筑施工、养殖场净化等，选用 QX 型、QDX 型等下泵型潜水电泵较合适。

（4）用于输送含有固体颗粒和污物等污水，尤其是含有大颗粒污物的污水时，应选用 WQ 污水污物潜水电泵。

（5）当用于煤矿等矿区采掘来输送含有污物、煤粉等固体颗粒的污水时，必须选用能防爆的隔爆型矿用潜水电泵，切勿使用一般的潜水电泵，以免发生爆炸危险。

2）规格选择

不同规格的潜水电泵有不同的使用范围。

任何一台潜水电泵的铭牌上所规定的流量和扬程是这台潜水电泵使用的额定工况，一般也是使用效率较高的最佳点。

使用中，随着流量、扬程发生变化，潜水电泵的效率和电动机功率也相应发生变化，对潜水电泵使用的经济性和可靠性有一定的影响。

若使用的扬程过低，则电动机会过热，长时间运行甚至会烧坏电动机；若使用的扬程过高，则水泵流量会变小，效率降低。

潜水电泵一般可以在 0.7～1.2 倍的额定流量范围内正常运行。

因此，要求用户在选择和使用潜水电泵时，必须考虑合适的使用范围，尤其是对高扬程的潜水电泵，不要使其在过低的扬程点运行，否则既浪费电能，又可能损坏潜水电泵。

6.1.3 案例示范

1. 案例描述

深基坑管井降水水泵选型。

2. 案例分析与实施

1）工程概况

拟开挖的基坑深度为 7.5m，在基坑施工中应保证基坑底以下 1.0～1.5m 内无水，水位降深最大为 9m，采用管井进行降水，井深设计为 12m，井径 500mm，基坑涌水量 $Q = 52005\text{m}^3/\text{d}$，管井单井出水量 $q = 295\text{m}^3/\text{d}$，管井个数为 20 眼，间距 26m。

2）水泵选型

管井单井出水量 $q = 295\text{m}^3/\text{d} = 12\ \text{m}^3/\text{h}$，查《给水排水设计手册》潜水泵技术性能表，选用 QY−25 型潜水泵。技术指标如下：流量 15 m^3/h；扬程 25m；水泵出口直径为 50mm，功率 W＝2kW，均能满足要求。

习 题

一、判断题

1. 水泵的各个性能参数之间存在着一定的相互依赖的变化关系，可以用水泵的特性曲线来描述。　　　　　　　　　　　　　　　　　　　　　　　　　　　　（　　）

2. 潜水泵是深井提水的重要设备，使用时整个机组潜入水中工作，把地下水提取到地表。它适用于从深井提取地下水，也可用于河流、水库、水渠等提水工程。（　　）

二、单项选择题

深井井点降水通常用（　　）提升。

A. 离心泵　　　　B. 混流泵　　　　C. 轴流泵　　　　D. 潜水泵

三、多项选择题

1. 属于叶片式水泵的有（　　）。

【参考答案】

A. 离心泵　　　B. 射流泵　　　C. 轴流泵
D. 混流泵　　　E. 往复泵

2. 排水泵站的基本组成包括(　　)。

A. 进水头　　　B. 格栅　　　C. 集水池
D. 机器间　　　E. 辅助间

任务 6.2　泵站施工

6.2.1　任务描述

工作任务

了解排水泵站沉井施工下沉方法与技术措施。

工作手段

《给水排水构筑物工程施工及验收规范》(GB 50141—2008)等。

成果与检测

(1) 结合实际工程以小组为单位，进行排水泵站沉井施工下沉技术交底。
(2) 采用教师评价和学生互评的方式打分。

6.2.2　相关知识

1. 排水泵站的基本知识

排水泵站是一种为了提升污水、雨水及污泥的高度而修建的建筑物。当排水系统受到当地地质地形条件、水体水位条件等限制时，在某些区域不能以重力流排除雨水或污水或在污水处理厂中为了提升污水或污泥的高度时，就需要建造排水泵站。

1) 排水泵站的分类

排水泵站常按排水的性质分类，一般可分为以下几类。

(1) 污水泵站。污水泵站设置于污水管道系统中或设置于城市污水处理厂内，用以抽升城市污水。

(2) 雨水泵站。雨水泵站设置于雨水管道系统中或城市低洼地带，用以提升或排除城区雨水。

(3) 合流泵站。合流泵站设置于合流制排水系统中，用以排除城市污水和雨水。

(4) 污泥泵站。污泥泵站设置于城市污水处理厂内，用以抽送污泥。

排水泵站按其在排水系统中的位置不同，又可分为中途泵站和终点泵站两类。中途泵站用来为了解决排水干管埋深过大而设置的；终点泵站用来将排水系统末端所汇集的污水抽送到城市污水处理厂或将处理后的污水排入水体。

2）排水泵站的组成

排水泵站的主要组成部分包括：泵房、集水池、格栅、辅助间及变配电室等，排水泵站的形式按泵房和集水池之间的组合方式可分为合建式和分建式两种。分建式排水泵站如图 6.1 所示，合建式排水泵站如图 6.2 所示。

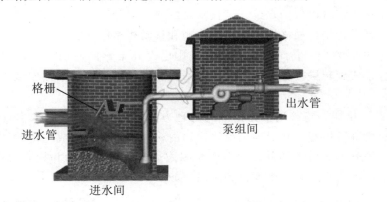

图 6.1　分建式排水泵站

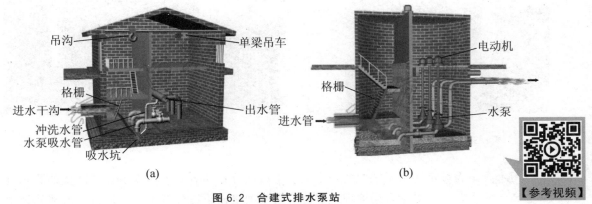

图 6.2　合建式排水泵站

（a）矩形；（b）圆形

（1）泵房。泵房是安装排水泵、电动机等主要设备的建筑物。泵站首先要满足水泵机组的布置与功能上的要求；其次由于泵站大多位于市区，各构筑物在满足工艺需要的同时，必须与周围城市环境相协调。生态型景观式泵站布局成为一种新的设计理念，建造地埋式泵站增加地面绿化率改观了传统泵站的布置格局。

水泵从结构形式上可分立式和卧式及潜水泵等几种。立式泵占地面积小，但由于电机安装在水泵上方运行不够稳定，并且种类较少，对于合建式排水泵站过去采用较多。潜水泵是电机与水泵直联一体式潜入水中工作的提水机具，由于水泵与电机构成一体，具有快速安装拆卸的特点，安装维修十分方便，并可能安装成各种形式。潜水泵性能可靠，对于要求可靠性较高的立交排水泵站尤为适用。

排水泵房由于进水管高程低，一般深度均比较大，大多采用沉井法施工，难度较大，选用潜水泵可减少泵房面积，大大压缩工程投资。另外，对于一些需要增加水量的旧泵房，在原泵房面积不变的情况下，采用其他水泵是有困难的，这时如将原泵改为潜水泵，就可在泵站面积不变的前提下达到增加水量的目的。

（2）集水池。集水池用以调节进、出水量，使水泵的工作状况均匀。集水池内装有水泵吸水管及格栅等。

（3）格栅。格栅设在集水池中，主要用于拦截水中粗大的杂物，以免进入水泵吸水管，堵塞或损坏叶轮。在泵站中用于清除水中污物的格栅除污机的选择非常重要，选择合适的格栅除污机，可以保护水泵，延长水泵的使用寿命。

格栅主要有传统机械格栅、粉碎型格栅和移动式格栅三类。

① 传统机械格栅。传统机械格栅在我国已有几十年的使用历史，主要有回转式格栅除污机、链条式旋转格栅除污机及钢丝绳格栅除污机等，雨水泵站中多采用此类格栅，如图 6.3 所示。

② 粉碎型格栅。粉碎型格栅栅渣的处理方式是通过格栅对来水中较大体积的漂浮物及固体颗粒物进行拦截，并引导至粉碎机，由粉碎机将其破碎成一定粒径后进入泵池，随水流被水泵提升进入后续部分。此类产品国内近年已研制成功并投入生产，杭州、上海、广州等多个城市的排水泵站中均得到应用，如图 6.4 所示。

图 6.3　传统机械格栅　　　　　　　　　图 6.4　粉碎型格栅

污水泵站为城市污水系统中的一个重要组成部分。随着城市的发展，对环境的要求越来越高，污水泵站应尽量采用地埋式建造。粉碎型格栅正适合城市中心地带及近居住区对污水泵站的使用要求，解决了泵站被地埋的要求，从感观及嗅觉两个方面大大改善了泵站的环境卫生条件。采用粉碎型格栅的污水泵站不产生栅渣处置问题，可以实行巡视值守，大大节省了劳动力。因此，近些年来在经济较发达及环保措施力度较大的一些城市中使用的较为普遍，社会评价较高。但是粉碎型格栅在我国毕竟还是一个新生事物，还需要在使用中不断改进和完善。

③ 移动式格栅。移动式格栅除污机是一种用于城市给水、排水、城市防洪、污水处理、水利等设施作拦截污物的清污设备，其主要作用是截取泵站进水口的粗大垃圾等杂物，用于保护水泵及减轻后续处理负荷。泵站规模较大时可以采用。

（4）辅助间及变配电室。辅助间包括修理间、储藏室和工作人员办公生活室等；变配电室按供电情况设置。

（5）泵站其他设备。泵站的起重设备一般用梁式（单梁、双梁）起重机或电动葫芦、手动葫芦。露天设置的起重设备，应有雨天防雨装置。泵站控制设施一般均采用自动水位控制与人工现场控制两种方式。

3）水泵进出水管施工

在泵站中水泵的进、出水管一般均用钢管，钢管的安装连接施工主要采用焊接，钢管的施工应符合《工业金属管道工程施工规范》（GB 50235—2010）、《工业金属管道工程施工质量验收规范》（GB 50184—2011）及《现场设备、工业管道焊接工程施工规范》（GB 50236—2011）的规定。

泵室中的管道为了方便水泵及管道检修，在适当的部位要设置一些法兰连接接头，法兰盘是事先在加工厂与管道或管件焊接好的，焊接时应与管道轴线垂直，在现场只需在两法兰间安上垫片，穿上螺栓并拧紧即可，拧紧螺栓时应对称同时拧紧。

泵站钢管的防腐相对比较简单，由于主要是暴露在空气中，只有较少部分在水中，所以主要以氧化腐蚀为主，电化腐蚀性较小，一般采用传统的也是较经济的防腐涂层：红丹漆打底，再刷两道调合漆；但近年这种传统涂料采用不多了，而采用船底漆、环氧类涂料较多。管外、管内相同，因管道长度不长，均事先焊好，在现场以法兰连接为主，管内防腐后未经焊接的高温破坏，所以也不存在补口的问题。

但不论何种防腐，均应对管道表面进行清理，去除氧化皮、锈、黏附的其他涂层或污物等，可用喷射除锈法使除锈后的管材露出金属光泽（允许局部表面有分布均匀、黏附牢固的氧化皮），均匀涂刷底漆，再涂面漆（涂料），要求薄而均匀，不能产生流淌、干缩起皱，但总厚度不小于规定值。

埋地钢管防腐及给水管内防腐详见项目3燃气管道施工部分。

2. 排水泵站施工

泵站由于埋深大、平面尺寸相对较小，不适宜采用大开槽法施工时，可采用沉井法施工。沉井是井筒状的结构物，它是以井内挖土，依靠自身重力克服井壁摩阻力后下沉到设计标高，然后经过混凝土封底并填塞井孔，使其成型。沉井施工除了用在泵房、取水构筑物等处以外，还广泛适用于桥梁基础的施工，如沪通铁路大桥沉井基础：长、宽、高依次为 86.9m，58.7m，56m，重量约16000t，是目前世界最大的沉井。

【参考视频】

沉井施工过程如图 6.5 所示，就是先在地面上预制井筒，然后在井筒内不断将土挖出，井筒借自身的重量或附加荷载的作用下，克服井壁与土层之间摩擦阻力不断下沉直至设计标高为止，然后封底，完成井筒内的工程。概括为基坑开挖、井筒制作、井筒下沉及井筒封底等过程。

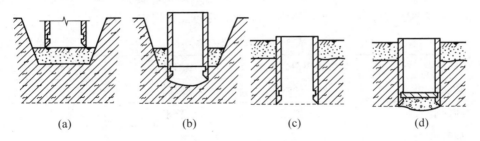

(a)　　　　　　(b)　　　　　　(c)　　　　　　(d)

图 6.5　沉井施工过程

（a）在地面上已浇好沉井；（b）下沉时的沉井；（c）沉井下沉到设计标高；（d）封底后的沉井

1）井筒制作

井筒大多采用钢筋混凝土结构，常用的横截面有圆形和矩形，井壁厚度有等截面和变截面两种，底部呈刃脚状。

井筒在原地面制备。有时，为了减少井内开挖土方量，也可在基坑内制备。基坑开挖的深度，视水文、地质条件和井筒的第一节浇筑高度而定。为了减少井筒的下沉深度可加深基坑的开挖深度，若土质为软弱淤泥上仅有一层硬壳层，则不宜挖除该层硬土。

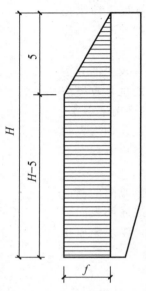

图 6.6　沉井下降摩擦
阻力计算简图

井筒制作的场地或基坑在制作前，应进行必要的清理、平整和夯实，以便使地基有足够的承载力，如果地基的承载力不够时必须采取加固措施。

井筒制作一般分一次制作和分段制作两种形式。一次制作指一次制作完成设计要求的井筒高度，适用于井筒高度不大的构筑物，一次下沉工艺；而分段制作是将设计要求的井筒进行分段现浇或预制，适用于井筒高度大的构筑物，分段下沉或一次下沉工艺。

2）井筒下沉

井筒混凝土强度达到设计强度 70％以上时可开始下沉。下沉前要对井壁各处的预留孔洞进行封堵。

（1）沉井下沉验算。沉井下沉前，应对其在自重条件下能否下沉进行必要的验算。沉井下沉时，必须克服井壁与土间的摩擦阻力和地层对刃脚的反力，其比值称为下沉系数 K，一般应不小于 $1.15\sim1.25$。井壁与土层间的摩擦阻力，通常的计算方法是：假定摩擦阻力随土深而加大，并且在 5m 深时达到最大值，5m 以下时保持常值，如图 6.6 所示。

沉井下沉系数的验算公式为

$$K = \frac{Q - B}{T + R} \qquad (6\text{-}2)$$

式中　K——下沉安全系数，一般应大于 $1.15\sim1.25$；

　　　Q——下沉沉井自重及附加荷载，kN；

　　　B——井筒所受浮力，kN，如采取排水下沉法时，$B=0$；

　　　T——沉井与土间的摩擦阻力，kN，$T=\pi D(H-2.5)\cdot f$；

　　　D——沉井外径，m；

　　　H——沉井全高，m；

　　　f——井壁与土间的单位摩擦阻力，kPa，由地质资料提供，也可按表 6-2 选用；

　　　R——刃脚反力，kN，如将刃脚底部及斜面的土方挖空，则 $R=0$。

表 6-2　单位摩擦阻力 f　　　　　　　　　　单位：kPa

土的种类	单位摩擦阻力 f	土的种类	单位摩擦阻力 f
黏性土	25～50	砂砾石	15～20
砂性土	12～25	软土	10～12
砂卵石	18～30		

当沉井下沉地点为不同土层时，可按加权平均值计算：

$$f = \frac{f_1 h_1 + f_2 h_2 + \cdots f_n h_n}{h_1 + h_2 + \cdots h_n} \tag{6-3}$$

式中　f_1，f_2，$\cdots$，f_n——不同土层的单位面积摩擦阻力，kPa；

　　　h_1，h_2，$\cdots$，h_n——不同土层的相应厚度，m。

当通过上述计算沉井不能靠重力下沉时，可与设计人员协商，适当加大井壁厚度或者在井筒顶部施加外荷载，增加下沉重量；此外还可通过减小井壁与土层间的摩擦阻力来达到靠重力下沉的目的；还可采用震动方法使之下沉。

（2）井筒下沉。井筒下沉有以下两种情况。

① 排水下沉。排水下沉是在井筒下沉和封底过程中，采用井内开设排水明沟，用水泵将地下水排除或采用人工降低地下水位方法排出地下水。它适用于井筒所穿过的土层透水性较差，涌水量不大，排水不致产生流砂现象而且现场有排水出路的地方。

井筒内挖土一般采用合瓣式挖土机，如图 6.7 所示。土斗开挖井中部的土，四周的土由人工开挖。当土质为砂土或砂性黏土时，可用高压水枪先将井内泥土冲松稀释成泥浆，然后用水力吸泥机将泥浆吸出排到井外，如图 6.8 所示。

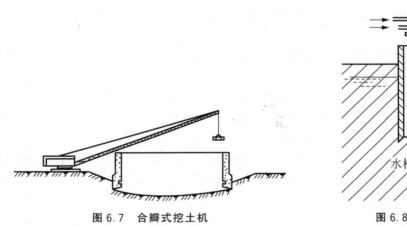

图 6.7　合瓣式挖土机　　　　　　　图 6.8　水枪冲土下沉

② 不排水下沉。不排水下沉是指在水中挖土。当排水有困难或在地下水位较高的亚砂土和粉砂土层，有产生流砂现象的地区，沉井下沉或必须防止沉井周围地面和建筑物沉陷时，应采用不排水下沉的施工方法。下沉中要使井内水位比井外地下水位高 1～2m，以防流砂。

不排水下沉时，土方也由合瓣式挖土机挖出，当铲斗将井的中央部分挖成锅底形状时，井壁四周的土涌向中心，井筒就会下沉。如井壁四周的土不易下滑时，可用高压水枪进行冲射，然后用水力吸泥机将泥浆吸出排到井外。

3）沉井封底

当沉井下沉达到设计标高后，应停止挖土、准备封底。封底方法有排水封底（干封）和不排水封底（湿封）两种。封底时，应优先考虑干封，因为干封成本较低，施工快，且易于保证质量。

封底结构一般由砾石（或片石）垫层、混凝土层和钢筋混凝土底板组成，其结构如图

6.9 所示。人工降低地下水位进行沉井时，通常采用图 6.9(b)结构。

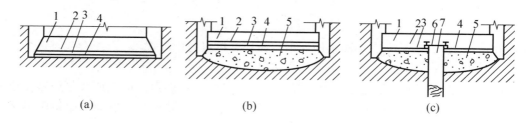

(a)   (b)   (c)

图 6.9　沉井底板的结构

(a) 无地下水封底；(b) 水下混凝土底板；(c) 排水封底

1—钢筋混凝土底板；2、3—混凝土层；4—油毡层；5—垫层；6—盖堵；7—集水井

(1) 沉井的排水封底（干封）。沉井的排水封底工作由两个阶段组成，如图 6.9(c)所示。第一阶段是封住集水井以外的全部井底，地下水从集水井排出，保证混凝土的浇筑质量；第二个阶段封堵集水井。具体施工步骤如下。

① 第一阶段：首先设置封底排水系统。在井筒底部最低处设 2～3 个集水井，插入四周带孔眼的钢管，四周填以卵石或碎石。再由集水井向四周刃脚方向挖放射形排水沟，内填卵石或碎石，形成排水盲沟，并用水泵抽水。

排水系统设置完毕后，在刃脚下及坑底内铺垫片石至垫层混凝土下平面，然后浇筑混凝土垫层。

当垫层混凝土强度达到规定强度以后，开始在刃脚的凹槽处凿毛，用水冲洗干净，露出粗骨料，然后开始绑扎底板钢筋。

为了增加结构的整体性和强度，将刃脚凹槽内预留的底板钢筋调直后与绑扎的底板钢筋按搭接长度要求焊接牢固。在集水井周围适当增加钢筋数量，消除集水井对底板强度的影响，接着即可浇筑混凝土。

混凝土的浇筑应连续进行，先沿刃角填充一周混凝土，再对称地由刃角向井筒中心部位分层浇灌，每层约 50cm，并用振捣器振实。当井内有隔墙时，应前后左右对称地逐格浇筑。浇筑后的混凝土一般采用自然养护。

② 第二阶段：封堵集水井。待底板混凝土强度达到规定强度以后，可逐个封堵集水井。封堵的方法是将集水井中水抽干，在钢套管内迅速用干硬性高强度混凝土进行填塞并捣实。然后上法兰盘，用螺栓拧紧，或者用电焊机将周边焊牢、焊严，防止漏水。在其上部铺油毡防水层，浇混凝土并找平振实。

(2) 沉井的不排水封底（湿封）。当沉井采用不排水下沉时，需进行水下混凝土封底。井内水位应与原地下水位相等，然后铺设砾石垫层和进行水下混凝土浇筑，待混凝土达到规定强度后将水抽出，再做钢筋混凝土底板，一般采用垂直导管法。

该方法在沉井内垂直放入一根或数根直径为 250～300mm 的钢制导管，管底距井底土面留有适当距离，在导管顶部连接一个有一定容量的漏斗，在漏斗的颈部安放球塞（橡皮球、木球等），并用绳索或粗铁丝系牢。其装置如图 6.10 所示。

水下封底前，坑底应由潜水员在水下进行整理，清理沉积在井底的浮泥。然后在潜水员配合下铺设砾石垫层。

浇筑混凝土时，先在漏斗内装满高流动性混凝土，当漏斗容量较小时，可将球塞下放

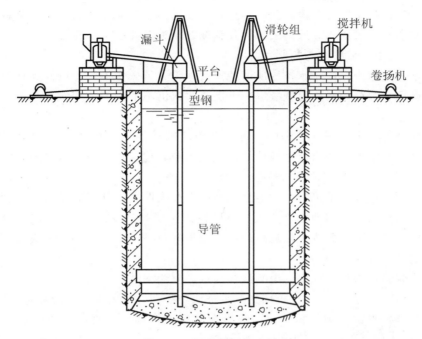

图 6.10　沉井的不排水封底

一段距离，然后再继续向漏斗内储满混凝土。当上述工序完成后，在统一指挥下，用利斧或钢丝钳将绳索突然剪断，使导管内的球塞、空气和水均受混凝土重力挤压和混凝土一起从管底排出。与此同时，继续向漏斗内补充浇筑混凝土，使导管下的混凝土尽快扩散和升高，埋住导管口。当导管口被埋入 1m 左右时，边浇筑混凝土，边提升导管，直至达到标高后，拔出导管进行养护。在浇筑混凝土过程中，不允许导管从混凝土内拔出。其操作过程如图 6.11 所示。

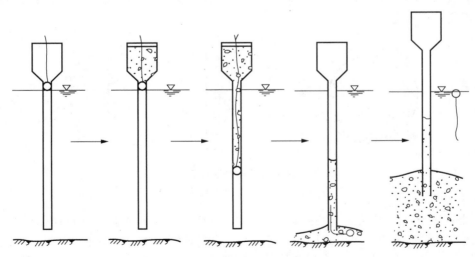

图 6.11　浇筑混凝土的操作步骤

　　水下混凝土封底的浇筑顺序应从低处开始，逐步向周围扩大。当井内有隔墙、底梁或混凝土供应量受到限制时，应分格浇筑。

水下浇筑的混凝土经过一段时间的养护，强度达到规定强度以后，用水泵将沉井内部的水抽干，将混凝土表面松软层凿去，绑扎钢筋，浇筑沉井混凝土底板。

4）沉井下沉中质量检查与控制

沉井在下沉过程中，由于水文地质的特点或施工人员操作不当，以及其他原因，可能会发生土体破坏、井筒倾斜、筒壁裂缝、下沉过快或沉不下去等工程质量缺陷，应及时采取措施加以校正。

（1）土体破坏。土体下沉过程中，可能会破坏井筒周围土的棱体。如果周围土质松散，更易产生此类事故。如果被破坏棱体范围内已建有构筑物，应采取措施加以防治，以保证构筑物的安全，同时应对其沉降进行观察。

（2）井筒倾斜。井筒下沉时，可能会发生倾斜产生偏差。其主要原因有：沉井刃脚下土层软硬不均匀；没有均匀地挖土下沉，使井筒内土面高低相差很多；刃脚下掏空过多，沉井突然下沉；刃脚下一角或一侧遇障碍物，而没有及时处理；井外弃土或其他原因造成对沉井井壁的偏压等。

井筒是否倾斜可采用垂球法、电测法和高程观测法来进行监测。

图 6.12　垂球法观测

① 垂球法。垂球法就是在井筒内壁均匀对称地挂四个垂球，分别依垂球的投影在井内壁用油漆画垂线，井筒下沉位置正确时，垂线与所画垂线重合，否则说明井筒发生倾斜，如图 6.12 所示。当在沉井内壁画垂线有困难时，也可在垂球下面设置靶盘，使垂球尖指向靶盘中心，当垂球偏离靶盘中心时，说明沉井倾斜。垂球法测量沉井倾斜简单实用，观测方便，但不能自动观测，通常用在排水下沉中。

② 电测法。电测法就是用电信号代替垂球的人工观测，其装置如图 6.13 所示，井壁四周均匀、对称地布置 4～8 个指示灯。当井筒倾斜时，垂球导线与裸导线相接触，指示灯亮，说明灯亮的一侧高，而另一侧低。当倾斜校正后，指示灯熄灭。电测法能自动观测，但不能定量测定。

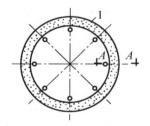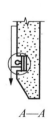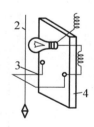

图 6.13　电测法观测

1—井筒；2—垂球导线；3—裸导线；4—木板

③ 高程观测法。高程观测法是通过水准仪观测沉井四角高程来分析倾斜度的方法。当各观测点高程数不同时，说明沉井倾斜，并可定量观测，常用在不排水下沉观测。

当沉井下沉过程中出现偏差时应及时分析原因，采取相应的处理措施。出现偏差后，可按下述方法进行纠偏。

① 挖土校正。对由于挖土不均引起井筒轴线倾斜时，可以用挖土方法校正。校正时，在沉井下沉较慢的一侧进行人工和机械挖土，在下沉快的一侧刃角处将土夯实或适当回填

砂石，如图 6.14 所示。如果这种方法不足以校正，就应在井筒外壁一边开挖土方，相对另一边回填土方，并且夯实。

②施加外力校正。当井筒出现倾斜时，可在井筒高的一侧压重，最好使用钢锭或生铁块，如图 6.15 所示。这时井筒高的一侧刃脚下土的应力大于低的一侧刃脚下土的应力，使井筒高的一侧下沉量大些，从而起到校正作用。此外，还可以在倾斜低的一侧回填砂或土，并进行夯实，使低的一侧产生的土压力大于高的一侧土压力，利用压力差进行校正。

③减阻校正。当井筒入土深度较大时，四周土层对井壁的约束亦相应增大，单纯使用挖土、施加外力等校正方法进行校正较困难。此时校正的关键在于破坏井壁与土层间的摩擦力。可在井筒下沉较慢的一边安装振动器，也可采用高压射水管沿沉井高的一侧井外壁插入土中射水，破坏土层结构，减小摩擦力，同时起到一定的润滑作用，使倾斜的井筒逐步得到纠正。

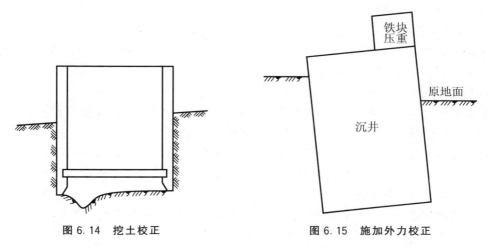

图 6.14　挖土校正　　　　　　图 6.15　施加外力校正

（3）井筒下沉遇到障碍物。井筒下沉过程中可能遇到障碍物，如局部遇孤石、大块卵石等。若体积较小，可用刨挖的方法去除；若体积较大，可用松动爆破方法破碎后取出。

（4）井筒不沉或下沉过快。井筒挖土后不沉的现象主要发生在井筒即将就位时，主要原因是井壁与土层间的摩擦力过大，井筒自重不够，以及遇到障碍物等，应采取相应方法处理。

沉井下沉过快主要发生在土质软弱、耐压强度低，以及井壁外部土液化的土层。其结果使得井筒下沉的速度超过挖土速度而无法控制。处理方法是事先用粉喷桩或搅拌桩加固土体提高土体强度，增加下沉时的摩擦力，在井筒下沉时对井筒外的土夯实，增加土与井壁的摩擦力；为防止自沉，在下沉到设计标高时，先不要将刃脚处的土挖去，立即进行封底；当有液化土层时，可在液化土虚坑内填碎石，并且处理好地下水。

沉井下沉中，在极短的时间内快速下沉很大的深度的现象叫作突沉。这种现象主要发生在软弱土层中，有时也会由高压水枪冲刷管壁促沉时产生。因此在挖土时，坑底不要挖得太深，一般不超过 0.5 m。

（5）井筒产生裂缝。井筒下沉过程中，有时会产生环向裂缝和纵向裂缝。

环向裂缝主要是由于下沉时，井筒四周土压力不均造成的。为了防止井筒发生裂缝，除了保证必要的井筒设计强度外，施工时应使井筒达到规定强度后才能下沉，必要时可在井筒内安设支撑。

井筒的纵向裂缝是由于挖土时遇到障碍物，混凝土强度又较低时产生的。采用爆破下沉时，也可能产生裂缝。因此，施工设计时，应加强混凝土的强度，确凿掌握土层的水文地质特征，避免遇到石块或其他障碍物。裂缝一经出现，应立即会同设计人员进行分析，找出原因，确定加固补救措施，如对结构的整体强度影响不大，可用水泥砂浆、环氧树脂或其他补强材料抹缝加固。

6.2.3 案例示范

1. 案例描述

泵站沉井施工下沉技术方案。

2. 案例分析与实施

1) 沉井工程概况

拟建的沉井式泵站位于××区××镇布兰拉大街与东城路交叉口北侧，占地面积3300m²，总建筑面积约305m²。

（1）沉井规模与构造。

本工程的泵站沉井为钢筋混凝土圆形构筑物，内壁半径8m，外壁半径8.6m，壁厚0.6m，井筒内面积约201m²，井内挖方约2000m³。

沉井总高度为12.6m，其顶面标高为5.3，刃脚底标高为-7.3。对照泵站室外地坪的设计标高5.0，沉井的埋置深度为12.3m。

（2）工程地质状况简介。

拟建场地的地貌单一，属潮坪区，地形较平坦，无暗浜等不良地质现象。场内自然土平均标高（绝对标高）在4.5m左右。地下水位标高为3.17～3.57m。

勘察单位推荐了与沉井相关点各层土的沉井井壁摩擦阻力，如表6-3所示。

表6-3 沉井井壁摩擦阻力

层序	土层名称	井壁摩阻力/kPa
①1	素填土	不计
②	黏质粉土	12
③1	淤泥质，粉质黏土	12
③2	砂质粉土	18（5m以上为12）
③3	淤泥质，粉质黏土	15

（3）沉井的主要施工方法选择。

根据对拟建场地的土层特征、地下水位及施工条件的综合分析，设计要求本工程的沉井采用排水下沉和干封底的施工方法，同时选择井外真空深井泵与井内明排水相结合的降水方法。沉井分两节制作、两次下沉，具体要求是：第一节沉井高度为7m，起沉标高为3m；第二节沉井高度为5.6m，接高处（后浇段标高）为3.3m。

2) 沉井下沉方法与技术措施

（1）沉井下沉的作业顺序安排：

下沉准备工作 → 设置垂直运输机械设备 → 挖土下沉 → 井内、外排水、降水 → 边下沉边观测 → 纠偏措施 → 沉至设计标高 → 核对标高、观测沉降稳定情况 → 井底设盲沟、集水井 → 铺设井内封底垫层 → 底板防水处理 → 底板钢筋施工与隐蔽工程验收 → 底板混凝土浇筑 → 井内结构施工 → 上部建筑及辅助设施 → 回填土。

（2）沉井下沉验算。

沉井下沉前，应对其在自重条件下能否下沉进行必要的验算。

沉井外径：17.2m

沉井全高12.6m，分两节制作、两次下沉，第一节高度7m，第二节高度5.6m

第一节沉井自重为：$(16.6 \times 3.14 \times 0.6 \times 7 \times 25)kN = 5473.02kN$

沉井总重为：$(16.6 \times 3.14 \times 0.6 \times 12.6 \times 25)kN = 9851.44kN$

井壁摩擦阻力为：②、③1层土均为12kPa；③2层土为18kPa，但5m以上为12kPa；③3层土为15kPa。

第一节沉井下沉系数验算：

$$k_1 = 5473 / [3.14 \times 17.2(7-2.5) \times 18] = 5473/4374.65 = 1.25$$

第一节沉井的下沉系数满足安全验算要求。

第二节沉井下沉系数验算：

$$k_2 = 9851.44 / [3.14 \times 17.2(12.6-2.5) \times 15] = 9851.44/8182.2 = 1.20$$

第二节沉井的下沉系数满足安全验算要求。

（3）沉井下沉的主要方法和措施，如下所示。

① 第一节沉井制作完成后，其混凝土强度必须达到设计强度等级的100%后方可进行刃脚垫架拆除和下沉的准备工作。

② 井内挖土应根据沉井中心划分工作面，挖土应分层、均匀、对称地进行。挖土要点是：先从沉井中间开始逐渐挖向四周，每层挖土厚度为0.4～0.5m，沿刃脚周围保留0.5～1.5m的土堤，然后再沿沉井井壁每2～3m一段向刃脚方向逐层全面、对称、均匀地削薄土层，每次削5～10cm，当土层经不住刃脚的挤压而破裂时，沉井便在自重的作用下挤土下沉。

③ 井内挖出的土方应及时外运，不得堆放在沉井旁，以免造成沉井偏斜或位移。如确实需要在场内堆土，堆土地点应设在沉井下沉深度2倍以外的地方。

④ 沉井下沉过程中，应安排专人进行测量观察。沉降观测每8小时至少2次，刃脚标高和位移观测每台班至少1次。当沉井每次下沉稳定后应进行高差和中心位移测量。每次观测数据均须如实记录，并按一定格式填写，以便进行数据分析和资料管理。

⑤ 沉井时，如发现有异常情况，应及时分析研究，采取有效的对策措施：如摩擦阻力过大，应采取减阻措施，使沉井连续下沉，避免停歇时间过长；如遇到突沉或下沉过快情况，应采取停挖或井壁周边多留土等止沉措施。

⑥ 在沉井下沉过程中，如井壁外侧土体发生塌陷，应及时采取回填措施，以减少下沉时四周土体开裂、塌陷对周围环境造成的不利影响。

⑦ 为了减少沉井下沉时摩擦阻力和方便以后的清淤工作，在沉井外壁宜采用随下沉随回填砂的方法。

⑧ 沉井开始下沉至5m以内的深度时，要特别注意保持沉井的水平与垂直度，否则在继续下沉时容易发生倾斜、偏移等问题，而且纠偏也较为困难。

⑨ 沉井下沉近设计标高时，井内土体的每层开挖深度应小于30cm或更薄些，以避免沉井发生倾斜。沉井下沉至离设计底标高10cm左右时应停止挖土，让沉井依靠自重下沉到位。

（4）井内挖土和土方吊运方法。

沉井内的分层挖土和土方吊运采用人工和机械相配合的方法。根据本工程的沉井施工特点，在沉井上口边配备一台5t的W-1001履带式起重机（即抓斗挖机），负责机械开挖井内中间部分的土方和将井内土方吊运至地面装车外运。井内靠周边的土方以人工开挖为主，以此严格控制每层土的开挖厚度，防止超挖。井内土体如较为干燥，可增配一台小型（0.25m³）液压反铲挖掘机，在井内进行机械开挖，达到减少劳动力和提高工效的目的。

井内土方挖运实行人机同时作业，必须加强对井下的操作工人的安全教育和培训，强化工人的安全意识，并落实安全防护措施，以防止事故发生。

沉井下沉开挖方法如图6.16所示。

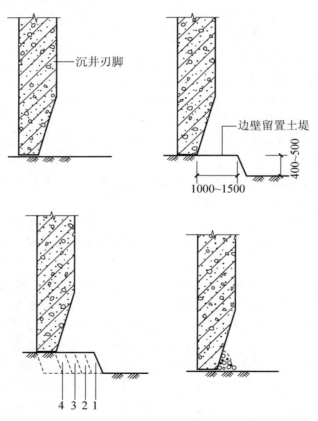

图6.16　沉井下沉开挖方法示意图
1、2、3、4—削坡次序

习 题

一、判断题

1. 排水泵站是一种为了提升污水、雨水以及污泥而修建的建筑物。　　　　（　　）
2. 沉井施工时，当井筒混凝土强度达到设计强度 70％以上时可开始下沉。　（　　）
3. 为使沉井下沉能顺利进行，沉井应连续挖土，连续下沉，中途不宜有较长时间的停歇。　　　　　　　　　　　　　　　　　　　　　　　　　　　　　（　　）
4. 沉井下沉时，必须克服井壁与土间的摩阻力和地层对刃脚的反力，其比值称为下沉系数 K，一般应不小于 1.15～1.25。　　　　　　　　　　　　　　　　（　　）
5. 沉井施工中，刃脚部分的土必须挖空，否则沉井不易下沉。　　　　　（　　）
6. 在沉井施工中垫木或混凝土的拆除必须平衡对称、分组、依次的进行。　（　　）
7. 沉井在下沉进程中，可能发生下沉超沉时，常采用千斤顶纠偏。　　　（　　）

二、单项选择题

1. 当沉井下沉接近设计时，挖土速度应（　　　），防止超沉。
A. 加快　　　　B. 逐步加快　　　　C. 随便　　　　D. 放慢

2. 沉井在制作时为了使其保持稳定、不下沉，以满足地基表面承载能力应采取的办法是（　　）。
A. 分段制作减小每段高度减轻沉井下沉自重
B. 加固地基提高地基承载力
C. 采用轻型混凝土减轻沉井下沉自重
D. 铺设垫木，增加承压面积减小对地基的压强

3. 沉井采用不排水下沉，向井内灌水并保持井内水位（　　）。
A. 略高于原地下水位　　　　　　B. 高于地下水位 1.0～2.0m
C. 高于原地下水位 2.0～2.5m　　D. 高于原地下水位 2.5～3.0m

4. 沉井施工技术是市政公用工程常用的施工方法，适用于（　　）。
A. 不良地质条件
B. 小型地下工程
C. 含水、软土地层条件下半地下或地下泵房等构筑物施工
D. 各种地下、半地下工程

5. 沉井施工分节制作时，如果设计无要求，混凝土强度应达到设计强度等级（　　）后，方可拆除模板或浇筑后节混凝土。
A. 30％　　　B. 50％　　　C. 75％　　　D. 60％

6. 当沉井下沉接近设计高程时，挖土速度应适当放慢防止（　　）或挖土过多。
A. 偏斜　　　B. 超沉　　　C. 移位　　　D. 侧移

7. 沉井施工时，当井筒混凝土强度达到设计强度（　　）以上时可开始下沉。
A. 30％　　　B. 70％　　　C. 80％　　　D. 60％

市政管道工程施工

三、多项选择题

1. 沉井下沉时，下沉力是沉井的重量，阻力是（   ）。

A. 井外壁与土之间的摩擦力   B. 刃脚是切土阻力

C. 浮力   D. 井内构造反力

E. 井外构造反力

2. 沉井下沉过程中，可能出现倾斜偏差或位移，常用的纠正倾斜的方法是（   ）。

A. 挖土方法   B. 震动器震动校正

C. 加载校正   D. 高压水冲法

E. 牵拉法

3. 沉井达到规定的强度后可以开始下沉，下沉时先抽除垫木，抽除垫木应（   ）。

A. 依次   B. 对称   C. 均匀   D. 同步

E. 先抽定位垫木

4. 沉井施工所需要做的准备工作有（   ）。

A. 按施工方案要求，进行施工平面布置，设定沉井中心桩，轴线控制桩，基坑开挖深度及边坡

B. 沉井施工影响附近建（构）筑物、管线或河岸设施时，应采取控制措施并应进行沉降和位移监测，测点应设在不受施工干扰和方便测量地方

C. 地下水位应控制在沉井基坑以下 0.5m，基坑内的水应及时排除；采用沉井筑岛法制作时，岛面标高应比施工期最高水位高出 0.5m 以上

D. 基坑开挖应分层有序进行，保持平整和疏干状态

E. 进行基础处理

5. 分节制作沉井时（   ）。

A. 每节制作高度应符合施工方案要求，且第一节制作高度必须高于刃脚部分

B. 混凝土施工缝处理应采用凹凸缝或设置钢板止水带，施工缝应凿毛并清理干净

C. 沉井每次接高时各部位的轴线位置应一致、重合，及时做好沉降和位移监测

D. 井内设有底梁或支撑梁时应与刃脚部分整体浇捣

E. 必要时应对刃脚地基承载力进行验算，并采取相应措施确保地基及结构的稳定

6. 沉井施工中下沉施工控制要点有（   ）。

A. 下沉应平稳、均衡、缓慢，发生偏斜应通过调整开挖顺序和方式"随挖随纠、动中纠偏"

B. 开挖顺序和方式没有严格要求

C. 应按施工方案规定的顺序和方式开挖

D. 做好沉井下沉监控测量

E. 沉井下沉影响范围内的地面四周不得堆放任何东西，车辆来往要减少震动

【参考答案】

项目 7

市政水处理构筑物施工

能力目标

1. 了解给水处理工艺流程。
2. 了解污水处理的工艺流程。
3. 了解水池施工的施工工艺。
4. 重点了解水池施工抗渗及水池满水试验的技术要求。

项目导读

　　本项目从介绍给水处理及污水处理工艺开始，让读者了解常用水处理的工艺流程；同时介绍了水处理构筑物常见的施工方法，结合案例，重点了解水池施工抗渗及水池满水试验的技术要求。

任务 7.1　水处理构筑物施工

7.1.1　任务描述

工作任务

进行钢筋混凝土水池施工技术交底。

工作手段

《给水排水构筑物工程施工及验收规范》（GB 50141—2008）等。

成果与检测

（1）结合实际工程以小组为单位，进行钢筋混凝土水池施工技术交底。
（2）采用教师评价和学生互评的方式打分。

7.1.2　相关知识

1. 给水处理简介

给水处理的任务是通过必要的处理方法去除水中杂质，使之符合生活饮用或工业使用要求。给水处理方法应根据水源水质和用水对象对水质的要求确定，以地表水作为水源时，处理工艺流程中通常包括混凝、沉淀或澄清、过滤及消毒，如图 7.1 所示。

图 7.1　地表水常规处理工艺流程

地下水的处理工艺流程应该根据水源水质和用水对象对水质的要求进行选择，常用的处理过程是除铁、除锰及除氟等。

1）水的混凝

混凝是水中胶体粒子及微小悬浮物的聚集过程，一般是通过向水中投加混凝剂，并创造良好的水力条件来实现的。混凝反应在反应池中进行。常见的反应池有隔板反应池、折板反应池、机械搅拌反应池等。

（1）隔板反应池有往复式和回转式两种，如图 7.2 和图 7.3 所示。在往复式隔板反应池内，水流做 180°转弯，回转式隔板反应池内水流做 90°转弯，相对前者局部水头损失大为减小、絮凝效果有所提高。

（2）折板反应池是在隔板反应池基础上发展起来的。折板反应池通常采用竖流式。它是将隔板反应池的平板隔板改成具有一定角度的折板。图 7.4 所示为工人正在安装反应池折板。

（3）机械搅拌反应池利用电动机经减速装置驱动搅拌器对水进行搅拌，故水流的能量消耗来源于搅拌机的功率输入，搅拌器有桨板式和叶轮式。

图 7.2　往复式隔板反应池　　　　图 7.3　回转隔板反应池

图 7.4　安装反应池的折板

2）水的沉淀

原水经投药、混凝反应后，水中悬浮杂质已形成粗大的絮凝体，要在沉淀池中分离出来以完成澄清的作用。

常用的沉淀设备主要分为沉淀池和澄清池两类。沉淀池设在反应池之后，主要有平流沉淀池和斜板、斜管沉淀池。而澄清池则是具反应和沉淀于一池的构筑物，主要有脉冲澄清池、机械搅拌澄清池等。

（1）平流式沉淀池。平流式沉淀池应用很广，特别是在城市水厂中常被采用。

平流式沉淀池为矩形水池，其基本组成如图 7.5 所示。上部为沉淀区，下部为污泥区，池前部有进水区，池后部有出水区。经混凝的原水流入沉淀池后，沿进水区整个截面均匀分配进入沉淀区，然后缓慢地流向出口区。水中的颗粒沉于池底，沉积的污泥连续或定期排出池外。

（2）斜板、斜管沉淀池。斜板、斜管沉淀池是把与水平面成一定角度（一般60°左右）的众多斜板或管状组件（断面矩形或六角形等）放置于沉淀池中构成。水从下向上流动（上向流）或从上向下（下向流）流动，颗粒则沉于斜板底部，斜板沉淀池还可以水平方向（侧向流）。

（3）澄清池。澄清池将反应、沉淀两个过程综合于一个构筑物中完成，主要依靠活性泥渣层的吸附过滤作用达到澄清目的。

3）水的过滤

在常规水处理过程中，过滤一般是指以石英砂等粒状滤料层截留水中悬浮杂质，从而使水获得澄清的工艺过程。滤池通常置于沉淀池或澄清池之后。

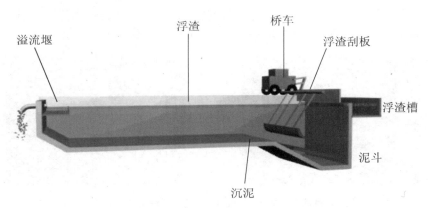

图 7.5　平流式沉淀池

滤池可分为重力式和压力式两种。城市水厂中多采用重力式滤池，如普通快滤池、虹吸滤池、无阀滤池、V型滤池、移动罩滤池等。图 7.6 所示为 V 型滤池。压力式滤池多用于中小型工业企业及城市水除铁除锰水厂等。

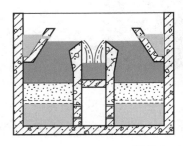

图 7.6　V 型滤池

滤池的工作过程包括过滤、反冲洗两个阶段。浑水流经滤料层时，水中杂质即被截留。随着滤层中杂质截留量的逐渐增加，滤过水质越来越差，此时滤池便须停止过滤进行冲洗。冲洗结束后，过滤重新开始。

4）水的消毒

水的消毒并非要把水中微生物全部消灭，而是只消除水中致病微生物的致病作用。

水的消毒方法很多，如氯消毒、臭氧消毒、紫外线消毒等。其中，氯消毒经济有效，使用方便，应用历史最久也最为广泛。氯消毒作用的机理，一般认为主要通过次氯酸 HClO 起作用。

水中加氯量，可以分为两部分，即需氯量和余氯。需氯量指用于灭活水中微生物、氧化有机物和还原性物质等所消耗的部分。为了抑制水中残余病原微生物的再度繁殖，管网中尚需维持少量剩余氯。我国饮用水标准规定出厂水游离性余氯在接触 30min 后不应低于 0.3mg/L，在管网末梢不应低于 0.05mg/L。

缺乏试验资料时，一般的地面水经混凝、沉淀和过滤后或清洁的地下水，加氯量可采用 1.0～1.5mg/L，而一般的地面水经混凝、沉淀而未经过滤时可采用 1.5～2.5mg/L。

2. 城市污水处理简介

污水处理的基本方法，就是采用各种技术手段，将污水中的污染物质分离去除、回收利用或将其转化为无害物质，使污水得到净化。按作用原理不同污水处理可分为物理处理法、化学处理法和生物处理法三种。

1）物理处理法

生活污水和工业废水都含有大量的漂浮物与悬浮物质，这就是污水物理处理法的去除对象。以下介绍几种常用的物理处理设备。

【参考图文】

（1）格栅和筛网。格栅由一组平行的金属栅条或筛网制成，安装在污水渠道、泵房集水井的进口处或污水处理厂的端部，用以截留较大的悬浮物或漂浮物，如纤维、碎皮、毛发、木屑、果皮、蔬菜、塑料制品等，以便减轻后续处理构筑物的处理负荷，并使之正常运行。

（2）沉砂池。沉砂池的功能是去除密度较大的无机颗粒，一般设于泵站前，以便减轻无机颗粒对水泵、管道的磨损；也可设于初次沉淀池前，以减轻沉淀池负荷及改善污泥处理构筑物的处理条件。

（3）沉淀池。沉淀池按工艺布置的不同，可分为初次沉淀池和二次沉淀池。初次沉淀池中沉淀的物质称为初次沉淀污泥。二次沉淀池设在生物处理构筑物（活性污泥法或生物膜法）的后面，用于沉淀去除活性污泥或腐殖污泥（生物膜法脱落的生物膜），它是生物处理系统的重要组成部分。池型有平流式沉淀池、辐流式沉淀池等，与给水处理沉淀池基本相同。图 7.7 所示的圆形辐流式沉淀池，由中心进水，周边出水，中心传动排泥，常用于城市污水处理厂中的初次沉淀池和二次沉淀池。

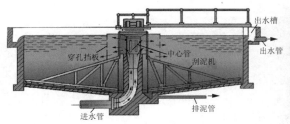

图 7.7　圆形辐流式沉淀池

2）化学处理法

化学处理法是指利用化学反应的作用，分离回收污水中处于各种形态的污染物质（包括悬浮的、胶体的、溶解的等），主要方法有中和、混凝、电解、氧化还原、萃取和吸附等。化学处理法多用于工业废水的处理。

3）生物处理法

生物处理是利用微生物具有氧化分解有机物这一功能，采取一定的人工措施，创造有利于微生物生长、繁殖的环境，使其大量增殖以提高氧化分解有机物效率的一种污水处理方法。生物处理法因具有高效、经济等优点，在城市污水和工业废水处理中得到广泛的应用。城市污水生物处理常采用活性污泥法和生物膜法。

（1）活性污泥法。活性污泥法是以活性污泥为主体的一种污水好氧生物处理

方法。活性污泥是一种呈黄褐色的絮凝体，这种絮凝体主要是由大量繁殖的微生物群体所构成，它易于沉淀与水分离，并使污水得到净化、澄清。活性污泥系统是以活性污泥反应器—曝气池作为核心处理设备，此外还有二次沉淀池、污泥回流系统和曝气与空气扩散系统所组成，如图 7.8 所示。

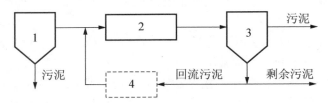

图 7.8　活性污泥法处理系统
1—初次沉淀池；2—曝气池；3—二次沉淀池；4—再生池

传统的活性污泥法中，曝气池采用推流式，即池型为长方廊道形，水从廊道始端流入，廊道末端流出，空气沿廊道均匀送入进行曝气，为微生物分解提供氧气，如图 7.9 所示。

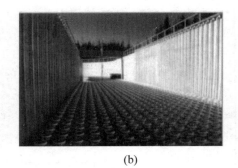

(a)　　　　　　　　　　　　　　　(b)

图 7.9　推流式曝气池
（a）曝气池运行；（b）曝气头

（2）生物膜法。污水的生物膜处理法是使微生物和原生动物、后生动物一类的微型动物附着在滤料或某些载体上生长繁育，并在其上形成膜状生物性污泥——生物膜。污水与生物膜接触，污水中的有机污染物，作为营养物质，为生物膜上的微生物所摄取，污水得到净化，微生物自身也得到繁衍增殖。

生物膜法的处理工艺流程同活性污泥法，但不需要污泥回流。生物膜法有多种形式，如生物滤池、生物转盘、生物接触氧化法等。

4）城市污水的处理工艺

城市污水和生产污水中的污染物质是复杂的，常常需要多种方法的组合，才能去除不同性质的污染物，达到处理要求的程度。城市污水按其处理程度，通常可分为一级、二级和三级处理。

一级处理主要去除污水中呈悬浮状态的固体物质，物理处理法中的大部分方法只能完成一级处理的要求。经过一级处理的污水，生物化学需氧量（BOD）一般只能去除 30% 左右，仍然不能排放，必须进行二级处理。因此，一级处理又称为二级处理的预处理。

【参考视频】

二级处理主要是大幅度地去除污水中呈胶体和溶解状态的有机污染物，去除率可达 90％以上。图 7.10 所示是常用的城市污水二级处理工艺示意图。

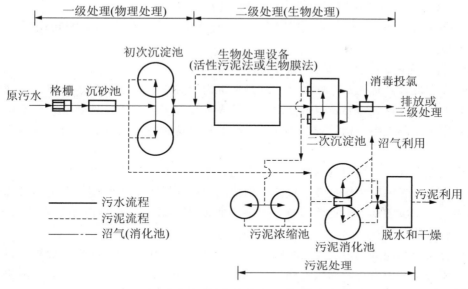

图 7.10　城市污水二级处理工艺示意图

三级处理是在一级、二级处理后，进一步去除水中难降解的有机污染物、氮和磷等能导致水体富营养化的可溶性有机物等。

污泥是污水处理过程的产物。污泥都含有大量的有机物，富有肥效，可以作为农肥使用、但其中也含有多种细菌和寄生虫卵以及生产污水中带来的重金属离子等，因此，在使用前应进行稳定与无害化处理。污泥处理的主要方法是减量处理（如浓缩、脱水等）、稳定处理（如厌氧消化、好氧消化等）、综合利用（如消化气利用、农业利用等）及污泥的最终处置（如干燥焚烧、填地投海、建筑材料等）。

3. 现浇钢筋混凝土水池的施工

在施工实践中，常采用现浇钢筋混凝土来建造各类水池构筑物，以满足生产工艺、结构类型和构造的不同要求。水处理中大中型永久性水池，如滤池、沉淀池等大多采用现浇钢筋混凝土结构。有关钢筋混凝土工程的施工工艺和施工方法，可参照《市政桥梁工程施工》课程的相关内容，这里仅讨论水池结构现浇混凝土施工中的几个问题。

1）模板结构形式

水池构筑物一般都是薄壁、密筋、表面积大，其模板结构通常可采用工具式定型组合模板。但因结构类型或工艺构造要求等，又常需现场拼装木制模板，以保证结构和构件各部分形状、尺寸及相互位置的正确，并应具有足够的强度、刚度和稳定性。同时，模板拼装还要便于钢筋绑扎、混凝土浇筑和养护。

施工前应对模板及其支架进行设计。

（1）模板设计内容如下。

① 模板的形式和制造材料的选择。

【参考图文】

② 模板及其支架的强度、刚度和稳定性计算。

③ 防止吊模变形和位移的措施。

④ 模板及其支架在风载作用下防止倾倒的构造措施。

⑤ 各部分模板的结构设计，各接点的构造，以及预埋件、止水板等的固定方法。

⑥ 隔离剂的选用。

⑦ 模板的拆除程序、方法及安全保证措施。

（2）内模支设形式，常用的有两种：一种是在池内设置立柱脚手架与水平撑木，池壁内模即设置其上，这种形式需要木料或金属材料较多但比较牢固；另一种是不设内部脚手架支撑，而采用多角形支撑结构，或用横箍带联结形式，这种方法用料省，但坚固性不如第一种结构。

（3）外模支撑形式，常用的有两种：一种采用直接支撑在土坡上的方法，但用料需要多，支撑比较牢固；另一种采用钢筋箍模法，但要求内模脚手架必须牢固，因为当外模箍好后，力量将集中于脚手架上。此法较前法省料，但稳定性较差。施工时钢筋必须箍紧，以防模板位移而变形。

模板的拼合面板都应采用定型工具式模板，可以是木制、钢木组合或钢制面板，以及辅以构造所要求的特殊面板拼装而成。面板拼装的尺寸、安装程序与安装高度，则取决于混凝土的浇筑方案。一般内模板为一次架立，外模板分次安装，分次安装的时间间隔须小于浇筑混凝土的开始凝结时间。

2）提高水池混凝土防水性的措施

水处理构筑物由于经常储存大量水且埋于地下或半地下，一般承受较大水压和土压，因此，除须满足结构强度外，还应保证它的防水性能，以及在长期正常使用条件下具有良好的水密性、耐蚀性、抗冻性等耐久性能。

（1）材料的选择。现浇钢筋混凝土水池常用普通防水混凝土进行现场浇筑施工。普通防水混凝土就是在普通混凝土骨料级配的基础上，以调整和控制配合比的方法，提高自身密实度和抗渗性的一种混凝土。

由于普通混凝土是非匀质性材料，内部分布有许多大小不等以及彼此连通的孔隙。孔隙和裂缝是造成渗漏的主要因素，提高混凝土的抗渗性就要提高其密实性，控制孔隙，减少裂缝。

普通防水混凝土是一种富砂浆混凝土，强调水泥砂浆的密实性，使具有一定数量和质量的砂浆能在粗骨料周围形成一定浓度的良好的砂浆包裹层，将粗骨料充分隔开，混凝土硬化后，密实度高的水泥砂浆不仅起着填充和黏结粗骨料的作用，并切断混凝土内部沿石子表面形成的连通毛细渗水通道，使混凝土具有较好的抗渗性和耐久性。可见，普通防水混凝土具有实用、经济、施工简便的优点。

研究和实践表明，采用普通防水混凝土时，为了提高混凝土的抗渗性，在施工中应合理选择调整混凝土配合比的各项技术参数，并须通过试配求得符合设计要求的防水混凝土最佳配合比。

① 水灰比。水灰比的选择，应以保证混凝土的抗渗性和与之相适应的和易性，便于施工操作为原则，水灰比过大或过小，均不利于防水混凝土的抗渗性。实践表明，当水灰比大于 0.6 时，抗渗和抗冻性将明显下降，一般以 0.5～0.6 较为适宜。

② 水泥用量。水灰比选定后，水泥用量是直接影响混凝土中水泥砂浆数量和质量的

关键。在砂率已定条件下，如水泥用量过小，不仅使混凝土拌合物和易性差，而且会使混凝土内部产生孔隙，从而降低密实度。一般防水混凝土水泥用量以不小于 320kg/m³ 为宜。

③ 砂率。防水混凝土的砂率以 35%～40% 为宜。

④ 灰砂比。灰砂比表示水泥砂浆的浓度，水泥包裹砂粒的情况，是衡量填充石子空隙的水泥砂浆质量的指标。灰砂比大小与抗渗性直接有关，根据经验，灰砂比应在 1∶2～1∶2.5 的范围为宜。

⑤ 坍落度。在选定水灰比和砂率后，应控制坍落度。一般防水混凝土的坍落度以 3～5cm 为宜。坍落度过大，易使混凝土拌合物产生泌水，泌水通道在混凝土内部形成毛细孔道，使抗渗性下降。为了改善混凝土拌合物的施工和易性，可掺入适量外加剂。

（2）改善施工条件，精心组织施工。

普通防水混凝土水池结构的优劣，还与施工质量密切相关。因此，对施工中的各主要工序，都应严格遵守施工及验收规范和操作规程的规定组织实施。

① 混凝土搅拌。防水混凝土应采用机械搅拌，搅拌时间比普通混凝土略长，以保证混凝土拌合物充分均匀。

② 混凝土运输。在运输过程中要防止漏浆和产生离析现象，常温下应在半小时内运至浇筑地点，并及时进行浇灌。在运距远或气温较高时，可掺入适量缓凝剂。

③ 混凝土浇筑和振捣。浇筑前，检查模板是否严密并用水湿润。如混凝土拌合物发生严重泌水离析现象，应复拌均匀，方可浇灌。浇筑时应采用串筒、溜槽，以防发生混凝土拌合物中粗骨料堆积现象。混凝土应分层浇筑，每层厚度不宜超过 30～40cm，相邻两层浇筑时间间隔不应超过 2h，夏季可适当缩短。

防水混凝土应尽量采用连续浇筑方式，对于因结构复杂、工艺构造要求或体积庞大受施工条件限制的池类结构，而必须间歇浇筑作业时，应选择合理部位设置施工缝。底板混凝土应连续浇筑，不得留施工缝。池壁一般只允许留设水平施工缝。池壁的施工缝，底部宜留在底板上面不小于 20cm 处，当底板与池壁连接有腋角时，宜留在腋角上面不小于 20cm 处；顶部宜留在顶板下面不小于 20cm 处，当有腋角时，宜留在腋角下部。池壁设有孔洞时，施工缝距孔洞边缘不宜小于 30mm。当必须留设垂直施工缝时，应留在结构的变形缝处。

施工缝的形式通常采用钢板止水缝，这种施工缝防水效果可靠，但耗费钢材，在池壁为现浇混凝土，底板与池壁连接处的施工缝留在基础上口 20cm 处时，按设计要求在浇捣混凝土之前，应将止水钢板固定，设置钢板止水缝。

混凝土的振捣应采用机械振捣，不应采用人工振捣。机械振捣能产生振幅不大，频率较高的振动，使骨料间摩擦力降低，增加水泥砂浆的流动性，骨料能更充分被砂浆所包裹，同时挤出混凝土拌合物中的气泡，以利增强密实性。

④ 混凝土的养护。混凝土浇筑达到终凝（一般为 4～6h）即应覆盖，浇水湿润养护不应少于 14d。由于对防水混凝土的养护要求较严，故不宜过早拆除模板。拆模时应使混凝土表面温度与环境温度之差不超过 15℃。以防产生裂缝。

【参考图文】

此外，为了确保水池的防水性良好，可在结构表面喷涂防护层或水泥砂浆（掺适量防水粉）抹面。为防止地下水渗透，亦可增加沥青防水层。

（3）做好施工排水工作。在有地下水地区修建水池结构工程，必须做好排水工作，以保证地基土壤不被扰动，使水池不因地基沉陷而发生裂缝。施工排水须在整个施工期间不间断进行，防止因地下水上升而发生水池底板裂缝。

混凝土工程施工完毕，应分段进行成品检验。成品检验主要采用满水试验，按设计规定验收合格，回填土方施工完毕后，方可投入使用。

4. 装配式预应力钢筋混凝土水池施工

与普通钢筋混凝土水池相比较，装配式预应力钢筋混凝土水池更具有比较可靠的抗裂性及不透水性，在钢材、木材、水泥的消耗量上均较普通整体式钢筋混凝土水池节省。

水池底板位于地下水位以下时，有可能因基坑内地下水位急剧上升，或外表水大量涌入基坑，使构筑物的自重小于浮力时，会导致构筑物浮起。因此施工前应验算施工阶段的抗浮稳定性，当不能满足抗浮要求时，必须采取以下抗浮措施。

（1）选择可靠的降低地下水位方法，严格进行排降水工程施工，对排降水所用机具随时做好保养维护，并有备用机具。

（2）构筑物下及基坑内四周埋设排水盲沟和抽水设备，一旦发生基坑内积水随即排除。

（3）备有应急供电和排水设施并保证其可靠性。

（4）雨季施工，基坑四周设防汛墙，防止外来水进入基坑，并建立防汛组织，强化防汛工作。

（5）可能时，允许地下水和外来水进入构筑物，使构筑物内外无水位差，以减少浮力值。

1）水池壁板构造

水池壁板的结构形式一般有两种：有搭接钢筋的壁板和无搭接钢筋的壁板，如图7.11所示，实际操作中多采用后一种壁板形式。

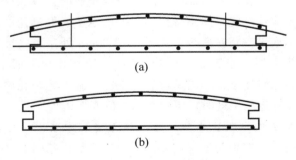

(a)

(b)

图7.11 预制壁板图

（a）有搭接钢筋的壁板；（b）无搭接钢筋的壁板

水池壁板安插在底板外周槽口内，如图7.12所示。缠绕预应力钢丝时，须在水池壁外侧留设锚固设备。

2）装配式预应力混凝土水池构件吊装

构件吊装前，应结合水池结构、直径与构件的最大重量确定采用的吊装机械，吊装方法、吊装顺序及构件堆放地点等。常用的吊装机械多采用自行式起重机，如汽车式和履带

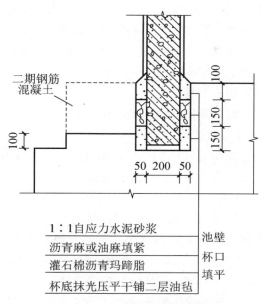

二期钢筋混凝土

100

150 150

100

50 200 50

1：1自应力水泥砂浆
沥青麻或油麻填紧
灌石棉沥青玛蹄脂
杯底抹光压平干铺二层油毡

池壁
杯口
填平

图 7.12　壁板与底板的杯槽连接

式起重机等。

吊装顺序可按选定的机械性能而定。通常有两种吊装顺序，一种是连续吊装柱、梁、盖板，由中心向外进展，然后吊装壁板；另一种是依次分别吊完柱、梁、壁板后再吊装顶盖板。

构件吊装校正之后用水泥砂浆连接或预埋件焊接。采用预埋件焊接可提高结构整体性及抗震性，而且无须临时支撑。

壁板吊装前，在底板槽口外侧弧形尺宽度的距离弹墨线。吊装前，弧形尺外边贴墨线，内侧贴壁板外弧面，同时用垂球找正，即可确定壁板位置，然后用预埋件焊接或临时固定。

壁板全部吊装完毕后，在接缝处安装模板，浇灌豆石混凝土堵缝。

3）板缝混凝土的浇注

预制安装水池满水试验能否达到较好标准，除底板混凝土施工质量和预制混凝土壁板满足抗渗标准外，现浇壁板缝混凝土也是防渗漏的关键，必须控制其施工质量。具体操作要点如下。

（1）预制安装混凝土水池，分圆形和矩形两种。圆形水池依靠高强钢丝缠绕并施加预应力箍定，矩形水池用四角现浇混凝土壁板及预制壁板缝间钢筋结构保证水池整体性，故矩形水池在板缝混凝土浇筑前必须严格按设计要求完善板缝钢筋施工。

（2）板缝混凝土内模宜一次安装到顶，外模随混凝土浇筑陆续安装并保证不跑模不漏浆。分段支模高度不宜超过一块板高度。

（3）板缝混凝土浇筑前，应将壁板侧面和模板充分湿润，并检查模板是否稳妥，模内是否洁净。

（4）板缝混凝土强度应符合设计规定，当无设计规定时，其强度等级应大于壁板一个等级，宜采用微膨胀混凝土。

（5）浇筑板缝混凝土，应在板缝宽度最大时进行，以防板缝受温度变化影响产生裂缝。有顶板水池，由于壁板受顶板约束，一般当日气温最高时板缝宽度最大。

（6）板缝混凝土分层浇筑高度不宜超过250mm，并注意混凝土和易性，二次混凝土入模时间不得超过混凝土初凝时间。

（7）采用机械振捣并辅以人工插动。

（8）做好混凝土养生，确保连续湿润养生不少于7d。

4）池壁环向预应力施工

预制安装圆形水池壁板缝在浇筑混凝土后，缠绕环向预应力钢丝是保证水池整体性、严密性的必需措施。水池环向预应力钢筋应张拉工作在环槽杯口，且壁板接缝浇注的混凝土强度需达到设计强度的70%。

缠丝工作是利用缠丝机完成的，缠丝开始时，将钢丝一端锚固在锚定槽上，然后开动缠丝机，缠丝机顺着链条转动，链条紧贴池壁并可随着缠丝工作进行而逐渐上升或下降，如图7.13所示。施工前，对所用的低碳高强度钢丝应做外观检验和强度检测。

图7.13　缠丝作业

缠丝应从池壁顶向下进行，第一圈距池顶高度应符合设计要求，但不宜大于500mm，如遇到缠丝不能按设计要求达到的部位时，可与设计员洽商采取加密钢丝的措施。缠丝时应严格控制钢丝间距，当缠到锚固槽时，应用锚固锚定。

每缠一盘钢丝测定一次应力值，以便及时调整牵制的松紧保证质量，并按规定格式填写记录。

钢丝需做搭接时，应使用18～20号钢丝密排绑扎牢固，其搭接长度不小于250mm。

对已缠钢丝，要切实保护，严防被污染和重物撞击。

5）预应力钢筋保护层的施工

预应力钢筋保护层的施工应在水池满水试验合格后的满水条件下进行。试水一旦结束，应尽快进行钢丝保护层的喷浆，以免钢丝暴露在大气中发生锈蚀。

喷浆前，必须对池外壁污物进行清理检验。

喷浆应沿池壁的圆周方向自池身上端开始；喷口至受喷面的距离应以回弹物较少、喷层密实而定；每次喷浆厚度为15～20mm，共喷三遍，总厚度不小于40mm；喷浆应与喷射面保持垂直，当受障碍物影响时，其入射角不应大于15°；喷浆宜在气温高于15℃时施工，当有大风、降雨、冰冻或当日最低气温低于0℃时，不得进行喷浆施工；喷浆凝结后，应加遮盖湿润养护14d以上。

7.1.3 案例示范

1. 案例描述

水池抗渗混凝土浇筑施工技术交底

2. 案例分析与实施

水池抗渗混凝土浇筑施工技术交底如下。

水池抗渗混凝土浇筑施工技术交底

技术交底记录		编号	
工程名称	×××净水厂工程		
分部工程名称	主体结构	分项工程名称	水池施工
施工单位	×××市政工程公司	交底日期	××××年×月×日

交底内容：

　　钢筋混凝土结构矩形水池两座，水池混凝土强度为C30，抗渗等级不小于S6。混凝土保护层厚度：基础40mm；水池底板30mm，梁、柱35mm，池壁板25mm。水池内壁、梁、柱、板抹防水砂浆（1∶2水泥砂浆加5％防水剂）20mm厚，再抹环氧沥青漆两道。

　　本工程水池的施工重点是防止混凝土开裂和提高混凝土抗渗性能，搞好混凝土的养护是施工的关键。

　　1. 作业条件

　　1）技术准备

　　（1）认真熟悉图纸，提出图纸问题并交由设计、建设、监理等单位共同会审，并形成图纸会审记录，计算工程量并进行工料分析，提出材料计划。

　　（2）根据现场的实际情况，编制各分项工程技术交底。

　　（3）了解当地的气候特点及气候条件，编制合理的施工进度计划。

　　（4）提供砂、石子、水泥、钢筋等材料样品交由实验室做原材料检测，并根据图纸要求做相应的混凝土、砂浆配合比。

　　2）现场准备

　　（1）平整施工场地，清除现场建筑垃圾。绘制施工平面布置图，并根据施工平面布置图合理规划现场机具材料的布置。

　　（2）及时与业主等相关部门联系，使施工现场具备"四通一平"条件。

　　（3）按照施工进度计划合理地组织相关施工人员进场，新进厂的工人必须进行三级安全教育及相应技能培训，特殊工种必须持证上岗。

　　（4）组织机具设备及周转材料进场，并及时检修，保证不影响施工进度。

　　另外，工程用材料按计划进场，并按规定进行合理堆放、保管。

　　2. 施工方法、工艺

　　根据本工程的特点，确定水池施工程序如下：

　　测量放线→基坑开挖、清理→基坑钎探、验槽→混凝土垫层施工→钢筋混凝土框架施工→土方回填→池底板施工→池壁施工→满水试验→池壁抹灰、防腐。

　　其中混凝土施工技术措施如下。

　　1）定位放线

　　（1）从总平面图上找出定位点，并绘出本工程定位放线图，将主要数据标在定位放线图上（主要包括定位点的坐标、标高、定位点间的距离等）。

　　（2）用全站仪等测量仪器将其各主要控制点测出并固定好，控制桩四周用C20混凝土浇筑（可在定位点四周打三根钢管，再用三根同样的钢管将其锁住加以保护）。

　　2）混凝土垫层的施工

　　土方开挖完并验槽合格后，进行放线，支设垫层模板，抄出标高后进行混凝土垫层的浇筑，混凝土要求表面平整。混凝土垫层凝结硬化后，进行基础的测量定位放线，在垫层上标出基础轴线。垫层达到一定强度后方可进行下一道工序施工。

3) 混凝土工程施工

(1) 混凝土选用中、粗砂和强度等级为 P.O42.5R 普通硅酸盐水泥,在混凝土中加入适量的抗裂防水剂,使混凝土得到收缩补偿,减少混凝土的温度应力,达到抗渗要求。混凝土搅拌时间应比普通混凝土延长 1min,以保证搅拌均匀。

混凝土配合比由实验室确定,严格按配合比计量、检测、搅拌。严格控制水灰比和坍落度,搅拌时要做好记录,每班至少做混凝土试块二组(一组标养,一组同条件养护)。

(2) 混凝土集中搅拌,搅拌完成后,要尽快运至施工部位,减少二次倒运。如果在运输过程中发现离析现象,应重新搅拌后方可使用。

(3) 混凝土运输、浇筑及间歇的全部时间不应超过混凝土的初凝时间,同一施工段的混凝土应连续浇筑,并应在底层混凝土初凝之前将上一层混凝土浇筑完毕。

(4) 混凝土浇筑前要将模板内的泥土和钢筋上的油污等杂物清理干净。

(5) 混凝土浇筑要分段进行,每层浇筑高度应根据结构特点和钢筋的密度确定,一般为 400mm,混凝土自高处倾落时高度不得超过 2m。

(6) 采用插入式振动棒振捣时应快插慢拔 20～30s,插点应均匀排列、逐点按一定顺序移动、均匀振捣不得遗漏,振捣时做到均匀振实(表面呈现浮浆,无气泡,不再下沉),棒距不大于振捣作用半径的 1.5 倍,一般为 30～40cm,振捣上一层时应插入下一层 50mm,以消除两层间接茬。

(7) 混凝土浇筑应连续进行,尽量减少间歇时间。浇筑段接茬间歇时间,当气温小于 25℃时,不超过 3h,气温大于或等于 25℃时,不应超过 2.5h。为此对底板混凝土的浇筑,要根据底板厚度和混凝土的共应与浇筑能力来确定浇筑宽度和分层厚度,以保证间歇时间不超过规定的要求。

(8) 基础浇筑混凝土时采用在基坑内搭设马道,翻斗车水平运输的方法浇筑混凝土。

(9) 施工缝凿毛处理。

施工缝凿毛处理应用剁斧或尖錾轻捶将混凝土的不密实表面及浮浆凿掉露出新茬。凿毛过程中要注意保护混凝土的棱角,不要将粗骨料剔出。浇筑前施工缝应先铺 15～20mm 厚的与混凝土配合比相同的水泥砂浆。所铺的水泥砂浆与混凝土的浇筑的相隔时间不应过长。

(10) 池壁混凝土浇筑。

① 混凝土施工缝处应将其表面凿毛,清除浮浆,使之露出石子,用加压水冲洗后保持湿润,止水板两侧也要清理干净。再次浇筑混凝土时首先铺一层 50mm 厚与池壁混凝土同配合比的水泥砂浆,再浇筑混凝土。水池池壁混凝土浇筑应从中心向两侧对称进行,并分层浇筑。预埋柔性穿墙套管下部混凝土浇筑时应注意用振捣棒将混凝土由两边向中间赶,以防混凝土振捣不实导致局部渗漏。

② 混凝土浇筑时,应沿池壁四周对称交圈浇筑,严禁从一侧集中浇筑混凝土以防止柱插筋偏移。

③ 池壁混凝土应分层连续浇筑完成,每层混凝土的浇筑厚度不应超过 40cm。沿池壁高度均匀摊铺,每层水平高差不超过 40cm。池壁转角、进出水口、洞口是配筋较密难操作的部位,应按照混凝土捣固的难易程度划分小组的浇筑长度。

④ 浇筑混凝土时要派专人经常观察模板、钢筋、预留洞、预埋铁件、预埋管和插筋等有无位移、变形或孔洞堵塞情况,如发现问题应立即停止浇筑混凝土,立即整改、修理、完善、处理后再继续浇筑混凝土。

(11) 混凝土养护。防水混凝土的养护对其抗渗性能影响极大,特别是早期湿润养护更为重要,一般在混凝土进入终凝(浇筑后 4～6h)即应覆盖,浇水湿润养护不少于 14d。因为在湿润条件下,混凝土内部水分蒸发缓慢,不致形成早期失水,有利于水泥水化,特别是浇筑后的前 14d,水泥硬化速度快,强度增长几乎可达到 28d 标准强度的 80%,由于水泥充分水化,其生成物将毛细孔堵塞,切断毛细通路,并使水泥石结晶致密,混凝土强度和抗渗性均能很快提高。14d 以后,水泥水化速度逐渐变慢,虽然继续养护依然有益,但对质量的影响不如早期大,所以应注意前 14d 的养护。

混凝土表面泌水和浮浆应排除，待表面无积水时，宜进行二次压实抹光。

泵送混凝土一般掺有缓凝剂，宜在混凝土终凝后才浇水养护，并应加强早期养护。

为了保证新浇筑的混凝土有适宜的硬化条件，防止早期由于干缩产生裂缩，混凝土浇筑完 12h 后应覆盖洒水养护。池壁模板拆除后，采用 0.5mm 厚塑料膜覆盖浇水养护，并视气温变化情况每间隔一定时间浇水养护，保证混凝土表面湿润。防水混凝土连续养护时间不少于 14d。

（12）水池抹灰。为提高水池的不透水性，池内壁和底板采用 20mm 厚 1∶2 防水水泥砂浆（内掺 5% 防水剂）抹面，池外壁采用 20mm 厚水泥砂浆抹面，应分层紧密连续涂抹。抹水泥砂浆前，须将混凝土表面凿毛，然后刷内掺 108 胶（内掺为水泥重量的 10%～15%）的水泥砂浆一道，填充基层表面空隙。在素水泥浆层初凝时抹第二层防水砂浆，要使水泥浆层薄薄压入素灰层厚度的 1/4 左右。抹完后在其初凝时用扫帚按顺序向一个方向扫出横向条纹，之后再抹一道素水泥浆作为结合层，最后再抹一道 5mm 厚的防水砂浆层，用铁抹子抹实压光。

抹灰前必须先找好规矩，即四角规方，横线找平，主线吊直，弹出准线。

用拖线板检查墙面平整垂直程度，大致决定抹灰厚度（最薄处一般不小于 7mm），再在墙的上角各做一个标准灰饼，大小 5cm 见方，厚度以墙面平整垂直决定，然后根据这两个灰饼用拖线板或挂垂直线锤做墙面下角两个灰饼，厚度以垂直线锤为准，再用钉子钉在灰饼附近，拴上线挂好通线，并根据线位置每隔 1.2～1.5m 上下加做若干标准灰饼，待灰饼稍干后，在上下灰饼之间抹上宽 10cm 的砂浆冲筋，用木杠刮平，厚度与灰饼相平，待稍干后可进行底层抹灰。抹灰应分层进行，每层厚度宜为 5～7mm。

抹灰完成后次日进行洒水养护。

（13）水池防腐施工。

① 水池防腐采用涂刷环氧沥青漆两道。进场后应当严格进行质量检查、储存、运输和保管。

② 原材料进场后，必须检查其规格、质量是否符合要求。

③ 池壁防腐严格按设计要求进行。

3. 质量要求

1）保证项目

（1）水池地基处理必须符合设计要求，并严禁扰动。

（2）灰土防渗层的干密度、接茬处理，必须符合设计要求。

（3）混凝土所用水泥、粗细骨料、水、外加剂等，必须符合施工规范和有关的规定。

（4）混凝土的配合比、原材料计量、搅拌、养护和施工缝处理，必须符合施工规范的规定。

（5）混凝土的强度、抗渗性、耐久性应符合设计要求，并按《混凝土强度检验评定标准》（GB/T 50107—2010）的规定取样、制作、试验和评定强度。做抗渗试验应 100% 合格，表面无蜂窝、麻面、裂缝。

（6）钢筋的品种和质量，焊条、焊剂的牌号、性能以及接头中使用的钢板和型钢材质，必须符合设计要求和有关标准的规定。

（7）水池和进、出水管安装应按规定进行试水，严禁出现渗漏现象。

2）基本项目

（1）混凝土应振捣密实，无露筋、蜂窝、孔洞、裂缝等缺陷。

（2）钢筋的缺扣、松扣数量不得超过绑扎数的 10%，且不应集中。

（3）池壁竖向钢筋的接头应交错布置，在每一水平截面内不应多于垂直钢筋总数的 25%；池壁水平筋的接头应交错分布，在每一垂直截面内，不应多于水平钢筋总数的 25%。

（4）钢筋保护层的厚度应用水泥砂浆垫块来保持，池壁钢筋保护的误差不得超过 +10～-5mm，间距的误差不得超过 ±20mm。

续表

（5）池壁预埋橡胶止水带位置应正确，不得出现歪斜、变形等现象。 4. 安全文明施工措施 （1）机械挖土，在伸臂工作范围内，不得进行其他作业。 （2）灰土防渗层夯实使用蛙式打夯机时，要两个人操作，其中一人负责移动胶皮电线，防止夯击电线；操作夯机人员必须戴胶皮手套，以防触电；打夯要精力集中；两台夯机在同一线路作业应保持10m以上距离。 （3）做好机电设备的检查、维修和保养。使用电动工具应安装触电保护器，经常检查供电线路绝缘情况。机电设置应由专人管理和操纵。起重机、卷扬机由专人指挥和操作，防止发生碰撞、坠落、倾翻等事故。 （4）进行石灰过筛及沥青、聚氯乙烯胶泥施工操作等人员，应戴口罩、眼镜、手套、鞋盖，穿工作服，并应站在上风头作业。 （5）沥青、聚氯乙烯胶泥为有毒、易燃品，应贮存在阴凉干燥地方并远离火源。熬制沥青、胶泥现场应设砂箱、铁桶、灭火器。在沥青锅、胶泥加热炉附近设置通风设备，操作中严格控制加热温度，防止出现火灾事故。	

审核人	交底人	接收交底人
×××	×××	×××

习 题

一、判断题

1. 预应力钢筋保护层的施工应在水池满水试验合格后的满水条件下进行。　　（　　）

2. 预制安装圆形水池壁板缝水池浇筑混凝土后，缠绕环向预应力钢丝应从池壁底向上进行。　　（　　）

3. 浇筑板缝混凝土，应在板缝宽度最大时进行，以防板缝受温度变化影响产生裂缝。
　　（　　）

4. 现浇钢筋混凝土水池常用普通防水混凝土进行现场浇筑施工。　　（　　）

5. 城市污水一级处理主要是大幅度地去除污水中呈胶体和溶解状态的有机污染物。
　　（　　）

6. 水的消毒是要消灭水中的全部微生物。　　（　　）

二、单项选择题

1. 以地表水为水源时，生活饮用水的常规处理一般采用（　　）工艺流程。

A. 沉淀—混凝—过滤—消毒

B. 过滤—沉淀—混凝—消毒

C. 混凝—沉淀—过滤—消毒

D. 混凝—过滤—沉淀—消毒

2. 饮用水消毒的目的是（　　）。

A. 消灭水中病毒和细菌，保证饮水卫生和生产用水安全

B. 去除地下水中所含过量的铁和锰，使水质符合饮用水要求

C. 去除水中胶体和细微杂质

D. 清除水中的腐质酸和富里酸，以免产生"三致"物质

3. 给水工艺中使用混凝沉淀，主要去除水中的（　　）。

A. 胶体和悬浮杂质　　　　　　　B. 胶体和溶解性物质

C. 悬浮杂质和溶解性物质　　　　D. 有机物

4. 污水的物理处理法不包括（　　）。

A. 沉淀法　　　B. 电解法　　　C. 筛滤法　　　D. 过滤法

5. 污水的化学处理法不包括（　　）。

A. 中和　　　B. 离子交换　　　C. 氧化还原　　　D. 离心分离

6. 活性污泥处理系统的反应器是（　　）。

A. 沉砂池　　　B. 沉淀池　　　C. 曝气池　　　D. 滤池

7. 下列方法中（　　）不属于污水二级处理方法。

A. 活性污泥法　　　　　　　　　B. 生物膜法

C. 混凝沉淀法　　　　　　　　　D. 氧化沟

8. 现浇钢筋混凝土水池施工方案中包括模板及其支架设计，以下（　　）不是模板及其支架设计计算项目。

A. 稳定性　　　B. 结构　　　C. 刚度　　　D. 强度

9. 现浇壁板缝混凝土施工时，混凝土如有离析现象，应（　　）。

A. 加水重新拌合　　　　　　　　B. 进行二次拌合

C. 加水泥重新拌合　　　　　　　D. 取出粗颗粒后使用

10. 装配式预应力混凝土水池壁板缝混凝土浇筑施工质量是水池（　　）的关键。

A. 抗浮　　　B. 抗变形　　　C. 结构强度　　　D. 防渗漏

11. 预制安装水池接缝的混凝土强度应符合设计规定，当设计无规定时，应采用（　　）的混凝土。

A. 比壁板混凝土强度提高一级　　B. 与壁板混凝土强度等级相同

C. 低强度混凝土　　　　　　　　D. 强度等级为 C30 混凝土

12. 现浇壁板缝混凝土浇筑时间应根据气温和混凝土温度选在（　　）时进行。

A. 壁板缝宽度较小　　　　　　　B. 壁板缝宽度较大

C. 无要求　　　　　　　　　　　D. 室外气温大于 15℃ 时

13. 预制安装圆形水池池外壁缠丝应在壁板缝混凝土强度达到设计强度的（　　）后开始。

A. 100%　　　B. 90%　　　C. 80%　　　D. 70%

14. 预制安装圆形水池缠绕环向钢丝后喷射水泥砂浆保护层是为了（　　）。

A. 保护钢丝不被锈蚀　　　　　　B. 统一外观

C. 使池壁达到规定厚度　　　　　D. 增加钢丝的拉力

15. 装配式混凝土水池，缠绕预应力钢丝，其应力值（　　）。

A. 每缠绕一圈钢丝测定一次　　　B. 缠丝过程中抽测

C. 每缠绕一盘钢丝测定一次　　　D. 每缠绕两盘钢丝测定一次

16. 预制安装水池喷射水泥砂浆保护层施工应（　　）进行。

A. 水池满水试验合格后将满水试验用水放空

B. 水池满水试验合格后保持水池在满水状态

C. 水池满水试验之前

D. 水池满水试验合格后将满水试验用水放出一半

17. 对于这句话："水池满水试验后才能喷射水泥砂浆保护层"，你认为（　　）。

A. 错误，应先喷射水泥砂浆保护层再满水试验

B. 正确，因为如果先喷再满水，池内有水时砂浆不容易干燥

C. 错误，先喷后喷都一样．应据实际情况而定

D. 正确，因为验证不漏水后才能喷水泥砂浆保护层

18. 预制安装水池水泥砂浆保护层施工完毕后，应遮盖、保持湿润不少于（　　）。

A. 28d　　　　　　　B. 7d　　　　　　　C. 1d　　　　　　　D. 14d

19. 水池施工时，为了提高混凝土密实性，减少混凝土内渗透孔道，截断孔道与大气之间的连同，从而防止地下水渗入，通常使用（　　）。

A. 密实混凝土　　　　　　　　　　B. 防水混凝土

C. 高强混凝土　　　　　　　　　　D. 密封混凝土

三、多项选择题

1. 以地表水为水源的给水厂常采用的水处理工艺包括（　　）。

A. 混凝处理　　　B. 沉淀处理　　　C. 软化处理

D. 消毒处理　　　E. 过滤处理

2. 给水处理的目的是去除或降低原水中的（　　）。

A. 各种离子浓度　　B. 有害细菌生物　　C. 胶体物质

D. 除盐　　　E. 悬浮物

3. 城市污水二级处理通常采用的方法是微生物处理法，具体方式又主要分为（　　）。

A. 生物脱氮除磷　　B. 活性污泥法　　　C. 氧化还原

D. 生物膜法　　　E. 混凝沉淀

4. 二级处理主要去除污水中的（　　）。

A. 胶体类有机物质　　　　　　　　B. 溶解状有机物质

C. 胶体类无机物质　　　　　　　　D. 溶解状无机物质

E. 所有无机物和有机物

5. 止水带应符合下列要求：（　　）。

A. 塑料或橡胶止水带接头应采用热接或叠接

B. 金属止水带应平整、尺寸准确，其表面的铁锈、油污应清除干净，不得有砂眼、钉孔

C. 金属止水带在伸缩缝中的部分应涂防锈和防腐涂料

D. 金属止水带接头应按其厚度分别采用折叠咬接或搭接

E. 塑料或橡胶止水带应无裂纹，无气泡

6. 给排水厂站混凝土施工、验收和试验严格按（　　）的规定和设计要求执行。

A.《给水排水管道施工及验收规范》

B.《混凝土强度检验评定标准》

C.《混凝土结构工程施工质量验收规范》

D.《给水排水构筑物施工及验收规范》

E. 浇筑、养护

7. 装配式预应力水池缠丝工序开始前必须做的作业有（　　　）。

A. 对所用低碳高强钢丝外观和强度进行检测

B. 对池壁垂直度和圆整度进行检验

C. 对池底板混凝土强度和厚度进行检验

D. 清除壁板表面污物、浮粒，外壁接缝处用水泥砂浆抹顺压实养护

E. 对壁板缝混凝土强度进行检验

8. 关于预制安装水池的水泥砂浆保护层喷射施工，下列说法不正确的是（　　　）。

A. 水泥砂浆保护层喷射施工完毕，应加遮盖、保持湿润不应小于 7 天

B. 喷浆宜在气温高于 15℃时施工，当有六级（含）以上大风、降雨、冰冻时不得进行喷浆施工

C. 喷浆前，必须对池外壁污物进行清理检验。

D. 喷射应从水池顶部向底部进行

E. 喷浆宜在气温低于 15℃时施工

9. 喷射水泥砂浆保护层施工时的要求正确的是（　　　）。

A. 喷浆前必须对池外壁油、污进行清理、检验

B. 正式喷浆前应先做试喷，对水压及砂浆用水量调试

C. 喷射的砂浆应不出现干斑和流淌为宜

D. 输水管压力要稳定，喷射时谨慎控制供水量

E. 喷射应从水池下端往上进行

10. 水池施工中的抗浮措施有（　　　）。

A. 选择可靠的降低地下水位方法，严格进行排降水工程施工，对排降水所用机具随时作好保养维护，并有备用机具

B. 完善雨期施工防汛

C. 可能时，允许地下水和外来水进入构筑物，使构筑物内外无水位差，以减少浮力值

【参考答案】

D. 增加池体钢筋所占比例

E. 对池体下部进行换土

任务 7.2　水池满水试验

7.2.1　任务描述

工作任务

了解水池满水试验的技术要求。

工作手段

《给水排水构筑物工程施工及验收规范》（GB 50141—2008)等。

成果与检测

（1）结合实际工程以小组为单位，进行水池满水试验技术交底。

（2）采用教师评价和学生互评的方式打分。

7.2.2 相关知识

对于水处理构筑物，除检查强度和外观外，还应对其进行严密性试验。满水试验是按构筑物工作状态进行的检查活动，主要是检查构筑物的渗漏量和表面渗漏情况，看其是否满足设计要求。

1. 试验准备

试验准备阶段的内容如下。

（1）将池内杂物清理干净，并修补池内外的缺陷；对局部蜂窝、麻面和螺栓孔、预埋筋等，须在满水前修补、剔除。

（2）设置水位观测标尺、标定水池最高水位，安装水位测针。

（3）准备现场测定蒸发量的设备。

（4）临时封堵预留孔洞、预埋管口及进出水孔等，并检查进水及排水阀门。

（5）注入的水应采用清水，并做好注水和排空管路系统的准备工作，必要的安全防护设施和照明等标志应配备齐全。

2. 注水

向池内注水应分三次进行，每次注入为设计水深的1/3。对大中型水池，可注水至池壁底部的施工缝以上，检查底板的抗渗质量，当无明显渗漏时，再继续注水至第一次注水深度。

注水水位上升速度不宜超过2m/d，相邻两次注水的间隔时间，不应少于24h。

每次注水宜测读24h的水位下降值，计算渗水量，在注水过程中，对池外观进行检查，渗水量过大时停止注水，进行处理。当设计单位有特殊要求时，应按设计要求执行。

3. 水位观测

池内水位注水至设计水位24h以后，开始测读水位测针的初读数。测读水位的末读数与初读数的时间间隔应不小于24h。水位测针的读数精度应达到0.1mm。连续测定的时间可依实际情况而定，如第一天测定的渗水量符合标准，应再测一天；如第一天测定的渗水量超过允许标准，而以后的渗水量逐渐减少，可继续延长观测。

4. 蒸发量的测定

有盖水池的满水试验，对蒸发量可忽略不计。无盖水池的满水试验的蒸发量，可在水池内固定直径50cm，高30cm，水深为20cm的敞口钢板水箱，并设有测定水位的测针。测定水池中水位的同时，测定蒸发水箱中的水位。

5. 渗水量计算

水池的渗水量计算公式为

$$q = \frac{A_1}{A_2}[(E_1 - E_2) - (e_1 - e_2)] \qquad (7\text{-}1)$$

式中　q ——渗水量，L/（m² · d）;

　　A_1 ——水池水面面积，m²;

　　A_2 ——水池浸湿总面积，m²;

　　E_1 ——水池水位测针初读数，mm;

　　E_2 ——测读 E_1 后 24h，水池水位测针的末读数，mm;

　　e_1 ——测读 E_1 时蒸发水箱水位测针初读数，mm;

　　e_2 ——测读 E_2 时蒸发水箱水位测针读数，mm。

注意：①当连续观测时，前次的 E_2、e_2，即为下次的 E_1、e_1;②雨天时，不做满水试验渗水量的测定;③按照规范规定，水池渗水量标准按照池壁和池底的浸湿面积计算，钢筋混凝土水池不得超过 2L/（m² · d）。

7.2.3　案例示范

1. 案例描述

清水池满水试验方案。

2. 案例分析与实施

1）工程概况

清水池为 1#、2# 两个相同大小的蓄水池，均为有盖式矩形池结构，池平面尺寸为 40m×24m，水池净深为 3.5m，总容水量为 6720m³，现场有电源，无水源。

2）试验方案

根据工程情况，试验用水从××江引入，先注入 1# 池的 1/3 高度，再注入 2# 池 1/3 高度，返回注入 1# 池的 2/3 高度，然后注入 2# 池的 2/3 高度，最后依次将 1#、2# 池注水到设计水平面高度。

按照规范要求，注水的水位上升速度每天不得超过 2m，同一池相邻两次注水间隔时间大于 24 小时。水位超过施工缝和每次注水停止作为观察重点。注水到设计水面按照规范进行水池渗水量测量和计算，同时进行沉降观察。雨天停止观测，由专人认真做好记录存档。试验结束将水排入市政下水道，通过下水道排入××江。（注：因清水池为有盖式水池，故蒸发量可以不测。）

3）试验程序

试验准备 → 第一次注水 → 观察记录 → 第二次注水 → 观察记录 → 注水到设计水位 → 沉降观察 → 放、排水 → 防腐装修。

4）准备工作

准备工作内容如下。

（1）材料、工具准备，见表 7-1。

表 7-1　主要材料、机具使用计划表

编号	名称	型号	单位	数量	用途	备注
1	水泵	流量 50m³/h	台	2	从江内抽入水池	
2	水箱	5.6m³	座	1	江边临时蓄水	
3	PVC 管道	D150mm	m	1000	引水总管	含连接配件
4	橡胶钢丝管道	D150mm	m	15	过路埋管	
5	水准仪	NAL324	台	1	观察沉降情况	
6	救生圈		套	3	江边和水池防身	
7	救生衣		件	9	水岸边人员配备	

（2）现场准备。

① 安装从××江引水用的管道，将引水设施布置到现场水池。

② 池体混凝土达到设计强度后，在防腐、装修和回填土之前，要将池内清理干净，修补池内外的缺陷。临时封堵预留孔洞、预埋管口及进、出水口等，并检查充水及排水闸门，不得渗漏。

③ 设置水位观测标尺和标定水位测针。

④ 水池的预埋管与外部管道连接时，跨越基坑的管下填土应压实。

⑤ 布置好现场水池之间调水和排放水的水泵、管道、出口位置等设备、机具、材料。

5）试验方法

试验方法如下。

（1）引水采用流量约 50m³/h 的水泵抽水至蓄水箱内，水箱下部设出水口与引水管相连接，为了便于与多规格的管道连接，水箱可设两个排水口。

（2）引水 PVC 管道铺设时，要保证管道牢固，过路处采用橡胶钢丝管道埋于道路下。

（3）按照顺序将引入场内的水注入池内，严格控制注水速度，水面上升速度≤2m/d。注入水面超过施工缝时要认真观察施工缝处有无渗漏，发现缺陷时应停止供水，排水后修补。

（4）每一个水池分三次充水，第一次充水 1/3 设计水深，第二次充水为设计水深的 2/3，第三次充水至设计水位。

（5）相邻两次充水的间隔时间≥24h，每次充水后要测读水位下降值，计算渗水量，在充水过程和充水后，应对水池进行外观检查。发现渗水应停止，维修后继续充水。

（6）充水前后至少进行两次沉降观察。

（7）充水至设计水深进行渗水量测定，采用水位测针测定水位，测针的读数精度达1/10mm。

（8）充水至设计水深后至开始进行渗水量测定时间，应不少于 24h。测读水位的初读数和末读数之间的间隔时间应为 24h。

（9）水池的渗水量按规范要求计算，雨天时，不得做满水试验渗水量测定。

（10）当试验合格后，用水泵将池中的水抽出排入市政下水道(明沟)，最后排入××江。

（11）安全要求：靠近江边和水池边的人员必须穿好救生衣，水边作业备好救生圈；所有水池临边和楼梯一定设安全防护栏杆。

6）试验记录

试验过程中，由专人记录观测和测定数据。

水池满水试验记录表式如下。

水池满水试验记录

工程名称：　　　　　　　　　　　建设单位：

水池名称：　　　　　　　　　　　监理单位：

施工单位：

水池结构		允许渗水量/L/(m²·d)⁻¹	
水池平面尺寸/m		水面面积 A_1/m²	
水深/m		湿润面积 A_2/m²	
测度记录	初读	末读	两次读数差
测度时间(年、月、日、时、分)			
水池水位 E/mm			
蒸发水箱水位 e/mm			
大气温度			
水温			
实际渗水量	(L/m².d)	(L/m².d)	占允许量的百分率
参加单位和人员	建设单位	设计单位	监理单位	施工单位

习 题

一、判断题

1. 有盖水池的满水试验，对蒸发量可忽略不计。　　　　　　　　　　　　（　　）

2. 水池满水试验在注水过程中，应对池外观进行检查，渗水量过大时停止注水，进行处理。　　　　　　　　　　　　　　　　　　　　　　　　　　　　　　（　　）

3. 水池满水试验测读水位的末读数与初读数的时间间隔应不大于 24h。　　（　　）

4. 水池满水试验相邻两次注水的间隔时间，不应大于 24h。　　　　　　　（　　）

5. 水池满水试验向池内注水应分三次进行，每次注入为设计水深的 1/3。　（　　）

二、单项选择题

1. 水构筑物满水试验时，正确的注水方法是（　　）。

A. 相邻两次注水时间间隔不少于 48h

B. 注水分四次进行，每次注水为设计水深的 1/4，水位上升速度每天不超过 1m/d

C. 注水分三次进行，每次注水为设计水深的 1/3，水位上升速度每天不超过 2m/d

D. 注水分三次进行，每次注水为设计水深的 1/3，水位上升速度每天不超过 1m/d

2. 排水构筑物满水试验测读水位的末读数与初读数的时间间隔应不小于（　　）小时。

    A. 48　　　　　　B. 24　　　　　　C. 12　　　　　　D. 72

3. 排水构筑物无盖水池的满水试验的蒸发量测定时，可设现场蒸发水箱，并在水箱内设水位测针进行测定。测定水池中水位的（　　），测定蒸发量水箱中的水位。

    A. 后 0.5h 内　　B. 前 0.5h 内　　C. 同时　　　　D. 之前

三、多项选择题

1. 根据《给水排水构筑物施工及验收规范》的规定，水池满水试验应具备的条件包括（　　）。

    A. 池体的混凝土或砖石砌体的水泥砂浆已达到设计强度

    B. 现浇钢筋混凝土水池的防水层、防腐层施工以及回填土以后

    C. 装配式预应力混凝土水池施加预应力以后，保护层喷涂以前

    D. 砖砌水池防水层施工以后、石砌水池勾缝以后

    E. 砖石水池满水试验与填土工序的先后安排符合设计要求

2. 水池满水试验中，水位观测的要求有（　　）。

    A. 测读水位的初读数与末读数之间的间隔时间应少于 24h

    B. 水位测针的读数精确度应达 1/10mm

    C. 注水至设计水深 24h 后，开始测读水位测针的初读数

    D. 利用水位标尺测针观测、记录注水时的水位值

    E. 测定时间必须连续

3. 水池满水试验时，水池注水下列哪些是错误的（　　）。

    A. 向池内注水宜分两次进行，每次注水为设计水深的二分之一

    B. 注水时水位上升速度不宜超过 1m/d

    C. 相邻两次注水的间隔时间不应小于 2h

    D. 当发现渗水量过大时，应停止注水，待作出妥善处理后方可继续注水

    E. 在注水过程中和注水以后，应对池体作外观检查

【参考答案】

项目拓展

城市地下管线综合管廊施工[①]

⚙ **拓展目标**

1. 了解城市地下管线综合管廊的特点和现状。

2. 结合《城市综合管廊工程技术规范》（GB 50838—2015），了解城市地下管线综合管廊施工方法。

[①] 摘自同济联合地下空间规划设计研究院束昱教授关于"国外城市地下综合管沟利用情况分析"报告。

1. 城市地下管线综合管廊简介

城市地下管线综合管廊，又叫共同沟，如图 1 所示，是在城市地下建造的一个隧道空间，将燃气、电力、电信、给水、雨水、污水等各种管线集于一体，设有专门的检修口、吊装口和监测系统，实施统一规划、设计、建设和管理。

【参考图文】

图 1　城市地下管线综合管廊

与传统的管线埋设方式相比，以综合管廊方式设置管线，有如下一些优点。

（1）有利于国家综合财力有效合理地利用。

（2）减少道路的反复开挖，避免由此引起的对正常交通的影响，有利于城市路网的畅通。

（3）有利于满足各种市政管网对通道、路径的需求，比较有效地解决了城市发展过程中对电力、燃气、通信、给水、排水逐步持续性增长的需求。

（4）管线不易损坏，并且维护与更换方便，降低施工事故。

（5）避免或减少城市的灰尘污染及噪声。

（6）有利于城市管线的灵活配置，提高地下空间的利用率。

（7）有利于城市景观的美化。

当前，国际上很多发达国家都已实施了地下管线综合管廊，如东京、莫斯科和巴黎等国际著名大都市都建有数百公里的地下管廊。地下管线综合管廊在国内也受到了相当高的重视，目前在很多大城市，如北京、上海、南京、杭州、济南等城市都已经或正在建设规模不等的地下管线综合管廊。

【参考视频】

拓展讨论

党的二十大报告指出，坚持人民城市人民建、人民城市为人民，提高城市规划、建设、治理水平。住房和城乡建设部、国家发展改革委联合发布的《"十四五"全国城市基础设施建设规划》要求，因地制宜推进地下综合管廊系统建设，提高管线建设体系化水平和安全运行保障能力，在城市老旧管网改造等工作中协同推进综合管廊建设。结合以上背景，了解杭州综合管廊试点城市建设的过程以及沿江大道管廊的施工方法，并谈一谈感受。

1）综合管廊的类型

城市地下管线综合管廊按功能划分可以分为干线管廊、支线管廊和缆线管廊三种，如图 2 所示。

缆线管廊　　　　　　　干线管廊　　　　　　　支线管廊

图2　城市地下综合管廊类型

（1）干线管廊。干线管廊一般设置于机动车道或道路中央下方，负责向支线管廊提供配送服务，采用独立分舱敷设主干管线的综合管廊，如图3所示。干线管廊主要收容的管线为通信、有线电视、电力、燃气、自来水等，也有的干线管廊将雨水、污水系统纳入，其特点为结构断面尺寸大、覆土深、系统稳定且输送量大，具有高度的安全性，维修及检测要求高。

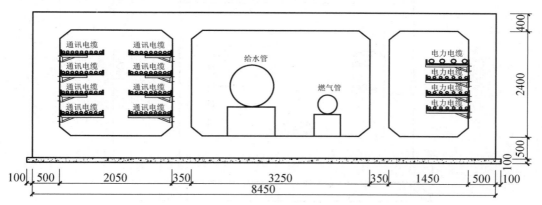

图3　干线管廊（单位：mm）

（2）支线管廊。支线管廊一般设置在道路两侧或单侧，采用单舱或双舱敷设配给管线，直接服务于临近地块终端用户的综合管廊，主要收容的管线为通信、有线电视、电力、燃气、自来水等直接服务的管线，结构断面以矩形居多，如图4所示。其特点为断面较小，施工费用较少，系统稳定性和安全性较高。

（3）缆线管廊。缆线管廊一般埋设在人行道下，为封闭式不通行、盖板可开启的电缆构筑物，其纳入的管线有电力、通信、有线电视等，管线直接供应各终端用户，如图5所示。其特点为空间断面较小，埋深浅，建设施工费用较少，不设有通风、监控等设备，在维护及管理上较为简单。

2）综合管廊的构成

综合管廊一般由以下几个部分组成。

（1）管廊本体：以钢筋混凝土为材料，采用现浇或预制方式建造的地下结构，为收容各种城市管线的载体。

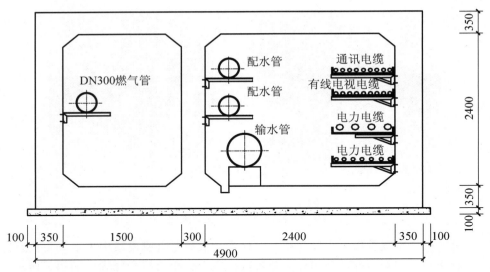

图 4　支线管廊（单位:mm）

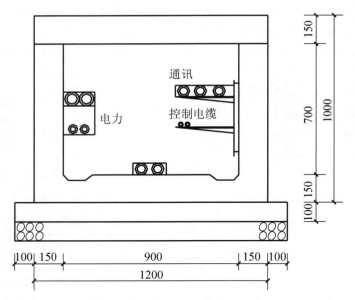

图 5　缆线管廊（单位:mm）

（2）管线：地下管线综合管廊中收容的各种管线是管廊的核心和关键。

（3）附属设施：主要由排水设施、消防设施、换气设施、照明设施、电力配电设施等组成。

3）综合管廊的布置

综合管廊的布置要从各种角度进行各种资料的研究、管线资料的调查等工作，要求做到科学规划、适度超前，以适应城市发展的需要。对于不同的管线容量，应根据当前的实际需求，结合城市开发的规划及经济发展、人民生活水平提高的情况，预测到将来的容量。

（1）综合管廊的总体布置。综合管廊平面线形应与道路曲线线形相符合，不得已时可做适当的调整。

干管平面线的布置，原则上设置于道路中心车道下方，其中心线的平面线型应与道路中心线一致。

干管和邻近建筑物的间隔距离，须考虑施工时挡土措施的安全距离，更要有足够的作业空间，一般应维持 2m 以上。

干管做平面曲线布置，应充分了解收容管线的曲率特性及曲率限制。

缆线管廊原则上仍设置于人行道下，其人行道的宽度至少要有 4m。

缆线管廊因沿线需拉出电缆接户，故其位置应靠近建筑线，电缆沟的外壁离私有地界应有至少 30cm 以上的距离以利电缆的布设。

缆线管廊如需作曲线规划时，应考虑收容的各类缆线的弯曲曲率等。

（2）综合管廊容纳管线要求。电力与电信管线基本上是可兼容于同一管道空间内（同一室），但需注意电磁感应干扰的问题。

燃气管如考虑纳入在综合管沟内，应以独立于一室为原则。

自来水管线与污水下水道管线亦可容纳于同一室，上方为自来水管，下方为污水管线。

通常不纳入雨水下水道（因通常采用重力流），除非雨水下水道的纵坡与综合管廊纵坡一样或下水道渠道与综合管沟共沟才考虑，一般可将污水下水道管线与集尘管（垃圾管）共同容纳于一室内。

【参考视频】

关于警讯与军事通信线缆，因涉及机密问题是否设于综合管廊内，需与相关单位磋商后决定。

支线管廊是引导干线管廊内的管线至沿线服务用户的供给管道，因此支线管廊一般以共室容纳为原则，包括管类及缆类。

缆线管廊是一种小型支线管廊，主要仅容纳电力、电信、有线电视、宽带网络系统缆线为主，直接服务沿线用户为原则。

（3）综合管廊的断面尺寸布置。综合管廊的标准断面应根据容纳的管线种类、数量和施工方法综合确定。

① 干线管廊采用明挖施工时宜采用矩形断面，宽度依其管线种类可采用单室或多室，如图 6 所示；采用非明挖技术（盾构法、顶管法）时宜采用圆形断面等，如图 7 所示。干线管廊的尺寸，净高最小高度为 2.2m，宽度依其管线种类可采用单室或多室，人行走道宽度一般不得少于 90cm。

② 支线管廊的断面形式一般较为轻巧简便，如图 8 所示，支线管廊最小净高至少2m，外加步道混凝土厚度 10cm 及预留顶高 10cm，合计 2.2m，而走道宽度则不得小于 80cm。

③ 缆线管廊的断面一般采用单 U 字形或双 U 字形，如图 9 所示。缆线管廊因属非密闭空间的工作场所，因此沟深不宜过深，一般以 1.0～1.5m 为原则，净宽为 0.90～1.20m，其作业空间为 60～80cm，最上层托架与沟盖之距离为 15cm，最下层托架与板底之距离为 20cm。

（4）附属设施的布置。综合管廊的附属设施包括：电力配电设备、照明设备、换气设备、给水设备、防水进入设备、排水设备、防水、消防设备、防灾安全设备、标志辨别设备、避难设备、联络通讯设备、远方监控设备等。

① 排水系统的布置要求。由于共同沟内管道维修时需放空水，以及其他一些可能发

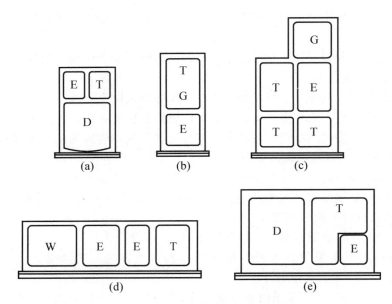

图6 矩形管廊标准断面配置图例

E—电力；T—电缆；D—下水道；G—燃气

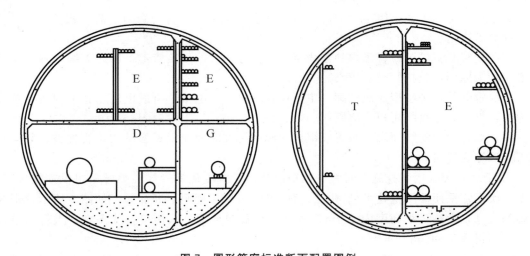

图7 圆形管廊标准断面配置图例

E—电力；T—电缆；D—下水道；G—燃气

生泄漏等情况，都将造成一定的沟内积水，因此，沟内需设置必要的排水设施。

在综合管廊内一侧设排水沟，断面尺寸通常采用200mm×100mm，管廊横向坡度2‰，沿线顺集水井方向坡度采用2‰。集水井设置于每一防火分区的低处，每座集水井内设置潜水排水泵，通过排水管引出沟体后就近排入道路雨水管。

② 消防系统的布置要求。为了防止和扑灭综合管廊内发生的火灾，需在沟内设置必要的消防设施。根据不同的项目特点和当地消防部门的要求，采用不同的消防设施，如干式水喷雾灭火系统、消火栓系统或灭火器等。

综合管廊一般不超过200m就要设置一个防火分区，每个防火分区两边设置防火门。

③ 通风系统的布置要求。为了将共同沟内的高压电缆热量及有害气体及时排除，在共

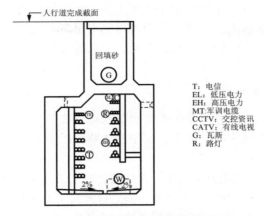

T: 电信
EL: 低压电力
EH: 高压电力
MT:军训电缆
CCTV: 交控资讯
CATV: 有线电视
G: 瓦斯
R: 路灯

图8 支线管廊标准断面配置图例

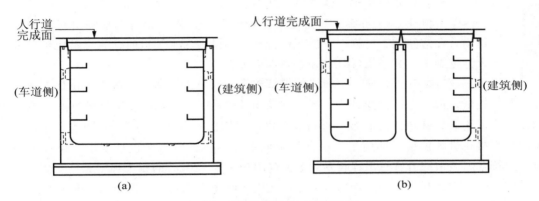

图9 缆线管廊标准断面配置图例
(a) 单室U字形电缆管廊；(b) 双室U字形电缆管廊

同沟内每隔一定的距离需设置排风口。排风口构造及大小应满足通风范围、风速等要求。

通风方式包括自然通风、自然通风辅以无风管的诱导式通风和机械通风。

一般情况下，每隔200m设置一个强制排风口，燃气管道的强制排风口应与其他管道的排风口分别设置。若无法分别设置时，应采取防爆等安全措施。

排风口设置的位置应当高于最高水位，并有防止雨水倒灌、废弃物投入及小动物爬入等措施。排风口的位置，一般置于中央分隔绿化带，但若中央分隔绿化带宽度不足时，可考虑设置于人行道上，至于强制排风口，因其会产生噪声，只能设置于分隔绿化带。

④ 照明、供配电系统的布置要求。综合管廊附属设备工程有照明用电、动力用电、控制用电三种电力系统，原则上设于共同沟的顶部。

综合管廊属于狭长形构筑物，又埋设于地面以下，因而内部的采光以电力照明为主。

在机械排风、集水井、配电箱、人员出入口处的照明强度一般为100～150lux，使用的照明灯具应采用防潮型。

照明灯具沿管廊纵向约10m距离设置20W日光灯一盏。当管廊内不设置应急发电机时，应设置紧急照明系统。

在选择电缆规格时，应当考虑电缆的工作温度、防火阻燃要求、化学腐蚀等因素。

为了使救生及消防设备在紧急时能够继续工作，每个防火分隔区中的自动设备、紧急照明、消防水泵、排水水泵等电源线路应当使用耐火阻燃电缆。

另外，综合管廊内还应设置安全监控系统，应依需要设置指引标志、管理标志、用途标志及警告标志等设施。

2.地下综合管廊的施工方法

地下综合管廊的施工方法有明挖施工法和暗挖施工法两种。其中，暗挖施工法一般只用在地下综合管廊断面为图形的情况下，现主要介绍明挖施工法。

1）明挖现浇法

明挖现浇施工法为最常用的施工方法。采用这种施工方法可以大面积作业，将整个工程分割为多个施工标段，以便于加快施工进度。同时这种施工方法技术要求较低，工程造价相对较低，施工质量能够得以保证，但对临近环境会产生影响。

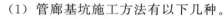
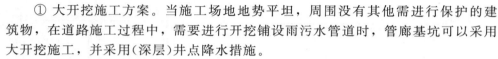

（1）管廊基坑施工方法有以下几种。

① 大开挖施工方案。当施工场地地势平坦，周围没有其他需进行保护的建筑物，在道路施工过程中，需要进行开挖铺设雨污水管道时，管廊基坑可以采用大开挖施工，并采用（深层）井点降水措施。

该方案施工方便，不需要围护结构作业，施工周期短，便于机械化大规模作业，费用较低。但土方量开挖较大，对回填要求较高。一般要求综合管廊两侧回填应对称、分层、均匀。管廊顶板上部1000mm范围内回填材料应采用人工分层夯实，禁止大型碾压机直接在管廊顶板上部施工。综合管廊回填土压实度应符合设计要求，设计无要求时，应符合《城市综合管廊工程技术规范》（GB 50838—2015）的相关规定。

施工时土方量开挖应当随挖随运，基坑周围严禁超高堆土，确保施工的安全性。

② 水泥土围护方案。水泥土围护方案是采用搅拌机将水泥和土强行搅拌，形成连续搭接的水泥土柱状加固挡墙，并具有隔水帷幕的功能。

对开挖深度不超过5m的基坑，采用该方案工程经验比较丰富，施工简便。当采用格栅形式的断面布置时，可以节约工程量。但需要专门的施工设备。基坑开挖深度较浅，施工周期较长。

施工时要确保水泥掺和的均匀度和水泥与土体的搅拌均匀性。围护墙体应采用连续搭接，严格控制桩位和桩身的垂直度。压浆速度应和提升（或下沉）速度相匹配。

③ 板桩墙围护方案。板桩墙围护结构中，常用的板桩形式有等截面U型、H型钢板桩，并辅以深层井点降水。

该方案施工方便，施工周期短，费用较小，技术成熟，基坑开挖深度较深。但墙体自身强度较低，需要增加水平撑或锚碇。

④ SMW工法方案。SMW工法是指在水泥与土体的搅拌桩内插入芯材，如H型钢、钢板桩或钢筋混凝土构件等组成的复合型构件。

该方案中墙体自身结构刚度较大，基坑开挖引起的墙后土体位移较小，结构自身抗渗能力强，但施工周期较长，费用较高。

（2）管廊钢筋混凝土施工。管廊钢筋混凝土施工主要包括钢筋工程、模板工程、混凝土工程、地下防水工程、回填土工程等，在这些施工流程中，大部分为常规施工技术作业，但针对共同沟工程的特殊性，尚应注意如下几个方面的问题。

混凝土工程应按照防水混凝土工程的要求进行施工，从混凝土的级配到混凝土的浇捣，都应严格按照有关规定作业，以确保防水混凝土的密实性、防水防渗性能。

管廊的防水工程施工是确保共同沟主体质量最重要的一个关节。在施工中，首先，应该保证防水材料符合设计标准要求，确保防水材料的质量。其次，在施工过程中，要保证防水材料的施工准确性，主要为中埋式止水带中心线应与变形缝中心线重合，止水带的牢固性，以及嵌缝材料的密实性。此外，穿墙管止水环与主管或翼环与套管应连续满焊，并做防腐处理。

由于管廊在主体工程施工完毕后要进行基坑回填，所以在回填作业中，最重要的就是通过分层回填夯实，保证回填土的压实系数。

（3）管廊安装工程。管廊安装工程通常包括电缆桥架、给水管道、燃气管道、监控设备、照明设备、通风系统、消防系统、排水系统等安装作业。施工时应符合《城市综合管廊工程技术规范》（GB 50838—2015）的相关规定。

2）明挖预制拼装法

明挖预制拼装法是一种较为先进的施工法，在发达国家较为常用。采用这种施工方法要求有较大规模的预制厂和大吨位的运输及起吊设备，同时施工技术要求较高，工程造价相对较高。

3. 国内外综合管廊工程案例介绍

1）法国

法国巴黎市 1833 年着手规划市区下水道系统网络至今，巴黎市区及郊区的综合管廊总长已达 2100km，堪称世界城市综合管廊里程之首。

2）英国

英国于 1861 年在伦敦市区内开始建设综合管廊，断面形式采用宽 4m、高 2.5m 的半圆形综合管廊，收容的管线除煤气管、自来水管、污水管、连接用户的供给管线还包括电力、电信等其他管线。迄今，伦敦市区已有 22 条的综合管廊。

3）德国

1893 年，汉堡市在 Kaiser-Wilheim 街两侧人行道下方建设 450m 的综合管廊；1959年，布白鲁他市建设了 300m 长的综合管廊，用以收容煤气管和自来水管；1964 年，苏尔市（Suhl）及哈利市（Halle）开始建设综合管廊的试点计划，到 1970 年共完成 15km 以上的综合管廊，并开始投入营运，同时也拟订在全国推广综合管廊网络系统的计划。

4）西班牙

西班牙在 1933 年开始计划建设综合管廊，1953 年马德里市首先开始进行综合管廊的规划与建设，当时称为服务综合管廊计划（Plan for Service Galleries），而后演变成目前广泛使用的综合管廊管道系统，到 1970 年止，已完成总长 51km。

5）美国

美国自 20 世纪 60 年代起，即开始了综合管廊的研究，1970 年，美国在 White Plains市中心建设综合管廊，但还未构成系统网络，1971 年美国公共工程协会（American Public Works Association）和交通部联邦高速公路管理局赞助进行城市综合管廊可行性研究。

6）日本

日本共同沟建设开始于 1926 年，关东大地震之后，在东京都复兴计划中试点建设了

三处共同沟：九段阪共同沟、沟滨町金座街共同沟、东京后火车站至昭和街共同沟。1959年在东京都淀桥旧净水厂及新宿西口建设共同沟，1963 年 4 月颁布了"共同沟特别措施法"，首先在尼崎地区建设共同沟 889m，同时在全国各大城市拟订五年期的共同沟连续建设计划，1993—1997 年为日本共同沟的建设高峰期，至 1997 年已完成干管 446km，至 2001 年，据统计日本全国已兴建超过 600km 的共同沟，在亚洲地区名列第一。

7）中国

（1）台湾地区自 20 世纪 80 年代即开始研究评估综合管廊建设方案，是目前继日本之后成为亚洲具有综合管廊最完备法律基础的地区，台北、高雄、台中等大城市已完成地下管廊系统网络的规划并逐步建成，到 2002 年，台湾综合管廊的建设已逾 150km，累积的经验，足可供国内其他地区借鉴。

（2）北京早在 1958 年就在天安门广场下铺设了超过 1000m 的综合管廊。

2006 年在中关村西区建成了我国大陆地区第二条现代化的综合管廊。该综合管廊主线长 2km，支线长 1km，包括水、电、冷、热、燃气、通讯等市政管线。

1994 年，上海市政府规划建设了大陆第一条规模最大、距离最长的综合管廊——浦东新区张杨路综合管廊。该综合管廊全长 11.125km，收容了给水、电力、信息与煤气四种城市管线，它是大陆地区综合管廊建设的一个标志。

2001 年在济南市泉城路改建工程中，在道路南北两侧各建一条综合管廊，全长 1450m、高 2.75m，采用混凝土浇筑。对各类管线及设施制定了统一的系统方案，并充分考虑了与周边道路管线的衔接与辐射。

另外，上海世博园、上海松江新城、上海安亭新城、广州大学城、苏州工业园、厦门集美新城、青岛高新区等也都有了初具规模的地下管线综合管廊。但综合管廊的建设在我国仅处于起步阶段，还存在着一些问题，比如相关地下管线综合管廊法规的完善、综合管廊的规划及制定一套行之有效的管理办法等。

8）其他国家

俄罗斯的莫斯科、列宁格勒等大都市，均建有综合管廊系统，其设计方式分为单室及双室断面，而且大都采用预制式。

瑞典斯德哥尔摩市在第二次世界大战期间建造了一条 30km 长、直径 8m 的管廊原为民防用，第二次世界大战后着重于地下综合管廊建设，每年利用综合管廊收容自来水管、雨水管、污水管、暖气管及电力、电信等服务性管线，后又陆续建造了 25～30km。

芬兰的赫尔辛基目前建有 36km 长的综合管廊，其最大的特点是其埋设于岩层中，埋深达 30～80m，而且不是沿道路建设，而是取直线线路，因此线路的长度可减少 30%。综合管廊造价达每米 3500～5000 英镑。

挪威奥斯陆、瑞士苏黎世、波兰华沙等城市，都有综合管廊的建设实例。

参 考 文 献

[1] 张晶. 道桥市政工程技术交底实例[M]. 北京：人民交通出版社，2011.

[2] 宁长慧. 给水排水工程施工便携手册[M]. 北京：中国电力出版社，2006.

[3] 程和美. 管道工程施工[M]. 北京：中国建筑工业出版社，2006.

[4] 张燕. 管道工程技术[M]. 北京：中央广播电视大学出版社，2006.

[5] 李杨. 市政给排水工程施工[M]. 北京：中国水利水电出版社，2010.

[6] 尹士君. 水工程施工手册[M]. 北京：化学工业出版社，2009.

[7] 夏明耀，曾进伦. 地下工程设计施工手册[M]. 北京：中国建筑工业出版社，2014.

[8] 花景新. 燃气工程施工[M]. 北京：化学工业出版社，2007.

[9] 贺平，孙刚. 供热工程[M]. 北京：中国建筑工业出版社，2009.

[10] 中华人民共和国建设部. GB 50013—2006 室外给水设计规范[S]. 北京：中国计划出版社，2006.

[11] 中华人民共和国住房和城乡建设部. GB 50141—2008 给水排水构筑物施工及验收规范[S]. 北京：中国建筑工业出版社，2009.

[12] 中华人民共和国住房和城乡建设部. GB 50014—2006 室外排水设计规范（2014 年版）[S]. 北京：中国计划出版社，2014.

[13] 中华人民共和国住房和城乡建设部. GB 50268—2008 给水排水管道工程施工验收规范[S]. 北京：中国建筑工业出版社，2009.

[14] 中华人民共和国住房和城乡建设部. CJJ 34—2010 城镇供热管网设计规范[S]. 北京：中国建筑工业出版社，2011.

[15] 中华人民共和国住房和城乡建设部. CJJ/T 104—2014 城镇供热直埋蒸汽管道技术规程[S]. 北京：中国建筑工业出版社，2014.

[16] 中华人民共和国住房和城乡建设部. CJJ/T 81—2013 城镇供热直埋热水管道技术规程[S]. 北京：中国建筑工业出版社，2014.

[17] 中华人民共和国建设部. GB 50028—2006 城镇燃气设计规范[S]. 北京：中国建筑工业出版社，2006.

[18] 中华人民共和国住房和城乡建设部. CJJ 33—2005 城镇燃气输配工程施工及验收规范（附条文说明）[S]. 北京：中国建筑工业出版社，2005.

[19] 中华人民共和国住房和城乡建设部. GB 50236—2011 现场设备、工业管道焊接工程施工规范[S]. 北京：中国计划出版社，2011.

[20] 中华人民共和国建设部. CJJ 63—2008 聚乙烯燃气管道工程技术规程[S]. 北京：中国建筑工业出版社，2008.

[21] 国家能源局. SY/T 0315—2013 钢制管道熔结环氧粉末外涂层技术标准[S]. 北京：石油工业出版社，2014.

[22] 中国机械工业联合会. GB 12459—2005 钢制对焊无缝管件[S]. 北京：中国标准出版社，2005.

[23] 中国石油天然气集团公司. GB/T 21448—2008 埋地钢质管道阴极保护技术规范[S]. 北京：中国标准出版社，2008.

[24] 中华人民共和国建设部. CJ/T 3055—1995 燃气阀门的试验与检验[S]. 北京：中国标准出版社，1995.

[25] 中华人民共和国住房和城乡建设部. GB 50838—2015 城市综合管廊工程技术规范[S]. 北京：中国建筑工业出版社，2015.